职业教育畜牧兽医类专业系列教材

羊生产技术

YANGSHENGCHAN JISHU

徐桂杰　何雯娟　刘利霞　主编

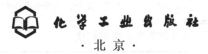
化学工业出版社
·北京·

内 容 简 介

《羊生产技术》是内蒙古自治区"十四五"职业教育规划教材，是高等职业教育畜牧兽医类专业新形态教材。教材按照项目设计基本结构，内容涵盖羊的生物学特性、品种识别、羊的良种繁育技术和羊的营养需要与饲料加工调制等九大项目，详细讲解了羊的饲养管理，深入探讨了羊病防治技术，介绍了国内外养羊业、羊场的规划建设，羊产品及羊场经营管理。教材充分发挥校企合作、院校联合编写的优势，结合思政和素质目标，对接饲养员、繁育技术员等岗位和家畜饲养工、动物疫病防治员证书操作技能，岗课证融通。

教材配套图片、视频等数字化学习资源，配套视频微课、复习思考题和电子课件，电子课件可从化工教育小程序上获取。配套羊品种识别彩色贴纸，兼具趣味性和可读性。

本教材适用于畜牧兽医、宠物医疗技术、动物防疫与检疫及相关专业的高职学生；可以为养羊从业者提供实用的生产技术指导，也可供基层畜牧兽医工作人员参考。

图书在版编目（CIP）数据

羊生产技术 / 徐桂杰，何雯娟，刘利霞主编．

北京：化学工业出版社，2025.6. —（内蒙古自治区"十四五"职业教育规划教材）. —— ISBN 978-7-122-48025-5

Ⅰ. S826

中国国家版本馆 CIP 数据核字第 2025NV5252 号

责任编辑：张雨璐　李植峰　迟　蕾　　　　装帧设计：王晓宇
责任校对：王　静

出版发行：化学工业出版社（北京市东城区青年湖南街 13 号　邮政编码 100011）
印　　装：涿州市般润文化传播有限公司
787mm×1092mm　1/16　印张 14½　字数 371 千字　　2025 年 8 月北京第 1 版第 1 次印刷

购书咨询：010-64518888　　　　　　　售后服务：010-64518899
网　　址：http://www.cip.com.cn
凡购买本书，如有缺损质量问题，本社销售中心负责调换。

定　　价：49.00 元　　　　　　　　　　　　　　　　版权所有　违者必究

《羊生产技术》编写人员

主　　编　　徐桂杰　　何雯娟　　刘利霞

副 主 编　　王小梅　　白金山　　郭小会　　傅　林　　萨如拉

编写人员　（以姓氏笔画为序）

王小梅	锡林郭勒职业学院
王萨仁图雅	扎兰屯职业学院
双兰	锡林郭勒职业学院
邓守全	锡林郭勒职业学院
乌仁达来	锡林郭勒职业学院
白金山	锡林郭勒职业学院
刘利霞	锡林郭勒职业学院
刘斌忠	锡林郭勒职业学院
何雯娟	锡林郭勒职业学院
苗旭	甘肃畜牧工程职业技术学院
金凤	通辽职业学院
娜日苏	锡林郭勒职业学院
贺雪英	内蒙古盛健生物科技有限责任公司
徐桂杰	锡林郭勒职业学院
郭小会	甘肃畜牧工程职业技术学院
敖道胡	锡林郭勒职业学院
萨如拉	锡林郭勒职业学院
傅林	内蒙古农业大学职业技术学院
塔娜	锡林郭勒盟教育教学指导服务中心

主　　审　　郭元晟　　锡林郭勒职业学院

在全球农业经济蓬勃发展的浪潮中，养羊业作为兼具经济价值与民生意义的产业，始终占据着举足轻重的地位。羊肉以其高蛋白、低脂肪、营养丰富且口感鲜美的特质，契合当下健康饮食的追求，深受消费者热捧，市场需求持续攀升。与此同时，羊毛、羊皮等羊产品作为纺织、皮革等行业的核心原料，在推动产业升级与发展进程中扮演着无可替代的关键角色。

随着现代养羊技术的飞速发展，智能化养殖设备、精准营养调控、高效繁殖技术等不断涌现，行业对于专业人才的需求日益迫切。为紧密贴合高职高专畜牧兽医及相关专业人才培养目标，满足养羊业现代化发展需求，我们精心编撰了《羊生产技术》这本专业教材。

本教材是内蒙古自治区"十四五"职业教育规划教材，是高等职业教育畜牧兽医类专业新形态教材。教材编写深度贯彻《国家职业教育改革实施方案》（"职教二十条"）精神，落实"三教改革"要求，立足职业教育"类型教育"定位，以"深化产教融合、校企合作"为核心导向，紧扣"服务发展、促进就业"目标，旨在培养"德技并修、知行合一"的高素质技能人才。在内容架构上，教材全面且深入地覆盖了羊生产的全产业链知识。从羊的品种资源与生物学特性开篇，引领学习者深度了解不同品种羊的独特优势与生长规律，为后续养殖环节奠定坚实的认知基石。

羊场建设与环境控制章节，紧密结合现代养殖理念与环保要求，详细阐述从场地选址、科学布局到智能化环境调控的全过程。教材不仅强调为羊只打造舒适、健康的生长环境，还注重资源的高效利用与生态环境保护，培养学生的绿色养殖与可持续发展意识。

繁殖技术板块聚焦于现代高效繁殖手段，如发情同期化处理、人工授精技术优化、胚胎移植前沿应用等，旨在帮助学习者大幅提升羊的繁殖效率与质量，掌握行业核心技术。

营养与饲料部分，运用精准营养理论，深入剖析羊在不同生长阶段、生理状态下的营养需求，并结合新型饲料原料开发与配方优化技术，确保羊只健康生长的同时，实现养殖成本的有效控制。

饲养管理章节，依据羊只生长发育规律，制定了涵盖羔羊精细化培育、育成羊科学育肥、成年羊高效饲养的全阶段精准管理方案。同时，融入智能化养殖管理系统的应用，如羊群健康监测、生产性能评估等，培养学生运用现代信息技术进行养殖管理的能力。

疾病防控章节，立足当前养羊业常见疾病与新发疫病的防控需求，系统介绍疾病的快速诊断技术、综合预防措施以及绿色治疗方案，不仅注重传统疫病防控手段的传授，更强调培养学生应对突发疫病的应急处置能力与创新防控思维。

本教材特色鲜明，以"岗课证融通"为核心编写理念。理论讲解简洁明了、重点突出，紧密围绕实践应用展开，有效提升学生的实践动手能力与解决实际问题的能力。同时，教材紧跟行业发展脉搏，及时更新并融入养羊领域的最新科研成果、技术标准与生产规范，确保知识体系的先进性与实用性。此外，在编写过程中，充分考虑高职高专学生的认知特点与学习规律，采用图文并茂、通俗易懂的表述方式，配套丰富的数字化教学资源，如教学视频、虚拟仿真等，为学生打造全方位、立体化的学习体验。数字资源制作团队成员：何雯娟、刘利霞、田蕾、乌日娜、扎木尔、萨如拉、刘斌忠、牛泽、梁薇、包淑芳。教材配套羊品种识别贴纸，兼具趣味性与实践性，有助于提升学习者的识别能力与动手操作能力。

我们衷心期望这本教材能够成为高职高专学子开启养羊业技能大门的钥匙，助力他们成长为养羊行业的中坚力量，为我国养羊业的现代化、智能化、绿色化发展注入源源不断的新生动力。由于编写团队水平有限，书中难免存在疏漏与不足之处，恳请广大读者批评指正，以便我们不断完善。

编者

2025. 3

目录

项目九　羊场经营管理 ———————————————— 211

参考文献 ———————————————————————————— 221

项目一 养羊业概论

学习目标

知识目标： 1. 了解羊的驯化历史和养羊业的发展过程。
2. 熟悉我国羊种资源、养殖现状及产业趋势。
3. 掌握养羊业对农业和经济的作用，以及相关政策支持。

技能目标： 1. 能分析养羊业的问题并提出解决方法。
2. 会评估养羊业的生态和经济价值。

素质目标： 1. 培养对养羊业的兴趣和探索精神。
2. 增强观察力和可持续发展意识。
3. 提升解决农业问题的信心和责任感。

项目说明

本项目旨在较为全面地讲述养羊业在我国畜牧业中的重要性及其发展历程，涵盖经济、社会和生态领域的多维度贡献。项目还将追溯羊的起源与驯化过程，结合遗传学研究，分析羊与人类社会的相互作用，探讨从早期放牧到现代集约化、科技化生产体系的演变，旨在揭示养羊业对畜牧发展、农业文明进步以及当代养羊生产的影响，并展望其未来发展方向。

单元一 养羊业在国民经济中的地位和作用

一、养羊业在农业中的基础性作用

养羊业是农业的重要组成部分，主要提供羊肉、羊奶和羊毛等产品。羊肉是重要的蛋白质来源，尤其在北方地区广受欢迎；羊奶营养丰富，适合婴幼儿、老人及乳糖不耐受人群；羊毛则是纺织业的重要原料。养羊业不仅保障了食品安全，还支持了乳制品和纺织等相关产业的发展，对农业经济起到了重要支撑作用。

二、养羊业对农村经济的推动作用

养羊业为农村地区提供了大量就业机会，特别是在边远和贫困地区，成为农民的主要收入来源。通过规模化、集约化养殖，养羊业显著提高了生产效率，带动了饲料生产、畜产品加工、冷链物流等相关产业的发展。这种产业化模式不仅增加了农民收入，还优化了农村产业结构，推动了农村经济的整体发展。

三、养羊业在生态环境保护中的贡献

合理发展养羊业有助于草地资源的可持续利用，防止土地退化和荒漠化。通过科学规划和管理，养羊业可以避免草地过度消耗，保持生态平衡。此外，羊粪作为优质有机肥料，能改善土壤结构，减少化肥使用，促进农业的绿色可持续发展。在一些生态修复工程中，养羊业也被广泛应用，实现了生态与经济的双赢。

四、养羊业对国民经济的整体贡献

养羊业不仅在农村经济中发挥重要作用，还对国民经济产生了广泛影响。我国是重要的羊肉、羊毛生产和出口国，养羊业为国家创造了大量外汇收入，提升了国际竞争力。同时，养羊业带动了饲料、加工、纺织等相关产业的发展，促进了城乡经济一体化，推动了地方经济的繁荣。

五、政策支持与未来展望

国家通过补贴、技术推广、基础设施建设等政策支持养羊业发展，提高了生产效率和质量安全。未来，养羊业将继续在保障食品安全、促进农民增收、保护生态环境等方面发挥重要作用。通过科技创新和产业升级，养羊业将迈向高效、生态、可持续发展的道路，为实现农业现代化和乡村振兴做出更大贡献。

? 复习思考

一、填空题

1. 养羊业不仅限于提供肉类，还包括_____和_____。
2. 养羊业通过增加农村地区的_____和_____，促进了农村经济的发展。
3. 合理的牧场管理和_____技术有助于草地资源的可持续利用。
4. 养羊业在促进国际贸易方面的重要作用体现在_____和_____。
5. 现代养羊业的生产特点包括规模化、_____和_____。
6. 国家政策通过提供_____和推广_____技术，支持了养羊业的发展。
7. 养羊业的发展不仅能够保障食品安全，还能提升_____和_____。
8. 在生态修复工程中，_____是实现经济效益与生态效益双赢的重要手段。
9. 现代养羊业的国际竞争力主要依靠_____和_____的提升。
10. 养羊业的发展对_____和_____的保护起到了积极作用。

二、判断题

1. 养羊业仅在提供肉类方面对国民经济有重要作用。　　　　　　　　　　　　（　　）
2. 养羊业的发展对农村地区的经济增长起着重要推动作用。　　　　　　　　（　　）
3. 养羊业在国民经济中的地位和作用仅限于农业领域。　　　　　　　　　　（　　）
4. 养羊业的发展对国际贸易没有显著影响。　　　　　　　　　　　　　　　（　　）
5. 养羊业是我国畜牧业的重要组成部分，对农民增收有积极贡献。　　　　　（　　）
6. 养羊业的规模化发展能够提高生产效率和经济效益。　　　　　　　　　　（　　）
7. 养羊业对生态环境的影响主要是负面的。　　　　　　　　　　　　　　　（　　）
8. 养羊业对草地资源的可持续利用具有积极作用。　　　　　　　　　　　　（　　）
9. 我国的养羊业在国际市场上的竞争力不高。　　　　　　　　　　　　　　（　　）

    10. 现代养羊业的发展需要依赖国家政策的支持。 （   ）

三、简答题

    1. 养羊业在国民经济中的主要作用是什么？

    2. 为什么养羊业对农村经济发展至关重要？

    3. 养羊业如何在生态环境保护中发挥作用？

参考答案

单元二　羊种的起源与发展及现代养羊生产

一、羊的起源与驯化

（一）野生羊的起源

    羊的祖先可以追溯到约700万年前，主要分为欧洲野羊和亚洲野羊。欧洲野羊分布在西南欧和北非，亚洲野羊则在中亚和中东地区。这些野生羊因地理隔离和气候变化，逐渐演化出多种适应不同环境的亚种，最终形成现代家养羊品种。

（二）羊的驯化过程

    羊是人类最早驯化的家畜之一，驯化始于中东地区。羊因其温顺、适应性强、繁殖快，并能提供肉、奶、皮毛等资源，成为理想的家畜。通过选择性繁殖，人类培育出适应家养环境的羊种，为现代养羊业奠定了基础。

二、养羊业的发展

（一）早期养羊业的发展

    养羊业在古文明中广泛传播，如印度河流域和中国黄河流域。羊被用于提供肉、奶、皮革和毛纺织品，成为农业经济的重要组成部分。古希腊和罗马时期，羊毛成为重要贸易商品，推动了早期国际贸易。

（二）中世纪到近代养羊业的发展

    中世纪欧洲养羊业蓬勃发展，英格兰羊毛出口为国家带来巨大财富。大航海时代后，欧洲羊种被引入美洲、澳大利亚和新西兰，全球养羊业格局逐渐形成。澳大利亚和新西兰的养羊业成为其经济支柱。

（三）近现代养羊业的发展

    20世纪后，科技进步推动养羊业快速发展。遗传学和育种技术改良了羊品种，饲养管理、疫病防控等技术进步使养羊业向规模化、集约化、产业化方向发展。发达国家形成了现代化的养羊生产体系，为全球市场提供优质羊产品。

三、现代养羊生产的特点

（一）规模化与集约化

    现代养羊业趋向规模化和集约化，通过机械化设备和科学管理提高生产效率，降低生产成本，提升经济效益。

（二）遗传改良与品种优化

遗传改良培育出高产、高效的羊品种，如多胎羊、早熟羊和高产奶羊，显著提高了生产效率和产品质量。

（三）营养与饲养管理

科学配方饲料和精准营养管理提高了羊的生产潜力。现代养羊业注重环境控制、疾病预防和生物安全，保障羊群健康，提升产品品质。

（四）环境与可持续发展

现代养羊业注重环境保护，通过草地轮牧、生态养殖等手段减少对环境的负面影响，实现资源可持续利用。

（五）市场与国际贸易

全球市场对羊肉、羊奶、羊毛的需求推动养羊业发展。国际贸易促进了养羊业的全球化布局，带动了经济增长。

? 复习思考

一、填空题

1. 现代家养羊主要由_____和_____驯化而来。

2. 羊的驯化主要发生在_____地区。

3. 羊在古埃及不仅提供肉类，还用于_____和_____。

4. 中世纪时期，英格兰通过_____的出口，积累了大量财富。

5. 现代养羊业中，_____是提高生产效率的关键技术。

6. 养羊业的规模化发展需要_____和_____的支持。

7. 在生态环境保护方面，养羊业通过_____实现了草地资源的可持续利用。

8. 现代养羊生产的核心特点包括_____、遗传改良和_____。

9. 随着科学技术的进步，现代养羊业逐渐向_____、_____的方向发展。

10. 在国际市场上，_____和_____是主要的羊产品出口国。

二、判断题

1. 家养羊的祖先主要来自欧洲野羊和亚洲野羊。　　　　　　　　　　（　　　）

2. 羊是人类最早驯化的家畜之一。　　　　　　　　　　　　　　　　（　　　）

3. 现代家养羊与其野生祖先完全没有遗传联系。　　　　　　　　　　（　　　）

4. 古埃及是最早开始养羊的文明之一。　　　　　　　　　　　　　　（　　　）

5. 中世纪的欧洲没有养羊业的发展记录。　　　　　　　　　　　　　（　　　）

6. 现代养羊生产强调规模化和集约化。　　　　　　　　　　　　　　（　　　）

7. 近现代养羊业的发展与科学技术的进步密切相关。　　　　　　　　（　　　）

8. 在中国，所有的羊品种都是原产于本土。　　　　　　　　　　　　（　　　）

9. 遗传改良在现代养羊生产中起到重要作用。　　　　　　　　　　　（　　　）

10. 现代养羊业对市场需求的适应性不强。　　　　　　　　　　　　（　　　）

三、简答题

1. 现代养羊生产的规模化和集约化有什么优势？

2. 养羊业的生态养殖技术对环境保护有哪些贡献？

参考答案

3. 现代养羊生产在国际市场上有什么表现?

单元三 我国养羊业发展的状况

一、我国养羊业发展的潜力

（一）拥有丰富的绵、山羊品种资源

中华人民共和国成立后，在我国原有绵、山羊品种基础上，相继引进了波尔山羊、特克塞尔羊、波德代羊等优良绵、山羊品种，改良了我国的低产品种；同时利用这些品种，培育出了一大批生产力较高的新品种；积极开展选育工作，显著提高了原有地方良种的生产力水平。截至 2021 年，全国有绵羊品种 89 个，山羊品种 87 个。

（二）拥有可观的绵、山羊饲养量

中国养羊业规模庞大，2023 年绵羊存栏量约 1.9 亿只，山羊存栏量约 1.4 亿只，内蒙古、新疆等地因草原广阔成为绵羊主产区，南方山区则因山羊适应性强成为重要经济来源。未来，随着科技进步和政府扶持，养羊业将向规模化、标准化、现代化和生态化方向发展，前景广阔。

（三）拥有面积辽阔的草地资源

我国地域辽阔，拥有面积辽阔的草地资源，是全球草地资源最丰富的国家之一。草地不仅是重要的生态屏障，也是畜牧业发展的物质基础。例如，内蒙古、新疆、青海等地的天然草原，为羊的放牧提供了良好的条件。

（四）拥有丰富的农副产品

中国作为农业大国，拥有丰富的农作物秸秆和饼粕资源，这些是养羊业的重要饲料来源。秸秆如小麦、玉米、水稻秸秆，经过切碎、青贮、氨化等加工后，可显著提高其营养价值，成为养羊户常用的粗饲料。饼粕类如豆饼、菜籽饼、棉籽饼，富含蛋白质、脂肪和维生素，是羊只生长发育的优质饲料，能提高饲料转化率和生产性能。

充分利用这些农副产品资源，不仅能降低饲料成本，还能通过"草养羊、秸秆还田、羊粪养地"的生态模式，实现资源循环利用。这种模式有助于保护生态环境，提高土壤肥力，推动农业可持续发展。此外，随着农业结构调整，许多地区将传统的粮食作物、经济作物二元结构，调整为粮食、经济作物和牧草饲料作物三元结构。种植紫花苜蓿、黑麦草等牧草，进一步丰富了饲料资源，提升了养羊业的饲料供应能力和经济效益。

（五）具有较好的生产技术条件

我们积累了大量的养羊业经验和先进的实用配套技术，为今后的养羊业发展奠定了基础。未来的育种变革将依赖于基因组技术、大数据技术、人工智能技术的紧密结合，实现育种从"艺术"到"科学"到"智能"的革命性转变。表型数据智能化采集，促进羊性能测定和体型外貌鉴定进入数字化阶段。育种信息化、智能化数据采集、储存系统，将把测定融入育种生产流程中，保证肉羊生产数据的准确性、时效性，这些技术进步有助于提高养羊业的生产效率和产品质量。

二、中国养羊业现状和水平

（一）我国养羊业现状

我国养羊业目前正处于快速发展和转型的关键时期。随着居民生活水平的提高和饮食结构的改善，羊肉在居民日常消费中所占的比重逐渐提升，市场需求不断增加。同时，政府对养殖业的政策支持和技术进步也推动了养羊业的发展。然而，养羊业也面临着一些挑战，如市场价格波动、成本上升和结构性问题等。

1. 分布与品种

我国养羊业主要分布在北方草原地区和中西部山区。其中，内蒙古、新疆、青海、甘肃等地是我国主要的养羊区域。我国拥有丰富的羊品种资源，如蒙古羊、哈萨克羊、藏羊等地方品种，以及小尾寒羊、波尔山羊等引进品种。

2. 市场规模扩大和产量增加

近年来，肉羊养殖规模化程度提升，2022年肉羊存栏量达3.26亿头，同比增长2.1%，其中绵羊占59.47%，山羊占40.53%。羊肉产量达524.53万吨，同比增长2%，主要得益于居民收入增长和消费需求上升。

3. 市场价格和经济效益下降

随着羊肉产量增加，市场价格呈下降趋势。2022年羊肉集贸市场价格为81.72元/公斤，同比下降2.4%。2024年上半年批发价格同比下降7.58%。

4. 羊肉进口规模

我国羊肉进口规模较大，但并非以进口为主。国内羊肉产量基本满足需求，进口主要用于补充高端市场和特定消费需求。2022年，我国羊肉进口量为35.79万吨，同比下降12.8%；进口金额为20.76亿美元，同比下降12.7%。进口羊肉主要来自新西兰（占比58.36%）和澳大利亚（占比38.26%），两国合计占进口总额的96.62%。

5. 产业政策支持加大

政府通过区域发展、税收优惠、资金扶持、技术推广等政策，推动养羊业向规模化、标准化、现代化、生态化方向发展，为行业持续增长创造了良好环境。

（二）我国养羊业水平

1. 养殖技术不断进步

我国养羊业在养殖技术方面取得了显著进步。从选种、饲料投喂、疾病预防到环境控制等方面，养殖技术不断提高。特别是专门化肉羊品种的选育和推广，以及基因组选择等技术的应用，进一步提高了羊的生长速度、繁殖率和胴体品质。

2. 产业链条日益完善

我国养羊业拥有完整的产业链条，包括种羊繁育、饲料生产、疫病防治、屠宰加工、市场营销等环节。随着农业技术的不断进步和产业结构的优化，养羊业产业链条日益完善，为行业的持续发展提供了有力支撑。

3. 环保压力不容忽视

在养羊业快速发展的同时，环保压力也不容忽视。养殖过程中产生的废弃物和污染问题日益凸显。为了促进养羊业的可持续发展，必须加强环保投入和管理，实现绿色养殖和循环发展。

我国养羊业在面临诸多挑战的同时，也蕴藏着巨大的发展潜力。随着市场需求增长、技术进步和政策支持的共同作用下，养羊业将逐步向规模化、标准化、现代化、生态化方向发展。未来，我们有理由相信，我国养羊业将在保障国家食品安全、促进农民增收和推动农村经济发展中发挥更加重要的作用。

？ **复习思考**

一、选择题

1. 我国拥有绵羊品种和山羊品种分别有多少个？（　　）

A. 79 个、48 个　　B. 48 个、79 个　　C. 89 个、58 个　　D. 58 个、89 个

2. 2022 年我国肉羊存栏量中绵羊占比为多少？（　　）

A. 59.47%　　　　B. 40.53%　　　　C. 60%　　　　D. 41%

3. 我国天然草地每年的理论载畜量平均为多少万个羊单位？（　　）

A. 44891.54　　B. 44892.54　　C. 44890.54　　D. 44893.54

4. 在发达国家，草食畜所提供的食物蛋白质占全部食物动物性蛋白质的比例是多少？（　　）

A. 20%左右　　B. 55%～60%或更高　　C. 40%～50%　　D. 30%～40%

5. 我国目前羊肉主要是（　　）。

A. 出口为主　　B. 进口为主　　C. 进出口平衡　　D. 无法确定

二、判断题

1. 我国养羊业在品种良种化和进行集约化饲养方面与养羊业发达国家没有差距。（　　）

2. 2022 年我国肉羊出栏量同比下降。（　　）

3. 我国拥有面积辽阔的草地资源，为养羊业提供了广阔的发展空间。（　　）

4. 我国养羊业目前市场价格和经济效益持续上升。（　　）

5. 中国天然草地可利用面积占天然草地总面积的 84.3%。（　　）

三、简答题

1. 请简述我国养羊业发展的潜力有哪些？

2. 我国养羊业面临哪些挑战？

3. 我国养羊业主要分布在哪些地区？有哪些主要品种？

参考答案

单元四　国外养羊业概况

一、外国羊产业的当前状况

（一）主要羊肉产区

世界上主要的羊肉生产国包括澳大利亚、新西兰、阿根廷、土耳其、巴西等。这些国家拥有广阔的牧场和适宜的气候条件，使得它们成为全球羊肉的主要供应国。特别是澳大利亚和新西兰，它们以优质的羊肉产品享誉全球。

（二）产业规模

外国羊产业的规模不断扩大。据统计，全球羊肉产量每年都在稳步增长。2019 年，全

球羊肉产量达到了 560 万吨，比 2015 年增长了 5%。相比之下，国内羊肉产业规模相对较小，每年生产的羊肉只占全球产量的一小部分。

（三）生产效率

外国羊产业在提高生产效率方面取得了积极的进展。通过引进先进的养殖技术和管理方法，外国农民能够提高羊的出栏率和生长速度。此外，科学的饲养和疾病预防控制措施也有助于提高产量和减少损失。

（四）品种改良

外国羊产业还注重羊的品种改良。通过对优良品种的选育和繁殖，外国农民能够获得更具商业价值的羊品种，其生长速度和肉质特征得到了显著改善。例如，澳大利亚的澳大利亚美利奴羊和新西兰的多利羊就是在品种改良方面取得了巨大成功的典型案例。

二、外国羊产业的发展趋势

（一）市场需求增长

全球羊肉市场需求呈现增长趋势。随着人们对高品质肉类的需求增加，并且养生观念的普及，羊肉越来越受到消费者的青睐。这些因素将进一步推动全球羊产业的发展。

（二）技术进步

外国羊产业将继续受益于技术进步。随着科技的不断发展，新的养殖技术被引入，如智能化养殖系统、遗传改良和基因编辑等。这些技术的应用能够提高养殖效率和产品质量，同时减少农药和抗生素的使用，符合现代消费者对绿色食品的需求。

（三）面向出口的发展模式

一些国家已经将羊产业作为出口的重点发展项目。他们通过建立与其他国家的贸易合作关系，开拓国际市场，并寻求与进口国建立长期稳定的供应关系。例如，澳大利亚和新西兰通过不断改进产品质量和提供可靠的供应链，成为羊肉出口大国。

（四）环境可持续发展

外国羊产业也越来越关注环境可持续发展。他们开始采取可持续的养殖方法，减少资源消耗和环境污染。一些国家还通过合作和共享经验，推动行业的可持续发展，并确保牧场和草地的长期生态平衡。

三、外国羊产业对全球食品市场的影响

（一）国际贸易

外国羊产业的发展推动了羊肉的国际贸易。通过增加出口规模和改善产品质量，外国农民能够满足全球不同地区对羊肉的需求。这不仅有助于提高出口国的经济收入，而且也丰富了进口国的食品供应。

（二）技术创新

外国羊产业的技术创新对全球农业产业都具有启示意义。通过引进先进的养殖技术和管理方法，外国农民为全球农业提供了范本。其他国家可以借鉴他们的经验和教训，推动本国羊产业的升级和发展。

（三）产品多样性

外国羊产业的发展丰富了全球食品市场的产品多样性。通过引进不同的品种和产品，消费者可以享受到更多样化的羊肉产品。这不仅满足了不同消费者的口味需求，同时也为餐饮行业创造了更多的发展空间。

？ 复习思考

一、选择题

1. 以下哪个国家不是主要的羊肉生产国？（   ）

A. 澳大利亚　　　　　B. 新西兰　　　　　C. 美国　　　　　D. 阿根廷

2. 2019 年全球羊肉产量比 2015 年增长了多少？（   ）

A. 5%　　　　　　　B. 10%　　　　　　C. 15%　　　　　D. 20%

3. 澳大利亚的哪种羊在品种改良方面取得巨大成功？（   ）

A. 澳大利亚美利奴羊　　　　　　B. 多利羊

C. 小尾寒羊　　　　　　　　　　D. 波尔山羊

4. 以下哪个不是外国羊产业的发展趋势？（   ）

A. 市场需求增长　　　　　　　　B. 技术退步

C. 面向出口的发展模式　　　　　D. 环境可持续发展

5. 外国羊产业的发展推动了（   ）的国际贸易。

A. 牛肉　　　　　　　B. 羊肉　　　　　　C. 猪肉　　　　　D. 鸡肉

二、判断题

1. 外国羊产业规模比国内羊产业规模大。　　　　　　　　　　　　　（   ）

2. 外国羊产业不注重品种改良。　　　　　　　　　　　　　　　　　（   ）

3. 羊肉在很多地方被认为是不健康食品。　　　　　　　　　　　　　（   ）

4. 外国羊产业不关注环境可持续发展。　　　　　　　　　　　　　　（   ）

5. 外国羊产业的技术创新对全球农业产业没有启示意义。　　　　　　（   ）

三、简答题

1. 请列举世界上主要的羊肉生产国。

2. 外国羊产业在提高生产效率方面有哪些措施？

3. 外国羊产业的发展趋势有哪些？

4. 外国羊产业对全球食品市场有哪些影响？

参考答案

项目二 羊场规划与设计

学习目标

知识目标： 1. 了解养殖场规划布局的基本原则，理解养殖场功能分区的重要性。
2. 掌握如何根据羊场的规模、饲养方式和生产工艺要求进行合理规划。
3. 了解各建筑设施建设要求，了解羊场主要设备配置种类及参数；掌握羊舍建设要求。
4. 掌握羊场环境调控、废弃物处理及综合利用。

技能目标： 1. 能够实地考察并综合评估地势、地形、草料来源、水质、环境防疫安全及环保生产工艺要求，制定最优的场址选择方案。
2. 能够根据羊场的规模、饲养方式和生产工艺要求，制定合理的规划布局方案，确保场区的功能分区明确、建筑物布局合理。
3. 能够根据羊场的规模、饲养方式和生产需求，合理选择和配置饲喂、饮水、饲料加工、挤乳喂乳、药浴、剪毛（梳绒）、水电供应和控温等设备。
4. 能够结合羊场实际情况，创新废弃物处理及综合利用模式，提高处理效率和资源利用率。

素质目标： 1. 具备养殖场规划布局的专业素养。
2. 具备科学的养殖观念和环保意识，能够做出科学合理的决策。
3. 树立对养殖业高度负责的态度，构建高效、环保、人性化的养殖环境。
4. 具备羊场环境管理与废弃物综合利用的创新意识，提高资源利用率和环保水平。

项目说明

我国养羊规模差异很大，规模小的有几只、几十只，规模大的有几万只。养殖主体规模分布为小微型羊养殖户和规模化养殖场。小微型羊养殖户，养殖规模较小，养殖模式较为灵活，主要分布在牧区、农区、山区等地区，在我国羊养殖行业中占比较大，数量众多，养殖成本相对较低，以传统化养殖为主，养殖效率较低，抵御市场风险能力弱。近年来，随着羊畜产品由羊毛生产转向羊肉生产，肉羊养殖发展迅速，规模不断扩大，逐渐形成规模化养殖场。基于现代化养殖模式和管理水平，羊场规模化、集约化程度高，养殖效率高，抵御市场风险能力强。然而，在养殖过程中，问题也随之而来。北方某羊场就遭遇了羔羊死亡率高、成活羔羊精神状态不佳和四肢无力的问题。调查发现，原来是羊舍为封闭式，虽条件良好，但缺乏室外运动场，羔羊长期缺乏阳光照射所致。羊场的合理规划设计对于实现羊的科学养殖和高效生产至关重要。

单元一　规模化羊场规划与布局

一、羊场场址选择基本原则

羊场建设首先是场址的选择。场址选择是否合理，不仅直接影响到羊的健康生产、产品质量安全、疾病防控及养羊业经济效益，而且影响养殖场周围居民的健康。因此，按照羊的生物学特性和生产经营方式，要符合生态环保和可持续发展的需要，因地制宜、长远规划、集约生产，综合考虑卫生防疫、交通运输、供电供料、地方农牧、环保等要求来选择场址。

（一）地势、地形

1. 地势

羊场场地应建在地势较高处，有利于保持地面干燥，防止雨季洪水的冲击。场地平坦，稍有坡度，但坡度不宜过大，最好控制在 25°以内，便于场地污水的排出，利于场内运输。羊具有喜干燥、恶潮湿的特性，地势要向阳背风，确保场区小气候温热状况相对稳定，要避开低洼潮湿、容易积水的地方，结合当地实际情况，场址地域的生态环境条件应与所养的羊品种产地自然条件一致或相接近。

2. 地形

地形平坦、整齐。避免选择边角太多或过于狭长的场地，因为边角太多的场地，使建筑物布局凌乱，且增加场界防护设施的投资；过于狭长的场地，会拉长生产作业线和各种管线，不利于场区规划、布局和生产联系，而降低对场地的利用率。为便于施工前清理场地，应选择原有房屋、树木、河流、沟坎等地物较少的场地，应根据羊品种种类、养殖规模、饲养管理和集约化程度等因素来确定场地面积。

（二）草料来源充足，水质良好

羊是草食动物，饲料以粗饲料为主，养殖场场地周围及附近应有丰富的草料来源，特别是青粗饲料。若羊场周围粗饲料资源不足或缺乏，需要从场外购买，远距离运输，增加饲料成本，降低养殖效益。要有充足的放牧地及较大面积的人工草场，最好创建饲草料充足的生态牧场。

羊场要求水源充足，水质良好，便于防护和取用；且无污染，符合我国生活饮用水卫生标准和无公害食品饮用水水质的水源，确保人畜安全和健康。

（三）保证环境良好和防疫安全

场址选择应符合兽医卫生和公共卫生要求，便于做好防疫。周围及附近无污染源，同时养殖场不受周围环境的污染。因此，养殖场与居民点及其他养殖场应保持一定的卫生间距，一般建于居民点下风处，地势低于居民，距附近居民区 3km 以上；避开污水、化工厂、屠宰场、制革厂等 1.5km 以上，不应建在化工厂、水泥厂、矿场、屠宰场、制革厂等环境污染企业的下风处；距其他养殖场、兽医机构、羊屠宰场 2km 以上。不应在旧养殖场、屠宰场或生化制革厂等场地上重建养殖场，以免流行性疾病或疫病的发生，造成经济损失。

一个适宜的环境可以充分发挥羊的生产潜力，提高饲料利用率。为羊创造良好的环境，应根据防疫要求合理进行场地规划和建筑物布局，合理安排消毒设施、污物处理设施、畜舍的朝向和间距。且修建羊舍的时候必须符合羊对各种环境条件的要求，包括温度、湿度、通风、光照和空气中的二氧化碳、硫化氢等，只有适宜的环境才能充分发挥羊的生产潜力，提升经济价值。

（四）符合环保要求和生产工艺要求

羊场选址必须符合国家颁布的《畜禽规模养殖污染防治条例》和有关法律法规，规定内的禁止养殖区域和不允许建场的地区不得建场，场址选择要符合环保要求。

为了保证羊场生产的顺利进行和畜牧兽医技术措施的实施，规划布局羊舍必须与本场生产工艺相结合。羊场建设需要《环境影响评价报告书》审批，申报《排污申报登记》，领取《排污许可证》，实行《羊养殖业污染物排放标准》和《羊养殖污染防治管理办法》。在满足环保要求和生产工艺要求的情况下，羊舍的修建应尽量利用自然界的有利条件，包括通风和光照，尽量就地取材，降低工程造价和设施投资；尽量靠近交通道路和电源，便于饲草料、羊只、产品等的运输，降低生产成本；应符合《供配电设计规范》的要求，保证电力供应，减少基建费用，加快资金周转。

二、羊场场区规划与布局

羊场场区规划应本着因地制宜和科学饲养的要求，根据场地的地形、地势和当地主风向，有计划地统筹安排养殖场不同建筑功能区位置。场地建筑物的配置应做到紧凑整齐，节约用地，不占或少占耕地，根据场地规划方案和工艺设计对各种建筑物的规定，简化供电线路、供水管道，合理安排每栋建筑物和各种设施的位置、朝向和相互之间的距离，结合交通道路、给水排水、畜粪处理和环境卫生等因素，进行养殖场总体平面设计。

（一）规划布局原则

羊场的规划与布局应本着因地制宜和科学管理的原则，以整齐、紧凑、提高土地利用率和节约建设投资、经济耐用、便于生产管理和防疫、安全为目标，保证羊的正常繁殖、生长以及减少疾病发生和传播。为提高劳动生产率，降低生产成本，提高养殖场生产的经济效益，羊场规划布局是否合理，应遵循以下主要原则：

① 根据地势和当地常年的主风向，按功能划分区域，各功能区功能明确、界限清晰。

② 因地制宜，合理利用原有地形地物，降低成本。

③ 规划布局满足生产工艺流程的要求，保证顺利生产，严格执行各项卫生防疫制度和措施。

④ 符合环保要求，全面考虑羊粪尿和养殖场污水的处理和利用。

⑤ 考虑养殖场的长远发展，在规划时留有余地，建筑物布局尽可能集中，节约土地资源。

（二）功能分区

根据生产规模、饲养管理方式、饲料贮存和加工等条件，对选定的场地进行合理分区规划，确定各区建筑物的布局。

一般羊场的主要建筑物有：职工生活场所、办公室、车库、饲料加工车间和饲料库、草棚、青贮塔（窖）或氨化池、羊舍、舍外运动场、水塔、分析化验室、兽医室和堆粪场等。

规模化羊场为便于管理和防疫，通常将养殖场划分为4个区，即管理区（办公区、生活区）、生产区（主生产区、辅助生产区）、隔离区和废污处理区。规划应考虑人畜健康，并有利于组织生产、环境保护，考虑地势和当地全年主风向，合理安排各区位置。养殖场功能区布局合理，各功能区之间有一定距离，并有防疫隔离带或墙，可减少或防止养殖场产生的不良气味、噪声及粪尿污水因风向和地面径流对居民生活环境和管理区工作环境造成的污染，并减少疫病蔓延的机会。

1. 管理区

主要功能是羊场生产和经营管理。管理区是职工办公、生活和居住的区域，主要分为办公区和生活区。办公区主要包括办公室、技术资料室、实验室、会议室、门卫等；生活区主要包括食堂、职工宿舍。管理区应紧邻大门内侧，在规划布局上除考虑地势、地形、主风向外，还应出入便利、与外界联系方便。养殖场大门设于该区，门前设车辆消毒池，两侧设门卫和消毒通道。生活区应在管理区上风向、地势较高处。

2. 生产区

主要功能是羊群的饲养管理和畜产品的生产。可分为主生产区和辅助生产区。主生产区是羊场的核心区域，是羊群生活的主要场所，主要包括各阶段羊舍、饲料贮存与加工调制间、药浴池、人工授精室、畜产品生产室（毛用羊剪毛室、乳用羊挤乳间）等。生产区与其他区之间应用围墙或绿化隔离带严格分开，在生产区入口处设置第2次人员更衣消毒室和车辆消毒设施。这些设施都应设置两个出入口，分别与生活管理区和生产区相通。此区应设在养殖场的中心地带，规划时应考虑到育种、繁殖、幼畜培育到商品生产全过程。大型规模化羊场应划分羔羊、育成羊、商品羊、种羊等小分区，以便于管理和防疫。

生产区内与饲料有关的建筑物，如饲料调制、贮存间和青贮塔，应设在生产区上风向和地势较高处，按照就近原则，与各羊舍及饲料加工车间保持最方便的联系。青贮塔的位置要便于青贮原料从场外运入，但要避免外面车辆进入生产区。由于防火的需要，青贮、干草、块根块茎类饲料或垫草等大宗物料的贮存场地，应按照贮用合一的原则，布置在靠近羊舍的边缘地带生产区的下风向，并且要求排水良好，便于机械化作业，并与其他建筑物保持60m的防火间距。由于卫生防疫的需要，干草和垫草的堆放场所不但应与贮粪池、病羊隔离舍保持一定的卫生间距，而且要考虑避免场外运送干草、垫草的车辆进入生产区。

辅助生产区主要包括供电、供水、供热、物资仓库、饲料存贮、机械维修车间等，这些设施应靠近生产区的负荷中心布置，辅助生产区位于管理区与主生产区之间。

3. 隔离区

主要功能是对病羊的饲养管理和治疗。主要包括病羊饲养舍、兽医诊疗室。地势应低于管理区和生产区，同时处于管理区和生产区的下风向，该区应处于场区全年主风向的下风向和场区地势最低处，与生产区的间距应满足兽医卫生防疫要求，与羊舍保持300m以上的卫生间距。绿化隔离带、隔离区内部的粪便污水处理设施与其他设施也需有适当的卫生防疫间距。隔离区与生产区有专用道路相通，与场外有专用大门相通。

4. 废污处理区

主要功能是对羊场排出的粪尿、污水进行综合治理，对死畜开展无害化处理。废污处理区处于羊场地势最低、下风向位置，该区域尽可能与外界隔离，具有单独的出入口和通道。

（三）羊场建筑物布局

羊场建筑物布局就是合理设计各房舍建筑物及设施的排列方式和次序，确定每栋建筑物和各种设施的位置、朝向和间距。要综合考虑各建筑物之间的功能联系、场区的气候状况，以及羊舍的通风、采光、防疫、防火要求，同时兼顾节约用地、布局美观整齐等要求。羊场建筑物布局合理是直接影响场区和羊舍内的气候状况及养殖场的卫生防疫，关系到羊场的生产率和劳动率。

1. 建筑物的排列方式

养殖场建筑物通常应设计为东西成排、南北成列，尽量做到整齐、紧凑、美观。生产区内羊舍的布置，应根据场地形状、羊舍的数量和长度布置为单列、双列或多列。

（1）单列式布置　适用于小规模和场区狭长的养殖场，其优点是使场区的净、污道路分工明确、界限清晰，但有道路和工程管线线路较长缺点。

（2）双列式布置　是各类型规模化羊场的最经济实用的布置方式，其优点是既能保证场区净、污道路分工明确，又能缩短道路和工程管线的长度。

（3）多列式布置　适用于大型养殖场。如果将生产区建筑物布置成狭长形，势必造成饲料、粪污运输距离加大，管理和生产联系不便，道路、管线加长，建筑物投资增加，因此应尽量避免将生产区建筑物布置成横向狭长或竖向狭长。如将生产区按方形或近似方形布置，应避免因线路交叉而引起互相污染。

2. 建筑物的位置

要确定每栋建筑物和每种设施的位置时，主要依据相互之间的功能联系、工艺流程和卫生防疫要求。

（1）功能关系　是指建筑物及各种设施之间，在羊场生产过程中的相互关系。便于生产联系，安排其位置时，应将相互有关、联系密切的建筑物和设备靠近布置。

（2）工艺流程　为便于羊场生产顺畅，根据生产工艺流程布置羊舍和其他设施。考虑各建筑物和设施的功能联系，应按种羊舍、配种间、妊娠母羊舍、产房、羊羔舍、育成羊舍、育肥出栏羊舍的顺序相互靠近设置。例如，某肉羊养殖场的生产工艺流程是：配种—妊娠—分娩哺乳—保育—育成—育肥—上市。饲料调制、贮存间和贮粪池等与每栋羊舍有着密切的联系，因此确定其位置时，应尽量使其至各栋羊舍的线路距离最短，同时应考虑净道和污道的分开布置及其他卫生防疫要求。

（3）卫生防疫　为便于卫生防疫，场地地势与当地全年主风向恰好一致时较易安排，管理区和生产区内的建筑物在上风向和地势高处，病畜管理区内的建筑物在下风向和地势低处，但这种情况并不多见，往往出现地势高处正是下风向的情况，此时，可利用与主风向垂直的对角线上的两"安全角"来布置防疫要求较高的建筑。例如，主风向为西北而地势南高北低时，场地的西南角和东北角均为安全角。

3. 建筑物的朝向

可根据日照确定建筑物朝向。我国大陆地处北纬20°～50°，太阳高度角冬季小、夏季大，夏季盛行东南风，冬季盛行西北风。因此，生产区羊舍朝向一般应以其长轴南向，或南偏东或偏西15°以内为宜。这样的朝向，冬季可增加射入舍内的直射阳光，有利于提高舍温；而夏季可减少舍内的直射阳光，利于防暑。

可根据通风、排污确定建筑物朝向。场区所处的主风向直接影响羊舍内的气候。因此，应依据当地气象风向频率图，结合防寒防暑要求，确定适宜朝向。如果羊舍纵墙与冬季主风向垂直，则通过门窗缝隙和孔洞进入舍内的冷风渗透量很大，对保温不利；因此冬季减少冷风渗透量，利于保温，建议纵墙与冬季主风向平行或形成0°～45°夹角。如果羊舍纵墙与夏季主风向垂直，则羊舍通风不均匀，窗墙之间形成的旋涡风区较大；因此夏季减少旋涡风区，通风均匀利于夏季防暑，建议纵墙与夏季主风向形成30°～45°夹角，排除污浊空气效果也好。

4. 建筑物的间距

相邻两栋建筑物纵墙之间的距离称为间距。主要从日照、通风、防疫、防火和节约用地等多方面综合考虑确定羊舍间距，且必须根据当地气候、纬度、地形、地势等情况，酌情确定羊舍的适宜间距。例如间距较大，有利于通风排污、防疫和防火，前后排羊舍不影响光照，但增加养殖场的占地面积。可根据日照确定羊舍间距，为了使南排羊舍在冬季不遮挡北排羊舍日照，一般可按一年内太阳高度角最低的冬至日计算，而且应保证冬至 09：00～15：00 时这 6h 内使羊舍南墙满日照，这就要求间距不小于南排羊舍的阴影长度，而阴影长度与羊舍高度和太阳高度角有关。朝向为南向的羊舍，当南排舍高（一般按檐高计算）为 H 时，要满足北排上述日照要求，在北纬 40°（如北京）地区，羊舍间距约为 2.5H，北纬 47° 地区（黑龙江齐齐哈尔市）则需 3.7H。羊舍间距一般保持 3～4H，就可以满足日照需求。在北纬 47°～53° 的黑龙江和内蒙古地区，羊舍间距可

酌情加大。可依据通风及防疫的双重需求，科学合理地设定羊舍之间的间距。在按照通风要求规划间距时，应确保下风向的羊舍不会落入相邻上风向羊舍所产生的涡风区域之中，这样既能确保下风向羊舍的通风畅通无阻，又能有效避免其受到上风向羊舍排放的污浊空气的侵袭，为卫生防疫提供有力保障。当羊舍的间距设定为 3～5H（如图 2-1 所示）时，即可充分满足羊舍的通风排污及卫生防疫要求。

图 2-1　羊舍的间距

防火间距的设定，需综合考虑建筑物的材料构成、结构形式及使用特性，具体可参照我国的建筑防火规范来确定。羊舍建筑多采用砖墙结构，配以混凝土或木质屋顶，并常设吊顶，其耐火等级通常达到二级或三级标准。在此情况下，防火间距建议保持在 6～8m 范围内。

综上所述，羊舍之间的间距设定为檐高的 3～5 倍，能够较好地满足日照、通风、排污、防疫以及防火等多方面的需求。对于每两栋长轴平行的羊舍而言，若不设舍外运动场，两平行侧墙的间距宜控制在 8～15m 之间；若设有舍外运动场，则相邻运动场栏杆的间距以 5～8m 为宜。同时，每两栋羊舍端墙之间的最小距离建议不小于 15m。另外，羊舍的具体间距主要还要结合防疫间距来决定。

？ 复习思考

一、选择题

1. 羊场场址选择时，应优先考虑以下哪个因素？（　　）

A. 地势平坦，坡度不限　　　　　　　B. 地势高且向阳背风

C. 靠近居民区，便于管理　　　　　　D. 地形复杂，具有挑战性

2. 在羊场规划中，下列不属于生产区的主要功能的是（　　）。

A. 羊群的饲养和管理　　　　　　　　B. 饲料贮存与加工

C. 职工生活与居住　　　　　　　　　D. 畜产品的生产

二、判断题

1. 羊场场址选择时，无需考虑与当地风向的关系。　　　　　（　　）

2. 在羊场规划中，生产区与其他区之间无需严格分开，可通过绿化带进行隔离。　　　　　　　　　　　　　　　　　　　　　　　（　　）

三、简答题

简述养殖场规划布局的基本原则。

参考答案

单元二 羊场建设要求

一、运动场建设要求

羊的舍外运动能够显著增强体质，提升抗病能力，尤为突出的是，能有效改善种公羊的精液质量，提高母羊的受孕率，同时促进胎儿健康成长，降低难产风险。因此，为羊设置舍外运动场显得尤为重要，特别是对于种用羊而言，更是不可或缺。

运动场应选址于背风且向阳之地，通常可巧妙利用羊舍之间的间距来布置，或在羊舍两侧分别规划设置。若受地形条件所限，也可在场内较为开阔的区域单独设立运动场。在运动场的西侧与南侧，应搭建遮阳棚或栽种树木，以有效遮挡夏日炎炎烈日。运动场围栏的外侧，应开挖排水沟，确保场地干燥。

羊舍前方应规划有运动场，地面需保持一定坡度，便于排水并保持场地干燥。四周应围设围栏或围墙，高度约 1.5m。运动场的面积应按照每只羊 $2\sim4m^2$ 的标准来配置。在运动场四周，可种植绿化带，以吸收空气中的有害气体，调节场内小气候。场内还应配备自动饮水槽、饲槽以及凉棚，为羊群提供舒适的生活环境。如图 2-2 所示。

(a)   (b)

图 2-2　羊舍外运动场

二、场内道路建设要求

场内道路设计应力求直而短，以便各生产环节紧密相连，确保在各种气候条件下都能通畅无阻，同时有效防止扬尘。应明确划分人员行走和运送饲料的清洁道、专门运输粪污和病死羊的污物道，以及供羊产品装车外运的专用通道。其中，清洁道作为场内的主交通动脉，宜采用水泥混凝土铺设路面，也可选用平整的石块或条石来铺设，以确保路面坚固耐用。场内主干道与场外运输干线顺畅连接，宽度设定为 3.5~6m；支线道路则与羊舍、饲料库、贮粪场等设施紧密相连，宽度为 3~4m。所有路面均需结实耐用，排水系统完善，确保雨水及时排走。场内道路的布局一般与建筑物长轴保持平行或垂直，以形成有序的交通网络。特别需要注意的是，清洁道与污物道应严格分开，避免交叉，以确保场内的环境卫生和防疫安全。

三、羊舍建设要求

（一）羊舍建筑设计原则

1. 适应羊生产特性的建筑形式与结构

羊舍建筑的设计需充分考虑羊的生物学特性和行为习惯，确保建筑形式和结构能够为羊的生长发育和生产提供适宜的环境。这样既能保障羊的健康和生产性能，又能满足其福利需求。

2. 契合生产工艺要求

规模化羊场通常采用流水式生产工艺，追求高效、高密度、高品质的生产。因此，羊舍建筑在形式、空间组合、构造及总体布局上需与普通民用建筑和工业建筑区分开来。同时，由于不同羊品种、年龄、生长强度、生理状况和生产方式对环境、设施和技术有不同要求，羊舍设计需紧密贴合生产工艺，便于操作，提高劳动生产率，支持集约化经营与管理，并为机械化、自动化留足发展空间。

3. 便于实施技术措施

建筑材料的选择和运用需合理，根据建筑空间特点确定适宜的建筑形式、构造和施工方案，确保羊舍坚固耐用且建造便捷。同时，羊舍设计需有利于环境调控技术的实施，以保障羊的健康和高产。

4. 节约用地与降低成本

为节约用地，可考虑采用高层羊舍建筑，这样总体设施费用少，热损失小，辅助设施集中，便于管理。未来我国羊场建设也有向高层发展的趋势。此外，需进行周密计划和核算，根据当地技术经济条件和气候条件，因地制宜、就地取材，力求节省劳动力、建筑材料和投资。在满足先进生产工艺的前提下，确保经济实用。

5. 符合总体规划与美观要求

建筑设计需充分考虑与周围环境的关系，如与原有建筑物的协调、道路走向、场区大小、环境绿化以及羊生产对周围环境的污染等。羊舍的形体、立面、色调等需与周围环境相和谐，打造出朴素明朗、简洁大方的建筑形象。

（二）羊舍类型

根据羊舍四周墙壁封闭的严密程度，羊舍可划分为封闭式羊舍、半开放式羊舍和开放式羊舍三种类型。

1. 封闭舍

封闭舍是指利用墙体、屋顶等外围护结构形成的全封闭状态的羊舍形式，由于其空间环境相对独立，便于进行人工环境调控，保温性能好，适合较寒冷地区采用（图2-3所示）。

2. 半开放舍

半开放舍指三面有墙，正面全部散开或有半截墙的羊舍。通常开放部分在南侧，因此冬季可保证有充足的阳光进入舍内，有墙部分冬季可起阻挡北风的作用，而在夏季南风可吹入舍内，有利于通风；半开放舍比开放式羊舍抗寒能力有所提高，但因舍内空气流动性比较大，舍温受外界影响也较大，很难进行羊舍环境的调控。

半开放式羊舍通风采光好，保温性能较差，适合于较寒冷地区，主要用于饲养各种成年羊群；温暖地区也可用作产房或幼羊舍。生产中，为了提高羊舍的防寒能力，冬季可在开敞部分设双层或单层卷帘、塑料薄膜、阳光板形成封闭状态，可有效地改善羊舍内小气候（图2-4）。

3. 开放舍

开放舍也称棚、凉棚或凉亭羊舍，四面无墙或只有端墙，主要起到遮阳、避雨的作用。夏季能隔绝太阳的直接辐射，四周通风效果好，防暑效果比其他类型的畜舍好；冬季因没有墙壁阻挡，对冷风的侵袭没有防御能力，防寒作用较差；开放式羊舍受舍外环境的影响较大，人工环境调控措施一般较难实施。

图 2-3   封闭式羊舍

图 2-4   半开放羊舍

开放舍在寒冷地区不能用作冬舍，可做运动场上的凉棚或草料库，南方炎热地区可用作成年羊舍。由于开放舍用材少、施工简单、造价低，为了扩大其使用范围，克服其保温能力差的弱点，在羊舍南、北面设置隔热效果较好的卷帘，由机械传动升降，非常方便实用，夏季可全部打开，冬季可完全闭合，结合一定的环境调控措施，使舍内的环境条件得到一定程度的改善（图 2-5）。

（三）具体要求

1. 地面

羊群的活动、采食和排泄主要在地面上进行。羊舍地面的建筑材质多样，主要包括水泥、砖、土、木质、竹子和塑料等。水泥和砖铺就的地面坚硬且平整，便于对羊舍进行清扫和消毒。然而，这种坚硬的地面对羊蹄的保护较为不利，尽管如此，它们在当前的应用中仍然较为普遍。

土地面因其投资小、成本低而备受青睐，特别适合在降水量较少的干燥地区使用。但在降水量较大、环境潮湿的地区，土地面遇水后会变得潮湿泥泞，羊群长期在这样的地面上活动和休息，会对羊的健康和羊毛的生产造成不利影响。木质、竹子和塑料地面通常采用漏缝式设计，羊粪便可以直接掉入粪槽内，从而保持地面的清洁。这种地面基本无需清扫，且消毒工作也相对容易。然而，其成本较高，一次性投资较大。

羊床是羊躺卧、休息的场所，要求洁净、干燥，羊群躺卧舒服。水泥或砖做成的羊床需要每天定时清扫，木条、竹片和塑料材质的羊床条与条之间有一定缝隙，羊粪掉入下方的粪槽内，由自动刮粪板定时清除，可保持羊床干净（图 2-6 所示）。

图 2-5   开放式羊舍

图 2-6   羊床

2. 墙壁

墙壁在畜舍保温上起着重要作用。我国多采用土墙、砖墙、泡沫砖、空心砖或石墙。土墙造价低，导热小，保温好，但易潮湿，不易消毒，小规模简易羊舍可采用。砖墙最为常用，其厚度有半砖墙、一砖墙、一砖半墙等，墙越厚，保暖性能越好。石墙，坚固耐久，但导热性强，寒冷地区保温效果差。此外还有金属铝板、胶合板、玻璃纤维材料建成保温隔热墙，可移动拆卸组装，效果很好。

3. 门和窗户

一般羊舍门宽 2.5～3m、高 1.8～2m，可设双扇门或卷闸门，便于大车进出运送草料和清扫羊舍。按 200 只羊设一门。寒冷地区在保证采光和通风的前提下要少设门，也可在大门外添设套门。窗户一般宽 1～1.2m、高 0.7～0.9m，窗台距地面高 1.3～1.5m。

4. 屋顶与天棚

屋顶具有防雨和保温隔热的作用。其材料有陶瓦、石棉瓦、木板、金属夹芯板、彩钢瓦、塑料薄膜、油毡等，国外也有采用金属板的。在寒冷地区可加天棚，增强羊舍保温性能。羊舍净高（地面至天棚的高度）为 2～2.4m。在寒冷地区舍内可适当降低净高。单坡式羊舍，一般前高 2.2～2.5m、后高 1.7～2m。屋顶斜面呈 45°。

四、防护设施要求

为确保养殖场的防疫安全，应在养殖场四周构筑高围墙或挖掘坚固的防疫沟，以有效阻止场外人员及其它羊进入。在必要时，防疫沟内应注入水以增强阻隔效果。同时，在养殖场大门、各区域入口及羊舍门口，均需设置消毒设施，包括车辆消毒池、人员脚踏消毒槽或喷雾消毒室，以及更衣换鞋间。此外，应安装紫外线灭菌灯进行消毒，并强调消毒时间需达到 3～5min，以确保消毒效果。为避免消毒时间不足，养殖场最好在消毒室内安装定时指示铃，以提醒人员达到规定的消毒时间。

五、排水设施建设要求

场区设置排水设施，旨在有效排除雨水和雪水，确保场地保持干燥且卫生。为了节约成本，通常可以在道路的一侧或两侧开挖排水沟。排水沟的沟壁和沟底可以采用砌砖、砌石的方式建造，或者将土壤夯实后做成梯形或三角形断面。排水沟的深度应控制在 30cm 以内，沟底应保持 1°～2°的坡度，以确保水流顺畅，沟口宽度则为 30～60cm。对于小型养殖场而言，如果条件允许，也可以设置暗沟来进行排水（地下水沟可用砖、石砌筑，或采用水泥管）。但需要注意的是，暗沟应与舍内排水系统的管道分开使用，以防止泥沙淤塞影响舍内排污，同时避免雨季时污水池满溢，对周围环境造成污染。

六、其他设施建设要求

（一）草棚和青贮窖

羊作为草食动物，其日常饲料以牧草为主。羊场中储存了大量的干牧草，然而，这些牧草若长时间露天堆放，易受风吹日晒以及雨雪侵袭，从而导致牧草质量下降，严重时甚至会发霉变质。羊一旦食用这样的牧草，可能会引发疾病或流产。此外，牧草的露天存放还存在火灾隐患。因此，草棚成为羊场不可或缺的设施之一。草棚（图 2-7）的地面设计应高于四周地面，确保周围排水顺畅；屋顶则需建造得结实可靠，以防漏雨。

青贮饲料是羊的重要饲料来源之一，目前常见的青贮窖类型主要包括地上青贮窖、地下青贮窖、青贮塔以及青贮包等（见图 2-8~图 2-10 所示）。地上青贮窖在排水方面具有优势，但制作青贮饲料的过程相对繁琐费力；相比之下，地下青贮窖制作青贮饲料较为方便，然而排水却成为难题，窖内易积水，进而对青贮饲料的质量和效果产生不利影响；青贮包则以每包容量较小为特点，开包后即可直接饲喂，有效避免了二次发酵对青贮饲料品质的损害，但其制作成本相对较高。

图 2-7　草棚

图 2-8　地上青贮窖

图 2-9　地下青贮窖

图 2-10　青贮包

（二）饲料加工车间

羊场的饲料加工车间主要是对羊所采食的饲料进行加工配制的场所，分为粗饲料加工和精饲料加工两个车间。

（三）剪毛车间

剪毛车间包括剪毛区、羊毛分区和打包区等。剪毛车间要求地面平整、干净、干燥，便于清扫、消毒。

七、羊场的绿化要求

养殖场通过植树和种草进行绿化，对于改善场区小气候、增强防疫能力、提高防火安全性具有重要意义。因此，在进行场地规划时，必须专门规划出绿化区域，包括防风林、隔离林、行道绿化、遮阳绿化以及一般绿地等。养殖场区的绿化覆盖率应达到 30% 以上，并在场外缓冲区建设 5~10m 宽的环境净化带。

防风林应沿着围墙内外进行布置，设置在冬季主导风向的上风向。建议采用落叶树与常绿树相结合，高矮树种搭配种植，植树密度可适当加大。乔木的行株距宜为 2~3m，灌木绿篱的行距宜为 1～2m，乔木宜采用棋盘式种植。

隔离林应主要设置在各个场区之间以及围墙内外，特别是在夏季主导风向的上风向。应选择树干高大、树冠宽广的乔木，如北京杨、柳树或榆树等，行株距应稍大一些，一般种植 1～3 行。

行道绿化应对道路两旁和排水沟边进行绿化，既能为路面提供遮阳，又能起到排水沟护坡的作用。靠近路面可以种植侧柏、冬青等作为绿篱，其外侧再种植乔木。也可以在道路两侧埋设杆子搭架，种植藤蔓植物，形成上空 3～4m 的水平绿化带。

遮阳绿化为羊舍的墙体、屋顶、门窗或运动场提供遮阳，应设置在羊舍的南侧和西侧，或者运动场的周围和中央。遮阳绿化应选择树干高大、树冠宽广的落叶乔木，如北京杨、加拿大杨、辽杨、槐树、枫树等树种，以避免夏季阻碍通风和冬季遮挡阳光。同时，也可以搭架种植藤蔓植物进行遮阳。

场地绿地是指养殖场内裸露地面的绿化，可以植树、种花、种草，也可以种植具有饲用价值或经济价值的植物，如苜蓿、果树等。

 复习思考

一、选择题

1. 羊舍朝向一般应以其长轴南向，或南偏东或偏西（　　）以内为宜。

A. 5°　　　　　　　B. 10°　　　　　　　C. 15°　　　　　　　D. 20°

2. 下列选项中，最适合在寒冷地区使用的羊舍类型是（　　）。

A. 开放式羊舍　　　B. 半开放式羊舍　　　C. 封闭式羊舍　　　D. 任意类型均可

二、判断题

1. 羊场管理区的设置应紧邻大门内侧，便于与外界联系。　　　　　　　　　（　　）

2. 在羊场规划中，生产区与其他区之间无需严格分开，可通过绿化带进行隔离。

（　　）

三、简答题

1. 羊场场址选择时，应综合考虑哪些因素？

2. 如何根据羊场的规模、饲养方式和生产工艺要求制定合理的规划布局方案？

▲
参考答案

单元三　羊场主要设备配置

一、饲喂和饮水设备

1. 饲槽与草料架

饲槽及草料架种类繁多，其设计需遵循确保羊只采食时互不干扰、防止羊蹄踏入饲槽或草料架、避免草料洒落在羊体或地面以及减少饲料浪费的原则。主要分为移动式、固定式和悬挂式三种类型。

对于成年母羊，饲槽的设计高度为 40cm，深度 15cm，上部宽度 45cm，下部宽度 30cm。而羔羊的饲槽则相对较小，高度为 30cm，深度同样为 15cm，上部宽度 40cm，下部宽度 25cm。

为了减少干草的浪费和污染，羊场可配备干草架（图2-11）。同时，为了防止饲料污染引发的羊腹泻并且减少饲料浪费，可采用精饲料自动饲槽。

2. 饮水设备

若以井水或自来水作为饮水来源，应设置贮水槽，水槽可由木料、金属或水泥制成。在大型集约化羊场，可安装即时供水的饮水器，以有效防止病原微生物对水源的污染。

二、饲料加工设备

羊场饲料加工设备主要有粗饲料粉碎机、精饲料粉碎机、搅拌机、混合机和颗粒制作机等（图2-12）。目前不少羊场开始使用颗粒饲料，颗粒饲料虽然成本高，但饲料的浪费和损耗少。

图 2-11　草料架　　　　　　　　　　　　　　图 2-12　饲料加工设备

三、挤乳及喂乳设备

1. 挤乳设备

手工挤乳，必须有挤乳架和带盖的挤乳桶。机械挤乳主要包括移动式挤乳器（图2-13）。可以满足单只或多只羊挤乳。对于一些规模较大的奶山羊场，一般采用并列式挤乳器，这种设备设有十几个甚至更多羊位（图2-14）。而今，个别大型奶山羊场更是引进了效率更高的转盘式挤乳台。

图 2-13　移动式挤乳器　　　　　　　　　　　图 2-14　并列式挤乳设备

2. 喂乳设备

在人工哺乳方面，可使用奶瓶、搪瓷碗或奶壶等设备。而对于大型羊场，则会安装配备多乳头的哺乳器以满足需求。现在国外的一些大型羊场已经采用了自动化哺乳器，这些设备能够自动供应乳汁，自动调节温度，方便羔羊自行取乳。

四、药浴设备

规模化羊场应配备固定的药浴设施，如药浴池或药淋场，专为羊只进行药浴。药浴池（图 2-15）通常采用水泥砌筑，形状为长而深的沟池，深度约为 1.2m，长度在 10～20m 之间，池顶宽度为 1～1.5m，池底则略窄一些。在药浴池的进口处设有候浴场，羊只通过一条狭道进入浴池。浴池的进口设计成陡斜坡，方便羊只滑入池中，然后游过浴池到达出口。出口处被修建成带有横棱条的斜坡，以便羊只能够顺利出池。此外，出口处还设有水泥砌成的滴流台，用于收集羊身上淌下的药液，并使其重新流回药浴池中。对于大型羊场，还会建设圆形旋转式喷淋设施以满足需求。而小型羊场则可以选择使用浴槽、浴桶、浴盆或浴缸来进行药浴。

图 2-15　药浴池

五、剪毛（梳绒）设备

（一）绵羊剪毛设备

毛用羊主要以生产羊毛为目的，每年会在适宜的时候进行剪毛工作。绵羊剪毛设备主要分为机械式剪毛机、电动式剪毛机和气动式剪毛机三种。

1. 机械式剪毛机

机械式剪毛机通常通过内燃机（如汽油机、柴油机）或拖拉机动力输出轴输出的动力来驱动。这些动力通过软轴或关节轴传动装置，带动若干剪头同时作业剪羊毛，实现远距离操作和灵活布置。每个剪头包含梳状底板和活动刀片，梳状底板用于梳理和支撑羊毛，活动刀片则进行剪切。在剪毛过程中，剪毛刀片在梳状底板上做往复摆动，将梳状底板梳起的羊毛整齐地切断，通过加压螺母、加压杆等部件，对活动刀片施加一定的压力，保证刀片与梳状底板的紧密接触，提高剪切效率。机械式剪毛机通常适用于无电或电力供应不稳定的地区。如我国生产有 9MJ-4R 型机动剪毛机组。

图 2-16　电动式剪毛机

2. 电动式剪毛机

电动式剪毛机（图 2-16）是一种利用电力驱动进行剪毛作业的设备，其工作原理与给人类理发的推子原理相似。它主要由电机、上齿刀片（动刀片）、梳毛齿（下刀片）、握柄等部分组成。电机驱动上齿刀片在梳毛齿上来回摆动，从而切断羊毛或纤维。梳毛齿决定了留茬高度和剪切方向，而刀片则负责将梳毛齿梳起的羊毛或纤维切除。电动式剪毛机具有高效、省时、省力便捷、适用广泛、性能稳定等优势而广泛应用于畜牧业中，特别是在羊毛修剪和整齐切断方面发挥着重要作用。电动式剪毛机种类较多。

（1）**软轴电动式剪毛机**　如9MD-4R型电动式剪毛机组及9MDS-20型电动软轴剪毛机组。

（2）**柄内驱动剪毛机**　我国研制的9MZZ-16型中频直动式剪毛机组由STF-6双频发电机组和16把9MZ-76中频剪毛机组成。

3. 气动式剪毛机

气动式剪毛机是一种利用压缩空气为动力来源的剪毛设备。它主要由空气压缩机、空气调节器、润滑部件、软管和剪毛机头等组成。工作时，空气压缩机产生的高压空气依次经过水分过滤器、调压阀、油雾器等装置，驱动剪毛机头工作。其工作原理是利用压缩空气带动气动马达运转，进而驱动剪毛刀片进行快速往复运动，实现对羊毛的剪取。这种设计使得气动式剪毛机具有轻巧、灵活的特点，能够适应各种复杂的剪毛环境。

气动式剪毛机还具有升温少、噪声和振动小、润滑好、工作安全、使用灵活等优点。由于工作时压缩空气不断吹向剪毛机前方，砂粒不易进入剪切装置，因此刀片的使用寿命相对较长。不过，气动式剪毛机也存在一些缺点，如成本高、转速可能受负荷影响等。近年来，澳大利亚、新西兰、瑞士以及英国等国家成功研发并生产出了技术较为先进的气动式剪毛机组。

（二）山羊绒采集设备

1. 抓绒机

抓绒机是利用高频振动的抓绒弓齿将山羊身上的绒毛抖松和钩出。它通常用于采集山羊的内层绒毛，这些绒毛是山羊绒的主要来源。如9RZ-84山羊抓绒机，使用该机组可降低劳动强度，降低羊绒含杂率，提高羊绒质量，操作简单，不伤羊体。

2. 梳绒机

山羊梳绒机主要是通过梳理部分将山羊身上的绒毛梳理下来。梳理部分通常由一系列高速旋转的刷子和梳子组成，它们能够将山羊绒纤维按照一定方向排列起来，使得羊绒更加柔软、细腻、保暖。如9RSH-88中频梳绒机，该机采用9MZZ-16中频直动式剪毛机组的电源。一般情况下，梳绒比剪毛早半个月，梳绒机梳完绒后，只要将梳绒头更换为剪头即可，一机两用。

目前，许多羊场仍然采用手工梳绒的方式，所使用的梳绒工具为金属梳子。这些梳子分为两种类型：一种是稀梳（图2-17），由7～10根钢丝组成，钢丝间距2～2.5cm，直径3mm；另一种是密梳（图2-18），由12～16根钢丝组成，钢丝间距0.5～1cm。使用梳子时，梳子要贴近皮肤，用力要均匀，尤其遇到绒疙瘩的地方，必须耐心地抓取，不可用力过猛。梳子油腻后，抓不下绒来时，可将梳子在土地上往返摩擦，除去油腻。

在我国北方，大部分山羊都能产出优质的山羊绒。随着畜牧业和纺织工业的快速发展，山羊绒采集设备也在不断更新换代。未来，山羊绒采集设备将更加注重智能化、自动化和环保化的发展方向，以提高采集效率、降低劳动强度、保护环境和提高山羊绒的品质。

六、水电供应设备

电力设施应涵盖动力电与照明电两方面。对于照明设施，不仅要在夜间需要照明的地方安装固定灯具，还应配备蓄电池灯，以应对临时停电的情况。目前市场上存在多种类型的发电机，能够满足无动力电供应或临时停电时的需求。至于水源问题，可以通过河水、井水或现成的自来水来解决，但还需修建输水管道，确保水能够输送到各个主要用水点。此外，无论采用哪种水源，都应额外建设一个蓄水池，并保持其水量充足，以备停电、停水或提水设备出现故障时之需。

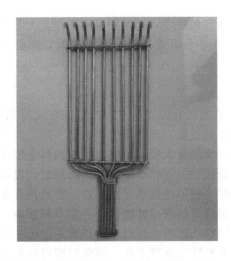

图 2-17 稀梳

图 2-18 密梳

七、控温设备

1. 降温系统

"湿帘-负压风机"降温系统由纸质多孔湿帘、水循环系统和风扇三大组件构成。当未饱和的空气穿过湿帘多孔且湿润的表面时，水分大量蒸发，空气中的湿热随之转化为蒸发潜热，有效降低舍内温度。风扇则不断抽取经过湿帘降温的冷空气送入室内，实现降温目的。

2. 保温系统

在寒冷季节，为保障羊只增重不受低温影响，以及确保分娩母羊和羔羊的健康，可采用热风炉、蒸汽锅炉等加温设备进行保温。

 复习思考

一、选择题

1. 下列哪种设备是用于羊只饮水的基本设备？（   ）

A. 自动饮水器　　B. 青贮切割机　　C. 羊毛剪　　　　D. 助产器

2. 在规模化羊场，为了保证饲料投喂的准确性和高效性，通常会使用（   ）。

A. 手推车　　　　B. 饲料自动投喂车　C. 饲料槽　　　D. 麻袋

二、填空题

1. 羊舍内为了便于羊只休息，一般会安装_____。

2. 用于收集和储存羊粪的常见设备是_____。

▲
参考答案

单元四　羊场环境保护

一、羊场环境调控

羊是耐寒而怕湿热的动物。在我国南方，夏季炎热且湿度大，这对羊的生长和生产具有较大影响。因此，在夏季应增强羊舍的通风，无论是封闭式、开放式还是半开放式的羊舍，都应降低高温对羊的不利影响。而在我国北方，冬季气候寒冷，需做好保暖工作，尤其是产房，因为新生羔羊对环境温度的要求高于成年羊，若羊舍温度过低，羔羊的死亡率会显著增加。

（一）温度

温度是影响羊健康和生产力的主要环境因素，羊的适合温度为 7～24℃，在此范围内，羊的生产力、饲料利用率和抗病力都较高。温度过高或过低，都会使生产水平下降，育肥成本提高，甚至使羊的健康和生命受到影响。例如，冬季温度太低，羊吃进去的饲料主要用于维持体温，没有生长发育的余力，有的反而掉膘，造成"一年养羊半年长"的现象，温度过低甚至会发生严重冻伤；温度过高，超过一定界限时，使羊的散热发生困难，影响采食和饲料转化率，高温对公羊的精液质量影响很大，同时对母羊的繁殖性能也会产生不利影响。羊育肥的适宜温度，决定于品种、年龄、生理阶段及饲料条件等多种因素，很难划出统一的范围。舍内温度控制就是要做好夏季的防暑降温和冬季的防寒保暖工作，避免温度过高和过低对羊的不良影响。

（二）湿度

空气相对湿度的大小，直接影响着绵羊、山羊体热的散发。在一般温度条件下，空气湿度对绵羊、山羊体热的调节没有影响，但在高温、低温下湿度对羊体的影响较大。

羊在高温、高湿的环境中，散热更困难，甚至受到抑制，往往引起体温升高、皮肤充血、呼吸困难，中枢神经因受体内高温的影响而功能失调，最后致死。高温、高湿的环境也容易导致各种有害微生物的繁殖，使羊易患腐蹄病和内外寄生虫病。而在低温且高湿的条件下，绵羊和山羊则容易患上感冒、神经痛、关节炎等疾病。潮湿环境为微生物提供了良好的生长条件，使得羊更易感染疥癣、湿疹等。羊偏好干燥环境，因此，保持适宜的湿度对它们至关重要。当湿度过低时，可在舍内地面洒水或利用喷雾器在地面和墙壁上喷水以增加湿度；而当湿度过高时，则应加大舍内换气量或提高舍内温度以降低湿度。

（三）光照

羊属于季节性繁殖动物。某些品种羊在舍饲条件下可四季发情，季节性发情已有所减弱，但光照对羊的繁殖具有直接影响，如缩短光照可提高短日照公畜的繁殖力，如将绵羊光照时间从 13h/d 缩短至 8h/d，公羊精子活力和正常顶体增加 16.6% 和 27%，用此精液配种，母羊妊娠率和产羔率分别比自然光照组增加 35% 和 150%。在夏季开始时，将母羊光照时间缩短为 8h/d，可使繁殖季节提前 27～45d。当阳光由长日照向短日照过渡时羊开始集中发情。羊具有季节性换毛现象，强烈的阳光照射会对羊的被毛产生不利影响。

（四）通风换气

羊舍通风换气是空气环境控制的一个重要方面。为便于羊舍排出污浊空气，进入新鲜空气，维持适宜的空气流动速度，要保证舍内适量通风。当气温升高时，加大通风可以增强气流，让羊体感觉更加舒适，从而减轻高温带来的不利影响。通常情况下，气流对绵羊和山羊的生长发育及繁殖没有直接的影响，但它能加速羊体内水分的蒸发和热量的散失，间接地影响它们的热能代谢和水分代谢。在炎热的夏季，良好的气流有助于对流散热和蒸发散热，对绵羊和山羊的育肥有着积极的作用；因此，应适当增加舍内的空气流动速度，提高通风量，必要时可采用机械通风来辅助。

冬季畜舍密闭的情况下，引进舍外新鲜空气，排除舍内污浊空气，能防止舍内潮湿和病原微生物的滋生蔓延。在寒冷冬季，气流会加快羊体的散热，寒冷的影响更加显著，因此，舍内应保持适度的通风，以确保舍内空气的温度、湿度和化学组成均匀一致，有利于将污浊气体排出舍外。此时，气流速度应控制在 0.1~0.2m/s 为宜，最高不应超过 0.25m/s。

1. 自然通风

借助自然界的风压和热压通风，如通过开启门窗通风换气，或安装通风管道装置，进气通风管用木板做成，断面呈正方形或矩形，断面面积 20cm×20cm 或 25cm×25cm，均匀交错嵌在两面纵墙，距天棚 40~50cm。墙外受气口向下，防止冷空气直接侵入。墙内受气口设调节板，把气流扬向上方，防止冷空气直吹羊体。炎热地区于墙下方设进气管，排气管断面面积为 50cm×50cm 或 70cm×70cm。排气管设于屋脊两侧，下端伸向天棚处，上端高出屋脊 0.5~0.7m。管顶设屋顶式或百叶窗式管帽，防降水落入，两管间距为 8~12m。

2. 机械通风

机械通风是通过机械装置驱动空气流动来实现的。它主要分为两种方式，一是负压通风，即利用风机将羊舍内的污浊空气抽出，使得舍内气压低于舍外，从而促使舍外的新鲜空气通过进气口进入舍内。风机通常安装在羊舍的侧壁或屋顶上。另一种是正压通风，即通过强制向舍内送入新风，使舍内气压略高于舍外，从而将污浊空气压出舍外。

3. 通风换气量参数

关于通风换气量的参数，对于羊舍而言，每只绵羊在冬季需要 0.6~0.7m³/s 的通风量，夏季则需要 1.3m³/s 左右；而每只育肥羔羊在冬季大约需要 0.3m³/s 的通风量，夏季则需要约 0.65m³/s。这些只是大致的参数，实际生产中，由于羊只的大小、年龄差异以及季节的变化，通风换气量需根据羊场的实际情况进行调整和掌握。

规模化羊场中，羊的饲养密度较散养大，尤其在冬季密闭式羊舍内，羊的粪尿以及呼吸过程中产生的有害气体，对羊的健康、生长及生产性能均构成不利影响。因此，必须加强羊舍内的通风换气，以有效降低有害气体对羊的危害。

二、废弃物处理及综合利用

（一）废弃物处理

羊场产生的废弃物主要包括羊粪尿、污水、死亡羊只的尸体、脏污垫料、过期的兽药和疫苗、一次性兽医器械及其包装物等。在我国传统农业中，种植业、养殖业和农副产品加工业各自独立运营，相互之间的联系较为松散。为了有效防治养殖业带来的环境污染，推动养殖场废弃物的综合利用和无害化处理，保护并改善生态环境，确保公众身体健康，同时促进畜牧业的健康与可持续发展，国家制定了《畜禽规模养殖污染防治条例》，并于 2014 年 1 月 1 日正式开始实施。该条例明确规定了废弃物的处理要求，设立了相应的激励机制，并明确了法律责任及处罚规定。通过实施废弃物的无害化处理，使得大农业的整个产业链得到了优化和升级，从而实现了社会效益和生态效益的最大化。

1. 粪污处理

粪污处理系统是羊场管理体系中不可或缺的一部分，它涵盖了粪污的收集、运输、存储，并在条件允许的情况下进行进一步的处理与加工。一个完善且高效的粪污处理系统应主要达到以下标准：

① 为羊群提供一个健康、卫生的生活环境；

② 确保土壤、地下水和地表水不受粪污污染；

③ 有效减轻臭味及粉尘对环境的污染；

④ 有效控制病原微生物、寄生虫等的繁殖；

⑤ 符合畜牧、环保法律法规的要求。

2. 其他废弃物处理

其他废弃物主要为患有传染病、寄生虫病及中毒性疾病的羊，其肉体、皮毛、内脏以及如蹄、骨、血液、角等产品，均已受到病原体污染，存在传播疫病或其他危害的风险，因此必须进行无害化处理，严防病原污染和扩散。根据农业部印发的《病死动物无害化处理技术规范》，对畜禽病害肉及其产品的销毁、化制、高温处理和化学消毒等技术规范进行了明确规定。

（二）综合利用

1. 羊粪尿作为肥料，直接施入农田

根据物质循环、能量流动的生态学基本原理，将畜牧业回归农业并促进种植业与畜牧业紧密结合，是我国解决畜禽养殖污染的主要途径之一，也是实现农业可持续发展的必由之路。羊粪是家畜粪肥中养分最浓，氮、磷、钾含量最高的优质有机肥，是我国农区及牧区有机肥料的主要来源羊粪尿作为肥料直接施入农田羊粪是一种速效、微碱性肥料，有机质多，肥效快，适于各种土壤施用。将新鲜的羊粪、垃圾以及垫草等直接施入农田，随后迅速翻耕土壤，使这些有机物质在土壤中充分分解发酵，从而有效灭活寄生虫和病原体，同时避免产生恶臭气味，减少蚊蝇的滋生。

2. 堆肥腐熟，还田利用

羊粪中含有丰富的粗纤维、粗蛋白质以及无氮浸出物等有机成分。当这些物质与垫料、秸秆、杂草等有机物混合并堆积在一起时，就创造了一个适宜的发酵环境，促使微生物大量繁殖。在这个过程中，有机物会被微生物分解并转化为无臭、完全腐熟的活性有机肥。通过高温堆肥处理，羊粪的质量得到显著提升，堆肥结束后，其全氮、全磷、全钾含量均有所增加。此外，堆肥过程中形成的高温理化环境能够有效杀灭羊粪中的有害病菌、寄生虫卵及杂草种子，实现无害化、减量化和资源化，从而有效解决羊场因粪便产生的环境污染问题。堆肥中微生物的生长需要的碳氮比为（26～30）∶1，羊粪为 22∶1，再加上垫草的混入，其碳氮比大致相当，2 周即可达到均匀分解、充分腐熟的目的。堆肥技术具有设施简单、施用方便、无臭味等优点，而且腐熟的堆肥作为迟效肥料，对牧草及作物的生长既安全又有效。

3. 加工生产复合肥料

羊场收集的粪便被运送到粪便发酵池（场）进行堆积和发酵处理，待其腐熟后，既可以直接施用于农田，也可以通过机械粉碎、造粒等工序，加工成便于包装、运输和施用的商品有机肥。羊粪经过堆放或人工发酵池发酵后，晒干或烘干、粉碎、过筛。根据不同作物如果树、蔬菜、花卉等对肥力的不同要求，添加相应的氮、磷、钾等成分，制成相应的专用复合肥。

4. 生产沼气

羊场污水和羊粪直接进入沼气池，利用厌氧细菌将羊粪便经过一系列的生物发酵处理，产生以甲烷为主的一种混合气体——沼气，用作燃料或发电。沼渣、沼液（绝大部分病原微生物、寄生虫卵被杀死）作为肥料直接还田或经固液分离机分离后使用。

 复习思考

___

一、选择题

1. 羊场废弃物的处理中，下列措施中不属于无害化处理的是（　　）。

A. 粪污堆肥腐熟还田   B. 病死羊高温处理

C. 羊粪直接作为饲料   D. 羊粪尿生产沼气

2. 下列哪种行为有助于减少羊对牧场生态环境的破坏?（   ）

A. 提高饲养密度   B. 定期轮牧

C. 限制羊群活动范围   D. 增加饲料投放

3. 关于羊粪对生态环境的影响，以下哪项描述是错误的?（   ）

A. 羊粪是优良的有机肥料   B. 过量羊粪可能导致土壤盐碱化

C. 羊粪可以改善土壤结构   D. 羊粪对环境没有负面影响

二、简答题

1. 简述羊场废弃物处理及综合利用的主要措施。

2. 试论述羊场环境保护的重要性及采取的综合措施。

3. 羊场污水处理的常用方法有哪些?

4. 羊场如何减少恶臭气体的排放?

参考答案

项目三 羊的品种识别

 学习目标

 知识目标： 1. 了解羊的品种分类方法。
2. 了解和掌握国内外主要绵羊品种的产地、用途、外貌特点和主要生产性能。
3. 了解和掌握国内外主要山羊品种的产地、用途、外貌特点和主要生产性能。
4. 掌握羊只体型外貌鉴定项目和操作方法。

 技能目标： 1. 能识别出主要的绵、山羊品种，并在养羊生产中合理选用。
2. 能规范且熟练地使用测杖、卷尺等工具，并准确测量体尺数据。
3. 掌握羊不同生长阶段的牙齿特征，能熟练运用牙齿观察法识别羊的年龄。

 素质目标： 1. 通过运用科学的方法识别品种，在参与的过程中养成严谨、客观、实事求是的科学态度。
2. 不同羊品种往往承载着特定地域的养殖文化与历史传承，识别羊品种的过程中，可增强对特色养殖、传统农业文化的认同感，增强文化自信。
3. 通过精准区分羊品种的差异，有助于培养尊重不同、包容多元的意识。
4. 掌握羊品种识别对羊的选育、养殖意义重大，以此强化责任担当，为行业发展贡献力量。

 项目说明

　　据目前所知，全世界有 780 多个绵、山羊品种。羊的体型外貌特点与其生长性能有着密不可分的关系，羊的体型外貌鉴定是羊育种和改良的主要技术环节，通过选种不断提高群体中优良基因的频率，降低和淘汰劣质基因的频率，提高羊的品质，是育种工作中不可缺少的基本技术手段和环节之一。实践证明，在品种形成的关键阶段，只要选择几只甚至一只优良品种公羊并广泛使用，就会大大加快新品种的选育。

　　评定羊的体型外貌时，需综合考量其体躯结构、各部位比例等多方面因素，不能只看局部。这如同看待事物要秉持整体观念，提醒人们在分析问题、评价人和事时，要全面客观，避免片面狭隘，从整体出发去把握本质。

单元一　羊品种的分类

一、绵羊品种的分类

　　全世界现有绵羊品种 600 多个，这些品种各具特点，适应不同的自然生态条件。绵羊品种分类方法很多，现介绍常见几种分类方法。

（一）按尾形分类

以绵羊尾形的差异和大小为基础。尾形的差异是根据尾部脂肪沿尾椎沉积的程度以及外形特征来决定的，尾的大小主要是根据尾的长短是否超过飞节部位来决定的。据此可将绵羊分为 5 类。

（1）**短瘦尾羊**　尾部不沉积脂肪或脂肪较少，尾尖达不到飞节，如西藏羊。

（2）**长瘦尾羊**　尾部不沉积脂肪或脂肪较少，尾尖达到或超过飞节，如新疆细毛羊。

（3）**短脂尾羊**　尾部沉积脂肪较多，尾尖在飞节以上，如蒙古羊、小尾寒羊、湖羊等。

（4）**长脂尾羊**　尾部沉积脂肪较多，尾尖达到或超过飞节，如大尾寒羊、同羊等。

（5）**脂臀尾羊**　脂肪沉积在尾根部，形成肥大椭圆的脂臀，如哈萨克羊、阿勒泰羊等。

（二）按生产方向分类

根据绵羊的主要产品及经济用途划分，将绵羊分为肉用羊、毛用羊、皮用羊、乳用羊四类。

1. 肉用羊

这类羊肉用性能好，以产肉为主，其他产品为辅。我国尚无专门的肉用羊品种，但有产肉性能较好的绵羊品种，暂且列入肉用羊之列。以产肉性能的高低及专门化程度，将此类羊分为肉脂羊和肉羊。

（1）**肉脂羊**　肉脂羊具有肥大的尾部（脂尾和肥臀），善于贮存脂肪，产肉性能较好。我国粗毛羊皆属于肉脂羊类。生产性能较好的品种有：大尾寒羊、小尾寒羊、阿勒泰羊、乌珠穆沁羊、同羊、兰州大尾羊及广灵大尾羊（山西）等。

（2）**肉羊**　肉羊是指具有独特产肉性能的羊。生长发育快、早熟、饲料报酬高、产肉性能好、肉质佳、繁殖率高、适应性强。体型外貌上具有体躯长、肩宽而厚、胸宽而深、背腰平直、后躯臀部宽大、肌肉丰满、体躯呈圆桶状、长瘦尾等特征。国外有许多早熟肉用品种，如夏洛来羊、杜泊羊、特克赛尔羊、无角道赛特羊、萨福克羊、南丘羊等。

2. 毛用羊

（1）**细毛羊**　生产同质细毛，毛纤维细度（品质支数）在 60 支以上，12 月龄体侧部毛长在 7cm 以上。被毛白色、弯曲明显且整齐、净毛率高，是毛纺工业精纺织品的重要原料。细毛羊根据其具体生产性能和用途的不同，又分为毛用细毛羊、毛肉兼用细毛羊和肉毛兼用细毛羊三个类型。

① 毛用细毛羊。毛用细毛羊体格略小，以生产细毛为主，如澳洲美利奴羊、中国美利奴羊等。

② 毛肉兼用细毛羊。体格较大，有较好的产肉性能，仍以产细毛为主，如新疆细毛羊、东北细毛羊、高加索细毛羊等。

③ 肉毛兼用细毛羊。肉毛兼用细毛羊体格大，产肉性能好，但也有一定的产毛性能，如德国美利奴羊、泊力考斯羊等。

（2）**半细毛羊**　生产同质半细毛，毛纤维细度（品质支数）为 32～58 支，被毛白色，12 月龄体侧部毛长在 9cm 以上。半细毛羊根据其生产性能和用途的不同，又分为毛肉兼用半细毛羊和肉毛兼用半细毛羊两大类。

① 毛肉兼用半细毛羊，如青海半细毛羊、茨盖羊等。

② 肉毛兼用半细毛羊，如罗姆尼羊、考力代羊等。

（3）粗毛羊　被毛异质，由粗毛、绒毛、两型毛及死毛等几种不同类型的毛纤维组成，被毛细度、长度及毛色等均不一致，这类羊的肉脂、皮毛可综合利用，其特点是抗逆性强，适应性强。如蒙古羊、西藏羊、哈萨克羊等。

3. 皮用羊

（1）裘皮羊　以生产裘皮为主要生产方向，其皮板轻薄、柔软，毛穗美观、洁白、光泽好，具有保暖、轻便、结实和不毡结等优点，如宁夏的滩羊，所产的裘皮称为"滩羊二毛皮"。

（2）羔皮羊　以生产羔皮为主要生产方向，其毛皮的毛卷图案美观，经济价值很高，是制作裘皮大衣、皮帽、衣领的高级原料，如卡拉库尔羊、湖羊、库车羊等。

4. 乳用羊

这类羊具有优良的产奶性能，但高产品种不多，著名品种有东佛里生羊。

（三）其他分类

1. 按改良程度分

改良品种和本地品种。

2. 按品种来源分

可将我国现有的品种分为 3 类。

（1）本地品种（原始品种）　如蒙古羊、小尾寒羊、哈萨克羊等。

（2）培育品种　如新疆细毛羊、中国美利奴羊等。

（3）外来品种（引入品种）　如德国美利奴羊、澳洲美利奴羊、林肯羊等。

二、山羊品种的分类

全世界现有主要的山羊品种和品种群 150 多个，在分类上各国略有差异，但主要还是根据生产方向进行分类，一般分为 7 大类。

1. 毛用山羊

主要用于产毛的一类山羊，如安哥拉山羊（所产羊毛称为马海毛）、苏维埃毛用山羊等。

2. 绒用山羊

以生产优质山羊绒为主要方向，具有产绒量高、绒毛品质好等特点，如辽宁绒山羊、内蒙古白绒山羊、河西绒山羊等。

3. 羔皮用山羊

如济宁青山羊、埃塞俄比亚羔皮山羊等。

4. 裘皮用山羊

如中卫山羊。

5. 肉用山羊

如马头山羊、波尔山羊等。

6. 乳用山羊

如萨能奶山羊、关中奶山羊、崂山奶山羊等。

7. 普通山羊

在羊毛、羊肉、羊皮三大产品方面没有特殊优势，生产性能一般，又称为兼用品种，如西藏山羊、新疆山羊、太行山羊、建昌山羊等。

? 复习思考

一、选择题

1. 细羊毛的品质支数一般在（ ）支以上。

A. 50   B. 58   C. 80   D. 60

2. 半细羊毛的品质支数一般在（ ）支之间。

A. 60 ～64   B. 32 ～58   C. 48 ～50   D. 40 ～44

3. 细毛羊鉴定时羊毛的自然长度一般要求在（ ）cm 以上。

A. 5   B. 6   C. 7   D. 8

二、简答题

1. 绵羊品种按照尾形分为几类？按照经济用途分为几类？

2. 山羊品种如何分类？

3. 什么是细毛羊？

4. 什么是半细毛羊？

▲
参考答案

单元二　绵羊品种

一、细毛羊品种

（一）新疆毛肉兼用细毛羊

1. 培育历史

新疆细毛羊（图 3-1）于 1954 年育成于新疆维吾尔自治区巩乃斯种羊场，是我国育成的第一个细毛羊品种。新疆细毛羊的培育从 1934 年开始，以从苏联引进的高加索细毛羊和波列考斯细毛羊为父本，以当地的哈萨克羊和蒙古羊为母本进行杂交改良，在四代杂种羊的基础上经自群繁育、选种选配，培育而成。1954 年经国家农业部命名为"新疆毛肉兼用细毛羊"，简称"新疆细毛羊"。

（公）   （母）

图 3-1　新疆细毛羊

2. 外貌特征

体格大，体质结实，结构匀称，颈短而圆，胸宽深，背腰平直，体躯长深，后躯丰满，四肢肢势端正。少数个体眼圈、耳、唇有小色斑。公羊大多数有螺旋形角，鼻梁微有隆起，颈部有 1～2 个完全或不完全的横褶皱。母羊无角或有小角，颈部有一个横褶皱或发达的纵褶皱。

新疆细毛羊全身被毛白色，闭合性良好，毛密度中等以上，毛丛弯曲正常，无环状弯曲。羊毛细度以 64 支为主，体侧部 12 个月羊毛长 7cm 以上，各部位羊毛的长度和细度均匀。油汗含量适中，分布均匀，呈白色或浅黄色，净毛率为 49.8%～54.0%。头毛着生至两眼连线，前肢至腕关节，后肢至飞节或飞节以下，腹毛着生良好。

3. 生产性能

成年公羊剪毛量为 12.42kg，成年母羊为 5.46kg。周岁公、母羊的剪毛量分别为 5.4kg、5.0kg。羊毛平均长度成年公、母羊分别为 11.2cm、8.74cm，周岁公、母羊均为 8.9cm。成年公羊体高 75.3cm，体长 81.7cm，体重 93kg。成年母羊体高 65.9cm，体长 72.7cm，体重 46kg。周岁公羊体高 64.1cm，体长 67.7cm，体重 45kg。周岁母羊体高 62.7cm，体长 66.1cm，体重 37.6kg。

经夏季放牧的 2.5 岁羯羊宰前活重可达 65.5kg，屠宰率平均为 49.5%，净肉率为 40.8%。夏季育肥的当年羔羊（9 月龄羯羊）宰前活重为 40.9kg，屠宰率可达 47.1%。

（二）中国美利奴羊

1. 培育历史

中国美利奴羊（图 3-2）育种工作始于 1972 年，以澳洲美利奴羊为父本，以波尔华斯羊、新疆细毛羊和军垦细毛羊为母本，采用复杂育成杂交，按照统一的育种目标，由内蒙古的嘎达苏种羊场、新疆的巩乃斯种羊场和紫泥泉种羊场、吉林的查干花种羊场联合育成。1985 年 12 月经鉴定验收命名为"中国美利奴羊"，简称"中美羊"。

(公)　　　　　　　　　　(母)

图 3-2　中国美利奴羊

2. 外貌特征

体质结实，体型呈长方形，鬐甲宽平，胸宽深，背平直，尻宽平，后躯丰满，四肢有力，肢体端正。公羊有螺旋形角，少数有角，母羊无角。公羊颈部有 1～2 个横褶皱，母羊有发达的纵褶皱。公、母羊体躯均无明显的褶皱。

全身被毛呈毛丛结构，闭合性良好，密度大，有明显的大、中弯曲，油汗含量适中，呈白色或乳白色，头毛密而长，着生至两眼连线。前肢着生至腕关节，后肢着生至飞节，腹毛着生良好。羊毛细度以 64 支为主，净毛率可达 59%。

3. 生产性能

成年公羊剪毛量为 16.0～18.0kg，成年母羊为 6.4～7.2kg。育成公羊剪毛量为 8.0～10.0kg，育成母羊为 4.5～6.0kg。羊毛自然长度，成年公羊为 12.0～13.0cm、成年母羊为

10.0～11.0cm，育成公、母羊分别为 10.0～12.0cm、9.0～10.0cm。成年公羊体高 72.5cm，体长 77.5cm，胸围 105.9cm，体重 91.8kg；成年母羊分别为 66.1cm、77.1cm、88.2cm、43.1kg。育成公羊体高 65.4cm，体长 68.1cm，胸围 92.8cm，体重 69.2 kg，育成母羊分别为 63.6cm、66.0cm、82.9cm、37.5kg。

2.5 岁羯羊宰前重为 51.9kg，胴体重 22.94kg，净肉重 18.04kg，屠宰率为 44.19%，净肉率为 34.78%。

（三）东北细毛羊

1. 培育历史

东北细毛羊（图 3-3）的育种开始于 1912～1923 年，最早引入兰布列耶美利奴羊与本地蒙古羊杂交，1952 年又引进了苏联美利奴羊、斯达夫羊、高加索羊、阿斯卡尼羊品种公羊进行杂交。1967 年定名为"东北毛肉兼用细毛羊"，简称"东北细毛羊"。

（公）　　　　　　　　　　　　　　　　（母）

图 3-3　东北细毛羊

2. 外貌特征

体质结实，结构匀称，体躯长，后躯丰满，四肢肢势端正。公羊有螺旋形角，颈部有一两个完全或不完全的横褶皱；母羊无角，颈部有发达的纵褶皱。被毛白色，毛丛结构良好，呈闭合型，头毛着生至两眼连线，前肢着生至腕关节，后肢着生至飞节，腹毛呈毛丛结构。全身被毛白色，毛丛结构良好，呈闭合型。毛密度中等以上，毛丛弯曲正常，油汗含量适中，分布均匀，呈白色或淡黄色，羊毛细度为 60～64 支。

3. 生产性能

成年公羊剪毛量为 13.44kg、成年母羊为 6.10kg，净毛率为 35%～40%，成年公羊毛长为 9.33cm，成年母羊为 7.37cm。成年公、母羊平均体高分别 74.3cm、67.5cm，成年公、母羊平均体长分别为 80.6cm、72.3cm。

成年公羊平均体重 83.66kg，成年母羊 45.36kg；成年公羊屠宰率为 43.6%，成年母羊为 52.4%，经产母羊产羔率为 125%。

（四）澳洲美利奴羊

1. 产地

澳洲美利奴羊（图 3-4）是世界著名的细毛羊品种，原产于澳大利亚。

图 3-4　澳洲美利奴羊（公）

2. 外貌特征

体型近似长方形，腿短，体宽，背部平直，后肢肌肉丰满。公羊颈部有1～3个横褶皱，母羊有发达的纵褶皱。被毛毛丛结构良好，密度大，细度均匀，油汗白色，羊毛弯曲均匀、整齐、明显，光泽良好。羊毛覆盖头部至两眼连线，前肢至腕关节或以下，后肢至飞节或以下。

3. 生产性能

澳洲美利奴羊是世界上最著名的细毛羊品种。根据体重、羊毛细度和长度的不同，分为四个类型，即超细型、细毛型、中毛型和强毛型。不同类型澳洲美利奴羊生产性能见表3-1。

表 3-1　不同类型澳洲美利奴羊生产性能

(陈玉林，2003. 羊生产与经营)

类型	成年羊体重/kg		剪毛量/kg		羊毛细度/支	毛长/cm	净毛率/%
	公羊	母羊	公羊	母羊			
细毛型	60～70	32～38	7.5～8.5	4～5	64～70	7.5～8.5	58～63
中毛型	70～90	40～45	8～12	5～6.5	60～64	8.5～10.0	62～65
强毛型	80～100	43～68	8.5～14	5～8	58～60	9～13	60～65
超细型	50～60	32～38	7～8	3.4～4.5	70～80	7.0～7.5	65～70

我国从1972年以来，先后多次引进澳洲美利奴羊，用于新疆细毛羊、东北细毛羊、内蒙古细毛羊品种的导入杂交和中国美利奴羊的杂交育种工作，对我国细毛羊品种的培育和改良起了重要作用。

（五）波尔华斯羊

1. 产地

波尔华斯羊（图3-5）原产于澳大利亚维多利亚州的西部地区。

2. 外貌特征

体质结实，结构匀称，背腰宽平，体形外貌近似美利奴公羊，母羊均无角，全身无皱褶，羊毛覆盖头部至两眼连线，腹毛着生良好、呈毛丛结构，毛丛有大、中弯曲，油汗为白色或乳白色。

3. 生产性能

成年公羊剪毛后体重56～77kg，母羊45～56kg；成年公羊剪毛量5.5～9.5kg，成年母羊3.6～5.5kg，毛长10～15cm，净毛率55%～65%。母羊全年发情，泌乳性能好。产羔率为140%～160%。

我国从1966年起，先后从澳大利亚引进了波尔华斯羊，饲养在新疆、内蒙古和吉林等地，对我国绵羊的改良育种起了积极的作用。

（六）高加索细毛羊

1. 产地

高加索细毛羊（图3-6）原产于俄罗斯斯塔夫洛波尔边区。

2. 外貌特征

体形较大，体质结实，体躯长，胸宽，背平，鬐甲略高。颈部有1～3个横皱褶，体躯有小而不明显的皱褶。

3. 生产性能

成年公羊体重为 90～100kg，成年母羊为 50～55kg；成年公羊剪毛量为 12～14kg，成年母羊为 6.0～6.5kg。毛长 7～9cm，细度 64 支，净毛率 40%～42%，经产母羊产羔率为 120%～140%。高加索细毛羊在新中国成立以前就输入我国，与我国粗毛羊杂交取得了良好的效果，是育成新疆细毛羊的主要父系，并参与了东北细毛羊、甘肃高山细毛羊、山西细毛羊和敖汉细毛羊等新品种的育成，对我国养羊业的发展起了重要的作用。

图 3-5　波尔华斯羊　　　　　　　　　图 3-6　高加索细毛羊

（七）苏联美利奴羊

1. 产地

苏联美利奴羊（图 3-7）产于原苏联罗斯托夫州。

图 3-7　苏联美利奴羊

2. 外貌特征

头大小适中，公羊有螺旋形角，颈部有 1～2 个横皱褶，母羊多数无角。体躯长，胸部宽深，背腰平直，肢势端正。细毛着生稍过两眼连线，前肢至腕关节或以下，后肢至飞节或以下，腹毛浓密，呈毛丛结构，毛被闭合性良好，密度中上等。

3. 生产性能

苏联美利奴羊有毛用和毛肉兼用两种类型，以毛肉兼用型分布较广。此类型成年公羊体重 100～110kg，成年母羊 55～58kg，成年公羊剪毛量 16～18kg，成年母羊剪毛量为 6.5～7.0kg。公羊毛长 8.5～9.0cm，母羊为 8.0～8.5cm，净毛率 38%～40%。

从 1950 年起，苏联美利奴羊输入我国，在许多地区饲养的适应性良好，改良粗毛羊的效果比较显著，并参与了我国东北细毛羊、内蒙古细毛羊和敖汉细毛羊等品种的育成。

（八）考摩羊

1. 产地

考摩羊（图 3-8）原产于澳大利亚塔斯马尼亚岛。

2. 外貌特征

体形大而丰满，体质结实，胸部宽深，颈部皱褶不明显，四肢端正。被毛呈闭合型，羊毛结实柔软，光泽好。

图 3-8　考摩羊

3. 生产性能

成年公羊体重 90kg 以上，成年母羊 50kg 以上；成年公羊剪毛量 7.5kg，母羊 4.5～5.0kg。羊毛品质好，毛长 9～12cm，细度 64 支，净毛率高，在国际市场上被称为"多尼考摩"。母羊母性好，繁殖力高，早熟。20 世纪 70 年代末，我国从澳大利亚引进考摩羊，除用于纯种繁育外，还用于杂交改良当地绵羊，取得了良好的效果。

（九）布鲁拉美利奴羊

1. 产地

布鲁拉美利奴羊原产于澳大利亚新南威尔士州南部高原，是多胎细毛羊新品种。

2. 外貌特征

布鲁拉美利奴羊属于中毛型美利奴羊，具有该型羊的特点。公羊有螺旋形、大而外延的角，母羊无角。

3. 生产性能

布鲁拉美利奴羊剪毛量和羊毛品质与澳洲美利奴羊相同，所不同的是繁殖率极高。据对 522 只布鲁拉美利奴母羊（2～7 岁）的统计，每胎平均产羔 2.29 只，用布鲁拉美利奴公羊与其他美利奴母羊交配，其后代比美利奴母羊多产羔 0.48～0.6 只。

我国尚未引进布鲁拉美利奴羊，该品种适于作改良细毛羊提高繁殖率的父本，也有利于开发细毛羊的产肉潜力。

二、半细毛羊品种

（一）青海高原毛肉兼用半细毛羊

1. 培育历史

1987 年育成于青海省的英得尔种羊场和河卡种羊场。以新疆细毛羊、茨盖羊和罗姆尼羊为父本，当地的藏羊及一部分蒙古羊为母本，采用复杂的育成杂交培育而成。同年经青海省政府命名为"青海高原毛肉兼用半细毛羊品种"（图 3-9）。简称"青海半细毛羊"。

2. 外貌特征

青海半细毛羊因含罗姆尼羊基因的不同，分为罗茨新藏（蒙）型和茨新藏（蒙）型两个类型。罗茨新藏（蒙）型羊头稍宽短，体躯粗深，四肢较短，蹄壳多为黑色或黑白相间，公、母羊均无角。茨新藏（蒙）型羊体型外貌近似于茨盖羊，体躯较长，四肢较高，蹄壳多为乳白色或黑白相间。公羊大多有螺旋形角，母羊无角或有小角。

（公）　　　　　　　　　　　（母）

图 3-9　青海高原毛肉兼用半细毛羊

被毛白色，羊毛同质，密度中等，呈大弯曲，油汗白色或浅黄色，羊毛强度好，具有纤维长、弹性好、光泽好等特点。

3. 生产性能

成年公羊剪毛前体重 76.9kg，平均剪毛量 5.9kg，净毛率 55%，毛长 11.72cm；成年母羊剪毛前体重 38.0kg，平均剪毛量 3.1kg，净毛率 60%，毛长 10.01cm。羊毛细度 48～58 支，以 50～56 支为主。

青海半细毛羊对严酷的高寒地区具有良好的适应性，抗逆性强，对饲养管理条件的改善反应明显。

（二）同羊

1. 培育历史

同羊（图 3-10）是我国著名的肉毛兼用脂尾半细毛羊，是古老的地方良种，原产于陕西的渭南和咸阳地区，主要分布于陕西省渭北高原东部和中部一带。

（公）　　　　　　　　　　　（母）

图 3-10　同羊

2. 外貌特征

体质结实，体躯呈长方形，头颈较长，鼻梁微隆，耳中等大，公羊具小弯角，母羊有小角或无角，后躯较发达，四肢坚实而较高，骨细而轻，尾大如扇，有大量脂肪沉积。全身主要部位毛色纯白，部分个体眼圈、耳、鼻端、嘴端及面部有杂色斑点，腹部多为异质粗毛和少量刺毛覆盖。被毛柔细，羔皮洁白，美观悦目。

3. 生产性能

成年公羊体重 60～65kg，成年母羊 40～46kg，屠宰率为 50%，被毛同质性好，毛长

9cm 以上。成年公羊剪毛量 1.4kg，成年母羊 1.2kg。

同羊属多胎高产类型，性成熟较早，易饲养，毛质和肉质好，生长快，毛皮优。但产毛量低、繁殖力低。

（三）云南半细毛羊

1. 培育历史

云南半细毛羊（图 3-11）是在云南省的昭通地区，用长毛种半细毛羊（罗姆尼、林肯等）为父本，当地粗毛羊为母本，级进杂交再横交固定而育成。1996 年 5 月正式通过国家新品种委员会鉴定验收，2000 年 7 月被国家畜禽品种委员会正式命名为"云南半细毛羊"。

（公）　　　　　　　　　（母）

图 3-11　云南半细毛羊

2. 外貌特征

体躯中等大小，羊毛覆盖至两眼连线，背腰平直，肋骨开张良好，四肢短，羊毛覆盖至飞节以上。

3. 生产性能

羊毛细度 48～50 支。成年公羊平均体重 65kg，剪毛量 6.55kg，成年母羊平均体重 47kg，剪毛量 4.84kg。毛丛长度 14～16cm。母羊集中在春、秋两季节发情，产羔率为 106%～118%。10 月龄羯羊屠宰率 55.76%，净肉率 41.2%。

（四）考力代羊

1. 产地

考力代羊（图 3-12）原产于新西兰，是用英国长毛品种林肯公羊与美利奴母羊杂交而成。澳大利亚利用美利奴公羊与林肯母羊杂交也培育出澳大利亚考力代品种。

图 3-12　考力代羊

2. 外貌特征

公、母羊均无角，头宽而小，颈短而宽，颈部无皱褶，背腰宽平，肌肉丰满，后躯发育良好，全身被毛及四肢毛覆盖良好，头毛覆盖额部。体形似长方形，具肉用体况和毛用羊被毛。四肢结实，头、四肢、皮肤偶有黑色斑点。

3. 生产性能

考力代羊生产优质半细毛和羊肉，属肉毛兼用半细毛羊品种，成年公羊体重 100～115kg，母羊 60～65kg。成年公羊剪毛量 10～12kg，母羊 5.060kg，毛长 12～14cm，毛细度 50～56 支，净毛率为 60%～65%。母羊产羔率 125%～130%。考力代羊早熟性好，4 个月龄羔羊体重可达 35～40kg。

我国先后从新西兰和澳大利亚引进考力代羊，在我国东部、西南部和东北地区适应性较好，是培育东北半细毛羊、贵州半细毛羊、山西陵川半细毛羊新类群的主要父系之一。

（五）林肯羊

1. 产地

林肯羊（图 3-13）原产于英国东部的林肯郡，是用莱斯特公羊改良当地旧型林肯羊，并经过长期的选育，于 1862 年育成。

2. 外貌特征

图 3-13　林肯羊

体形高大，体质结实，结构匀称。头较长，鼻梁隆起，颈短，背腰平直，腰臀宽广，肋骨拱圆，四肢较短而端正，面部及四肢毛短、洁白，前额毛丛下垂，公、母羊均无角，被毛长而下垂，呈辫子形结构，有大波浪形弯曲，光泽好。

3. 生产性能

属肉毛兼用半细毛羊长毛种。成年公羊体重 73～93kg，母羊 55～70kg。被毛长 20～30cm，剪毛量成年公羊 8～10kg，母羊 6.0～6.5kg，净毛率 60%～65%，羊毛细度 36～40 支。4 个月龄羔羊胴体重公羊 22.0kg，母羊 20.5kg。母羊产羔率 120%。

我国从 1966 年起先后从英国和澳大利亚引进林肯羊，该品种在我国北方适应性较差，但在云南等气候温和、饲料丰富的地区适应性较好，是培育云南半细毛羊、内蒙古半细毛羊的主要父本之一。

（六）罗姆尼羊

1. 产地

罗姆尼羊（图 3-14）原产于英国肯特郡，故又称肯特羊。在许多国家均有分布，而新西兰是目前世界上饲养罗姆尼羊数量最多的国家。

2. 外貌特征

新西兰罗姆尼羊前额宽，颈短，背腰宽平，体躯较长，体格中等大小，四肢矮，肉用体型明显。被毛覆盖良好，毛丛较长。放牧游走能力差，对我国北方和西北高寒地区放牧饲养条件适应性差，但在气候温和的东南和西南地区则适应性较好。

英国罗姆尼羊头略狭长，四肢较高，体躯长、宽，后躯较发达，体质结实，骨骼健壮，放牧游走和采食能力强。

图 3-14 罗姆尼羊

3. 生产性能

属肉毛兼用半细毛羊长毛种。英国罗姆尼羊体格较大，早熟，成年公羊体重 90～100kg，母羊 60～80kg，成年公羊剪毛量 6.0～8.0kg，母羊 3.0～4.0kg，净毛率 60%～65%，毛长 11～15cm，细度 48～50 支。4 月龄公羔体重达 22.4kg，母羔 20.5kg。母羊产羔率为 120%。新西兰罗姆尼成年公羊体重 7.5kg，母羊 43.0kg，羊毛长度 13～18cm，细度 44～48 支，成年公羊剪毛量 6.0～7.0kg，母羊 4.0kg，净毛率 58%～60%，母羊产羔率 106%。

我国从 1966 年起，先后从英国、新西兰和澳大利亚引进罗姆尼羊，在江苏、湖北、云南、安徽等省的饲养效果较好，而在青海、内蒙古、甘肃等省、自治区的效果较差。罗姆尼羊是育成青海高原半细毛羊和云南半细毛羊新品种的主要父系之一。

（七）茨盖羊

1. 产地

茨盖羊（图 3-15）原产于巴尔干半岛和小亚细亚，现在主要分布于罗马尼亚、保加利亚、匈牙利、蒙古、俄罗斯和乌克兰等国。

（公）　　　　　　　　　　　　　　　（母）

图 3-15 茨盖羊

2. 外貌特征

体格较大，公羊有螺旋形角，母羊无角或仅有角痕。胸宽深，背腰宽平，成年羊皮肤无皱褶。被毛覆盖头部至两眼连线，前肢至腕关节，后肢至飞节。毛色纯白，但少数个体在脸部、耳及四肢有褐色或黑色斑点。

3. 生产性能

　　属毛肉兼用型半细毛羊品种。成年公羊平均体重 80～90kg，成年母羊 50～55kg；成年公羊剪毛量 6.0～8.0kg，母羊 3.5～4.0kg。净毛率 50％左右，毛长 8～9cm，细度 46～56 支，产羔率为 115％～120％。屠宰率 50％～55％。

　　我国自 1950 年起从原苏联的乌克兰地区引入茨盖羊，主要饲养在内蒙古、青海、甘肃、四川等地，对我国多种生态条件表现出良好的适应性。

（八）边区莱斯特羊

1. 产地

　　边区莱斯特羊（图 3-16）原产于英国北部苏格兰。19 世纪中叶，用莱斯特公羊与山地雪伏特母羊杂交育成。

2. 外貌特征

　　边区莱斯特羊体格大，体质结实，体躯长，背宽平，公母羊均无角，鼻梁隆起，耳竖立，头、面部和四肢下端无盖毛，故面部和四肢显得白净。

3. 生产性能

　　属肉毛兼用半细毛羊长毛种。成年公羊体重

图 3-16　边区莱斯特羊

90～140kg，母羊 60～80kg。剪毛量公羊 5～9kg，母羊 3～5kg，净毛率 65％～80％，毛长 20～25cm，细度 44～48 支，光泽好。产羔率 120％～200％。羔羊成熟早，4～5 月龄羔羊胴体重达 22.4kg，胴体品质好。

　　从 1966 年起，我国先后从英国和澳大利亚引进该品种羊，饲养在四川、云南等气候温和地区，适应性良好，而对内蒙古、青海等高寒地区则适应性差。该品种羊是培育凉山半细毛羊新品种的主要父系之一。

三、粗毛羊品种

（一）蒙古羊

1. 产地

　　蒙古羊（图 3-17）原产于内蒙古自治区，是我国分布最广、数量最多的三大粗毛羊品种之一。

（公）

（母）

图 3-17　蒙古羊

2. 外貌特征

蒙古羊由于分布地区广，各地的自然条件差异大，体型外貌有很大差别，其基本特点是体质结实，骨骼健壮，头中等大小，鼻梁隆起。公羊有螺旋形角，母羊无角或有小角。耳大下垂，脂尾短，呈椭圆形。尾中有纵沟，尾尖细小呈S状弯曲。胸深，背腰平直，四肢健壮有力，善于游牧。体躯被毛白色，头、颈、四肢部黑、褐色的个体居多。被毛异质，由绒毛、两型毛、粗毛及干死毛组成。

3. 生产性能

成年公羊体重69.7kg，剪毛量1.5～2.2kg；成年母羊体重54.2kg，剪毛量1.0～1.8kg，净毛率77.3%，屠宰率为50%左右。每年产羔一次，双羔率3%～5%。

（二）西藏羊

又称藏羊、藏系羊，为我国三大粗毛绵羊品种之一。

1. 产地

西藏羊（图3-18）原产于青藏高原，主要分布在西藏、青海、甘肃、四川及云南、贵州两省的部分地区，是饲养在高海拔地区的绵羊品种。由于西藏羊分布地域广，藏羊的体格、体型和被毛也不尽相同，按其所处地域可分为高原型（草地型）、山谷型、欧拉型。

高原型藏羊(公)　　　　　　　　　高原型藏羊(母)

欧拉型藏羊(公)　　　　　　　　　欧拉型藏羊(母)

图 3-18　西藏羊

2. 外貌特征

西藏羊以高原型藏羊为代表，其特点是体格高大粗壮，体质结实，鼻梁隆起，公羊和大部分母羊均有角，角长而扁平，呈螺旋状向上、向外伸展，头、四肢多为黑色或褐色。体躯被毛以白色为主，被毛异质，两型毛含量高，毛辫长度18～20 cm，有波浪形弯曲，弹性大，光泽好，以"西宁大白毛"而著称，是织造地毯、提花毛毯、长毛绒的优质原料，在国际市场上享有很高的声誉。

3. 生产性能

成年公羊体重 44.03~58.38kg，成年母羊 38.53~47.75kg。成年公羊剪毛量 1.18~
1.62kg，成年母羊 0.75~1.64kg。净毛率为 70% 左右。屠宰率 43%~48.68%。母羊每年
产羔一次，双羔率极低。产肉性能较好，屠宰率较高 50.18%。

西藏羊由于长期生活在较恶劣的环境下，具有顽强的适应性，体质健壮，耐粗放的饲养
管理等优点，同时善于游走放牧，合群性好。但产毛量低，繁殖率不高。

（三）哈萨克羊

1. 产地

哈萨克羊（图 3-19）原产于新疆维吾尔自治区，主要分布在新疆境内，甘肃、新疆、
青海三省（区）交界处也有分布，为我国三大粗毛绵羊品种之一。

（公）　　　　　　　　　　　　　　　（母）

图 3-19　哈萨克羊

2. 外貌特征

鼻梁隆起，公羊多数有螺旋形大角，母羊多数无角。体质结实，背腰宽平，后躯发达，
四肢高而结实，骨骼粗壮，肌肉发育良好。脂尾分成两瓣高附于臀部。羊毛色杂，被毛异
质，干死毛多。抓膘力强，终年放牧，对产区生态条件有较强的适应性。

3. 生产性能

成年公羊体重 60.34kg，剪毛量 2.03kg，净毛率 57.8%；成年母羊体重 45.8kg，剪毛
量 1.88kg，净毛率 68.9%。成年羯羊屠宰率为 47.6%，1.5 岁羯羊为 46.4%。产羔
率 102%。

哈萨克羊耐寒耐粗饲，生活力强，善于爬山越岭，适于高山草原放牧，具有较高的产肉
性能。

（四）和田羊

1. 产地

和田羊（图 3-20）主要分布在新疆南部的和田地区。

2. 外貌特征

头部清秀，额平，脸狭长，鼻梁隆起，耳大下垂，公羊多数有螺旋形大角，母羊多数无
角。胸深而窄，肋骨不够开张。四肢细长，蹄质结实。毛色较杂，多数为体白而头肢杂色，
被毛异质，以无髓毛和两型毛为主，干死毛少。

3. 生产性能

成年公羊体重 38.95kg，成年母羊 33.76kg；剪毛量成年公羊 1.62kg，母羊 1.22kg。

毛辫长 11.35 ～ 17.97cm，净毛率 78.52%。屠宰率 37.2% ～ 42.0%。母羊产羔率为101.52%。和田羊对荒漠、半荒漠草原的生态环境及低营养水平的饲养条件具有较强的适应性，属短脂尾粗毛羊，以产优质地毯毛著称。

图 3-20　和田羊

四、肉羊品种

（一）小尾寒羊

1. 产地

小尾寒羊（图 3-21）是我国古老的优良地方品种之一，原产于鲁豫苏皖四省交界地区，主要分布在山东省菏泽地区和河北省境内。

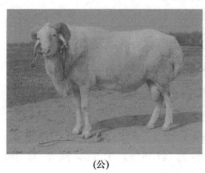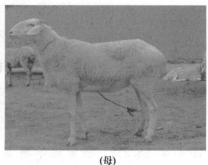

（公）　　　　　　　　　　　　　　　（母）

图 3-21　小尾寒羊

2. 外貌特征

体格高大，头略长，鼻梁隆起，耳大下垂，四肢较高、健壮。公羊有螺旋形大角，母羊有小角或无角。公羊前胸较深，鬐甲高，背腰平直。母羊体躯略呈扁形，乳房较大，被毛多为白色，少数个体头、四肢部有黑、褐色斑。被毛异质。

3. 生产性能

周岁公羊体重 60.83kg，屠宰率 55.6%；周岁母羊 41.33kg。成年公羊体重 94.15kg，成年母羊 48.75kg。6 月龄公羔体重达 38.17kg，母羔 37.75kg。成年公羊剪毛量为 3.5kg，成年母羊剪毛量为 2kg，毛长 11～13cm，净毛率 63%。

该品种羊生长发育快，性成熟早，母羊 5～6 月龄开始发情，常年发情，经产母羊产羔率达 270%，居我国绵羊品种之首，是世界上著名的高繁殖力绵羊品种之一。

（二）乌珠穆沁羊

1. 原产地

乌珠穆沁羊（图 3-22）主要分布在内蒙古锡林郭勒盟东乌珠穆沁旗和西乌珠穆沁旗以及周边地区，毗邻的蒙古国苏和巴特省也有分布。

图 3-22 乌珠穆沁羊

2. 外貌特征

头中等大小，鼻梁微隆起，耳稍大。公羊多数有螺旋形角，少数无角，母羊多数无角。体格较大，体质结实，肢势端正，体躯深长。胸宽深，肋骨拱圆，背腰宽平，后躯发育良好，尾部有一纵沟，将尾分成对称的两半。头部以黑、褐色居多，体躯白色，被毛异质、死毛多。

3. 生产性能

乌珠穆沁羊是我国著名的肉脂兼用型绵羊品种，1982 年由国家农业部正式确认为优良地方品种，2000 年被列入《国家级畜禽品种资源保护名录》。

该羊素以体大肉多、生长发育快、肉质鲜美、无膻味而著称。抗逆性强，遗传性稳定。成年公羊平均体重 74.4kg，成年母羊 58.41kg，成年羯羊屠宰率 55.9%。6 月龄公羔体重 39.6kg，母羔 35.9kg，平均日增重 200～250g。母羊产羔率 100.2%。

乌珠穆沁羊具有多肋骨、多腰椎的解剖学特点：普通羊正常肋骨数为 13 对、腰椎 6 节，而乌珠穆沁羊具有 14 对肋骨的个体占种群的 20%；有 7 节腰椎的个体占 39.6%；既有 14 对肋骨，又有 7 节腰椎的羊占 14.9%。多肋骨、多腰椎羊的体长、体重和胴体重等项产肉力指标均明显高于 13 对肋骨、6 节腰椎的对照组个体。乌珠穆沁羊多肋骨、多腰椎这一解剖学性状，遗传力较高，选择效果显著。

（三）阿勒泰羊

1. 产地

阿勒泰羊（图 3-23）主要分布在新疆维吾尔自治区北部阿勒泰地区。

2. 外貌特征

体形外貌似哈萨克羊，体格高大，体质结实，公羊鼻梁明显隆起，耳大下垂，公羊有较大的螺旋形角，母羊多数有角。胸宽深，鬐甲宽平，背平直，全身肌肉发育良好，后躯略高于前躯，脂肪大量沉积于尾根基部，形成方圆形大脂尾，尾下缘有一纵沟将脂尾分成对称的两半。阿勒泰羊被毛多为棕褐色，部分个体花色，偶见全白色个体。被毛异质，干死毛多。

3. 生产性能

阿勒泰羊是我国著名的肉脂兼用型羊品种。体格大，产肉多，羔羊生长速度快，成年公羊体重 85.6kg，成年母羊 67.4kg；4 月龄公羔体重 38.9kg，母羔 36.7kg；5 月龄羯羊宰前活重 37.1kg，胴体重 19.5kg。屠宰率为 52.7%。母羊产羔率 110%。阿勒泰羊四肢较高而健壮，善游牧和登山，对高寒地区、山地牧场具有良好的适应性。

图 3-23　阿勒泰羊

（四）萨福克羊

1. 产地

萨福克羊（图 3-24）原产于英国英格兰东南部的萨福克。萨福克羊具有早熟、产肉多、肉质好、屠宰率高的特点。

图 3-24　萨福克羊

2. 外貌特征

公、母羊均无角，体躯主要部位被毛白色，头、面部、耳与四肢下端为黑色，体躯被毛白色，含少量有色纤维。头较长，耳大，颈短粗，胸宽深，背腰平直，肌肉丰满，后躯发育良好，四肢粗壮结实。

3. 生产性能

萨福克羊早熟，生长发育快，产肉性能好。成年公羊体重 100～110kg，成年母羊 60～70kg。4 月龄公羔胴体重达 24.2kg，母羔 19.7kg，屠宰率 55%～60%。毛长 7.0～8.0cm，剪毛量 3～4kg，细度 50～58 支。胴体中脂肪含量低，肉质细嫩，肌肉横断面呈大理石花纹状。母羊周岁开始配种，可全年发情，产羔率 130%～140%。

（五）无角陶赛特羊

1. 产地

无角陶赛特羊（图 3-25）原产于澳大利亚和新西兰，是以考力代羊为父本，雷兰羊和英国有角陶赛特羊为母本进行杂交，杂种后代羊再与有角陶赛特公羊回交，选择无角的后代培育而成。

2. 外貌特征

体质结实，公、母羊均无角，颈粗短，胸宽深，背腰平直，体躯长、宽而深，肋骨开张良好，体躯呈圆桶状，四肢粗壮，后躯丰满，肉用体型明显。被毛白色，同质，具有生长发育快、易肥育、肌肉发育良好、瘦肉率高的特点。

图 3-25 无角陶赛特羊

3. 生产性能

成年公羊体重 90～110kg，成年母羊为 65～80kg，毛长 7.5～10cm，剪毛量 2～3kg。净毛率 55%～60%。细度 50～56 支。产肉性能高，胴体品质好。2 月龄公羔平均日增重 392g，母羔 340g。经过育肥的 4 月龄羔羊胴体重可达 20～24kg。屠宰率 50% 以上。产羔率 110%～140%，高者达 170%。

该品种羊具有生长发育快，早熟，产羔率高，母性强，常年发情配种，适应性强，遗传力强等特点，是理想的肉羊生产的终端父本之一。20 世纪 80 年代以来，我国先后从澳大利亚引进无角陶赛特羊，适应性较好，在进行纯种繁殖外，还用来与蒙古羊、哈萨克羊和小尾寒羊杂交，杂种后代产肉性能得到显著提高，改良效果良好。

（六）特克赛尔羊

1. 产地

特克赛尔羊（图 3-26）原产于荷兰。19 世纪中叶，由当地沿海低湿地区的晚熟但毛质好的马尔盛夫羊与林肯羊和莱斯特公羊杂交培育而成。

图 3-26 特克赛尔羊

2. 外貌特征

体格大，体质结实，体躯较长，呈圆筒状，颈粗短，前胸宽，背腰平直，肋骨开张良好，后躯丰满，四肢粗壮。公、母羊均无角，耳短，头、面部和四肢下端无羊毛着生，仅有白色的发毛，全身被毛白色、同质，眼大突出，鼻镜、眼圈部位皮肤为黑色，蹄质为黑色。

3. 生产性能

成年公羊体重 115～140kg，成年母羊 75～90kg。平均产毛量 3.5～4.5kg，毛长 10～15cm，羊毛细度 46～56 支。羔羊生长速度快，4～5 月龄羔羊体重可达 40～50kg，屠宰率 55%～60%，瘦肉率高。眼肌面积大，较其他肉羊品种高 7% 以上。母羊泌乳性能良好，产羔率 150%～160%。

该品种羊产肉和产毛性能好，肌肉发育良好，适应性强。具有多胎、早熟、羔羊生长迅速、母羊繁殖力强等特点，被用于肥羔生产的杂交父本。

（七）杜泊羊

1. 产地

杜泊羊（图 3-27）原产于南非，是有角陶赛特羊与当地的波斯黑头羊杂交育成的肉用绵羊品种，该品种羊在干旱和半干旱的沙漠条件下，在非洲的各个国家甚至中非和东非的热带、半热带地区都有很好的适应性，是目前世界上公认的最好的肉用绵羊品种。

黑头杜泊公羊　　　　　　　　　白头杜泊公羊

图 3-27　杜泊羊

2. 外貌特征

杜泊羊分白头和黑头两种。体躯呈独特的桶形，公、母羊均无角，颈粗短，肩宽厚，背平直，肋骨拱圆，前胸丰满，后躯肌肉发达，四肢短粗，肉用体型好。头上有短、暗、黑或白色的毛，体躯有短而稀的浅色毛（主要在前半部），腹部有明显的干死毛。

3. 生产性能

成年公羊体重 100～110kg 左右，成年母羊 75～90kg 左右；周岁公羊体重 80～85kg，周岁母羊 60～62kg。成年公羊产毛量 2.0～2.5kg，成年母羊 1.5～2.0kg。羔羊初生重大，可达 5.5kg，生长速度快，平均日增重可达 300g 以上，成熟早，瘦肉多，胴体质量好，3.5～4 月龄羔羊活重达 36kg，胴体重 16kg 左右，肉中脂肪分布均匀，肉质细嫩、多汁、色鲜、瘦肉率高，为高品质胴体，是生产肥羔的理想肉用羊品种，国际上誉为"钻石级肉"。

（八）夏洛来羊

1. 原产地

夏洛来羊（图 3-28）原产于法国夏洛来地区，1974 年由法国农业部命名。

2. 外貌特征

公、母羊均无角，耳修长并向斜前方直立，头和面部无毛，颈短粗，肩宽平，体长而圆，胸宽深，背腰宽平，全身肌肉丰满，后躯发育良好两后肢间距宽，呈倒挂 U 字形，四肢健壮，肢势端正，肉用体型好，毛白色同质。皮肤粉红或灰色，少数个体唇端或耳缘有黑斑。

3. 生产性能

夏洛来羊具有成熟早，繁殖力强，泌乳多，羔羊生长迅速，胴体品质好，瘦肉多，脂肪少，屠宰率高，适应性强等特点，是生产肥羔的理想肉羊品种。成年公羊体重 100～140kg，母羊 75～95kg，6 月龄公羔体重 48～53kg，母羔达 38～43kg。4 月龄羔羊胴体重达 20～22kg，屠宰率 55％以上。6～7 月龄母羔可配种，公羊 9～12 月龄可采精。初产母羊产羔率为 135.3％，经产母羊为 182.4％。被毛平均长度 7.0cm，细度 50～58 支（25.5～29.5μm），产毛量 3.0～4.0kg。

图 3-28　夏洛来羊

1987 年我国从法国首次引进 500 余只夏洛来羊，分别饲养在河北省沧县、定兴县和北京的顺义及内蒙古部分地区。目前，夏洛来羊已推广到辽宁、山东、山西和新疆等省、自治区饲养并表现出良好的适应性和生产性能。该羊在我国除进行纯种繁育外，还用来杂交改良当地绵羊品种，杂交改良效果显著。

（九）德国肉用美利奴羊

1. 产地

德国肉用美利奴羊（图 3-29）原产于德国，是用泊列考斯和莱斯特公羊与德国原有的美利奴母羊杂交培育而成。

图 3-29　德国肉用美利奴羊

2. 外貌特征

体格大，成熟早，胸部宽深，背腰宽平，肌肉丰满，后躯发育良好，公、母羊均无角。被毛结构良好，毛较长而弯曲明显。

3. 生产性能

属肉毛兼用型细毛羊。成年公羊体重 90～100kg，母羊 60～70kg。成年公羊剪毛量 7～10kg，母羊 4.5～5.0kg。公羊羊毛长度为 9～11cm，母羊 7～10cm，羊毛细度 60～64 支，净毛率为 45％～52％。羔羊生长发育快，6 月龄体重达 40～45kg，胴体重达 19～22kg，4 月龄以内羔羊日增重可达 300～350kg。繁殖力强，性成熟早，12 月龄时可初配，母羊泌乳性好，母性强，产羔率可达 140％～175％，羔羊成活率高。

近年来，我国从德国大批量引进德国肉用美利奴羊，饲养在内蒙古和黑龙江省等地，用来杂交改良细毛杂种羊和粗毛羊以及发展羊肉生产。

（十）兰德瑞斯羊

1. 产地

兰德瑞斯羊（图 3-30）原产于芬兰，又称芬兰羊。

2. 外貌特征

公羊有角，母羊多数无角，体格较大，体躯深长。全身被毛洁白，属同质半细毛，耳竖立，四肢健壮，短瘦尾。

3. 生产性能

以繁殖力高、母性强、性早熟著名。4～8 月龄性成熟，母羊 12 月龄产羔。母羊常年发情，平均产羔率 270%。成羊公羊体重 66～93kg，母羊 50～70kg。剪毛量 3.0～4.0kg，羊毛细度 48～55 支，毛长 14～18cm，有光泽，弯曲良好，净毛率 64%～75%。

20 世纪 60 年代以来，随着肉羊业的发展和肥羔生产的集约化，许多国家为了提高肉用羊的多胎性，积极着手培育早熟多胎、繁殖力高的肉羊新品种，兰德瑞斯羊成为重要的育种材料，相继被引入美、英、法、德等许多国家，广泛用于肉羊新品种的培育和经济杂交。

图 3-30　兰德瑞斯羊

五、皮用绵羊品种

（一）中国卡拉库尔羊

1. 产地

中国卡拉库尔羊（图 3-31）主要分布在新疆和内蒙古境内，是以卡拉库尔羊为父本，哈萨克羊及蒙古羊为母本，采用级进杂交方法于 1982 年育成的羔皮羊品种。

图 3-31　中国卡拉库尔羊

2. 外貌特征

头稍长，鼻梁隆起，耳大下垂，公羊多数有角，呈螺旋形向两侧伸展，母羊无角或有小角。胸深体宽，尻斜。四肢结实。尾肥厚，毛色主要为黑色，灰色、彩色较少，毛被颜色随年龄增长而变化，黑色的羊羔断奶后，逐渐变为黑褐色，成年时变成灰白色。灰色羊到成年时多变成浅灰色和白色。苏尔色的羊成年时变成棕白色；但头、四肢、腹部和尾端的毛色，终生保持初生时的毛色。

3. 生产性能

成年公羊体重为 77.3kg，成年母羊体重为 46.3kg。成年公羊剪毛量为 3.0～3.5kg，成年母羊剪毛量为 2.5～3.0kg。毛长 8～13cm。产羔率为 105%～115%。

该品种羊所产羔皮具有独特而美丽的轴形和卧蚕卷曲，花案美观漂亮，所产羊毛是编织地毯的上等原料。

（二）湖羊

1. 产地

湖羊（图 3-32）产于太湖流域，主要分布在浙江和江苏等地。

(公)　　　　　　　　　　　　(母)

图 3-32　湖羊

2. 外貌特征

头形狭长，鼻梁隆起，公、母羊均无角，体躯较长呈扁长形，肩胸较窄，背腰平直，后躯略高，全身被毛白色，四肢较细长。

3. 生产性能

湖羊是我国特有的羔皮用绵羊品种，也是目前世界上少有的白色羔皮羊品种。成年公羊体重 48.68kg，成年母羊体重 36.49kg。成年公羊剪毛量 1.65kg，成年母羊剪毛量为 1.17kg。净毛率 50% 左右。湖羊繁殖率高，母羊常年发情，产羔率 228.9%。

湖羊羔皮洁白光润，皮板轻柔，花纹呈波浪形，紧贴皮板，扑而不散，在国际市场上享有很高的声誉，有"软宝石"之称。

湖羊对产区的潮湿、多雨气候和常年舍饲的饲养管理方式适应性强，生长快，成熟早，多胎多产。

（三）滩羊

1. 产地

滩羊（图 3-33）主要产于宁夏贺兰山东麓的银川市附近各县，与宁夏毗邻的甘肃、内蒙古、陕西也有分布。

　　　　　　（公）　　　　　　　　　　　　　　（母）

图 3-33　滩羊

2. 外貌特征

　　体格中等大小，体质结实，体躯窄长，四肢较短，鼻梁稍隆起，公羊角呈螺旋形向外伸展，母羊一般无角或有小角。背腰平直，胸较深。属脂尾羊，尾根部宽大。体躯毛色多为白色，部分个体头部有褐、黑、黄色斑块。被毛异质，有髓毛细长柔软，无髓毛含量适中，无干死毛，毛股明显呈长毛辫状。长脂尾，尾根部宽大而尖部细、呈三角形，下垂至飞节以下。

3. 生产性能

　　成年公羊体重为 47.0kg，成年母羊体重为 35.0kg。成年公羊剪毛量 1.6～2.2kg，成年母羊剪毛量 0.7～2.0kg，净毛率 65％左右。成年羯羊屠宰率 45％，成年母羊屠宰率 40％，产羔率 101％～103％。

六、乳用绵羊品种

　　世界上专门乳用的绵羊品种很少，多为乳肉兼用品种。欧洲和地中海区域的一些国家长期以来喜欢食用绵羊乳，重视饲养和选育产乳量较高的乳用绵羊品种。世界上著名的乳用绵羊品种有德国的东佛里生羊、保加利亚的普列文黑头羊和中东国家的阿瓦西羊等。

东佛里生乳用羊

1. 产地

　　东佛里生羊（图 3-34）原产于荷兰和德国，是目前世界绵羊中产乳性能最好的品种。

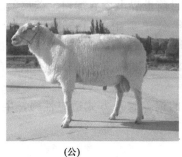
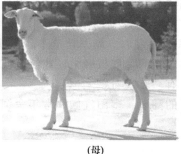
　　　　　　（公）　　　　　　　　　　　　　　（母）

图 3-34　东佛里生乳用羊

2. 外貌特征

　　东佛里生羊被毛多为白色，偶有个体纯黑色。头、面部及四肢下端无毛。体格高大，公羊体高达 86cm，公、母羊均无角，头较长，耳大竖立。体躯宽而长，腰部结实，肋拱圆，尻部略倾斜。乳房发育良好，乳头大，长瘦尾。

3. 生产性能

成年公羊体重 90～120kg，母羊 70～90kg。母羊年平均产乳量 310kg，高者可达 500～810kg，乳脂率 6.0％～6.5％。成年公羊剪毛量 5～6kg，母羊 4.5kg 以上，毛长 12～16cm，细度 46～56 支，同质半细毛，净毛率 60％～70％。产羔率 200％～230％。

? 复习思考

一、选择题

1. 我国育成的第一个细毛羊品种是（   ）。

A. 新疆细毛羊　　　B. 中国美利奴羊　　C. 东北细毛羊　　　D. 中国美利奴羊

2. 下列哪一个不属于我国三大粗毛羊品种？（   ）

A. 蒙古羊　　　　　B. 湖羊　　　　　　C. 哈萨克羊　　　　D. 西藏羊

3. 中国美利奴羊的经济类型是（   ）。

A. 毛用羊　　　　　B. 肉用羊　　　　　C. 乳用羊　　　　　D. 裘皮羊

4. 在肉羊生产中，适合用作母本的羊品种是（   ）。

A. 萨福克羊　　　　B. 杜泊羊　　　　　C. 小尾寒羊　　　　D. 特克赛尔羊

5. 卡拉库尔羊的经济类型是（   ）。

A. 毛用羊　　　　　B. 肉用羊　　　　　C. 羔皮用羊　　　　D. 裘皮羊

二、判断题

1. 蒙古羊耐粗饲，抗逆性强，适合常年放牧饲养。　　　　　　　　　　　（　　）

2. 世界上乳用绵羊品种很少，东佛里生羊是唯一的乳用绵羊品种。　　　（　　）

3. 萨福克羊早熟，生长发育快，产肉性能好。在肥羔生产中适合作为杂交终端父本。
　　　　　　　　　　　　　　　　　　　　　　　　　　　　　　　　　（　　）

4. 小尾寒羊是我国古老的优良品种，其肉脂和毛皮均有较高经济价值。　（　　）

5. 澳洲美利奴羊是世界上最著名的细毛羊品种。　　　　　　　　　　　（　　）

三、简答题

1. 简述中国美利奴羊的外貌特征。

2. 简述湖羊的外貌特征。

3. 简述我国引入的主要肉羊品种。

▲
参考答案

单元三　山羊品种

一、肉用羊品种

（一）波尔山羊

1. 产地

波尔山羊（图 3-35）原产于南非，是目前世界上公认的最受欢迎的肉用山羊品种之一，有"肉羊之父"的美称。

图 3-35　波尔山羊

2. 外貌特征

波尔山羊具有良好的肉用体型,体躯呈长方形,背腰宽厚而平直,皮肤松软,有较多的褶皱,肌肉丰满。被毛短密有光泽、白色,头颈为红褐色,从额中至鼻端有一条白色毛带。头平直、粗壮,耳大下垂,前额隆起,颈粗厚,体躯呈圆桶状、匀称,肌肉发达,后躯丰满,四肢短粗强健。公羊角较宽且向上向外弯曲,母羊角小而直。

3. 生产性能

成年公羊体重 90～100kg,成年母羊体重 65～75kg。羔羊出生重 3～4kg,公、母羔羊 3 月龄断奶分别重 21.9kg 和 20.5kg。羔羊生长速度快,6 月龄内日增重为 225～255g。肉用性能好,屠宰率 50%～60%,肉质细嫩,肌肉横断面呈大理石花纹状。

波尔山羊繁殖性能好,母羊 6～7 月龄可初配,春羔当年可配种,1 年产 2 胎或 2 年产 3 胎。初产母羊产羔率 150%,经产母羊产羔率 220%。

(二)南江黄羊

1. 产地

产于四川省南江县。南江黄羊(图 3-36)是以努比亚山羊、成都麻羊为父本,南江县本地山羊、金堂黑山羊为母本,采用复杂育成杂交方法培育而成的肉用山羊新品种。1998 年 4 月,国家农业部正式命名为"南江黄羊"。

2. 外貌特征

被毛黄褐色,面部多呈黑色,沿背脊有一条明显的黑色背线,毛短、紧贴皮肤、富有光泽。分为有角与无角两种类型:其中有角占 61.5%,无角占 38.5%。耳大微垂,鼻拱额宽,体格高大,前胸深宽,颈肩结合良好,背腰平直,后躯丰满,身体呈圆筒形,四肢粗壮。

3. 生产性能

成年公羊体重为 66.87kg,母羊体重 45.64kg。8 月龄、12 月龄、成年羊屠宰率分别为 47.63%、49.41%、55.65%。6 月龄、8 月龄、10 月龄、12 月龄胴体重分别为 11.89kg、14.67kg、16.31kg 和 18.70kg;成年公羊为 37.21kg。最佳适宜屠宰期为 8～10 月龄,肉质好,肌肉中蛋白质含量为 19.64%～20.56%。

南江黄羊常年发情,性成熟早,母羊 8 月龄、公羊 12～18 月龄可配种,平均产羔率为 205.42%。南江黄羊具有较强的适应性,现已推广到福建、浙江、湖南、湖北、江苏、山东等 18 个省(区),杂交改良效果显著。

图 3-36 南江黄羊

（三）成都麻羊

1. 产地

成都麻羊（图 3-37）产于四川盆地西部的成都平原及四周的丘陵和低山地区。

2. 外貌特征

体形中等呈长方形。公、母羊多有角、有髯。公羊前躯发达，母羊后躯深广，背腰平直，尻略斜。被毛棕黄色，毛尖呈黑色，视觉略有黑麻的感觉，故称麻羊。公羊从头顶部至尾根沿背脊有一条宽窄不等的黑色毛带，前胸、颈、肩和四肢上端着生黑而长的粗毛。乳房发育良好，乳头大小适中。

3. 生产性能

成年公羊体重 43.0kg，母羊 32.6kg；周岁公羊体重 36.79kg，母羊 23.14kg。成年羯羊屠宰率 54%，净肉率 38%。羊肉品质好，肉色红润，脂肪分布均匀。母羊产奶性能较高，泌乳期 5～8 个月，泌乳量 150～250kg，乳脂率 6% 以上。成都麻羊性成熟早，母羊一般 4～8 月龄开始发情，可常年发情。平均产羔率为 205.91%。成都麻羊的肉、乳、皮板品质较好，若进一步加强选育，可以继续提高产肉和产乳的生产性能。

图 3-37 成都麻羊

（四）马头山羊

1. 产地

马头山羊（图 3-38）产于湖北省的鄱阳、恩施地区，湖南省的常德、黔阳地区以及湘西各县，是我国优良的地方山羊品种。

2. 外貌特征

体躯呈长方形，头大小适中，公、母羊均无角，两耳略向前下垂，前胸发达，背腰平直，后躯发育良好。被毛以白色为主，其次为黑色、麻色、杂色，毛短而粗。

3. 生产性能

成年公羊体重为44kg，成年母羊为34kg，羯羊为47kg，1周岁羯羊体重可达成年羯羊的73.23%。2月龄断奶羯羔在放牧加补饲条件下至7月龄体重可达23.3kg，胴体重10.52kg，屠宰率为52.34%，在全年放牧条件下，成年羯羊屠宰率为62.61%。马头山羊肉质好，膻味小，板皮张幅大，弹性好。母羊性成熟早，常年发情，产羔率为190%～200%。

图3-38　马头山羊

（五）陕南白山羊

1. 产地

陕南白山羊产于陕西南部地区，分布于汉江两岸的安康、紫阳、旬阳地区。

2. 外貌特征

颈粗短，胸部发达，肋骨开张良好，背腰长而平直。被毛以白色为主，少数为黑色、褐色或杂色。

3. 生产性能

成年公羊平均体重为33.0kg，成年母羊为27.3kg，6月龄与18月龄羯羊平均体重、胴体重、屠宰率分别可达22.2kg、10.1kg、45.6%和35.3kg、17.8kg、50.6%；母羊性成熟早，可常年发情，繁殖率高，产羔率达259%。

（六）雷州山羊

1. 产地

雷州山羊原产于广东省湛江地区的徐闻县，分布于雷州半岛和海南省，是我国热带地区以产肉为主的优良地方山羊品种。

2. 外貌特征

公、母羊均有角、有髯，颈细长，鬐甲略高，背腰平直，尻短倾斜，胸稍窄，乳房发育良好呈球形。被毛短密，无绒毛，额、背、腹尾等处毛较长，毛色以黑色为主，少数为麻色或褐色。

3. 生产性能

2000年被农业部列入《国家级畜禽品种资源保护名录》。成年公羊平均体重为50kg，母羊为43kg。屠宰率为46%，育肥羯羊可达50%～60%。该品种性成熟早，母羊5～8月龄就可配种，1岁即可产羔，平均产羔率为150％～200％。

（七）隆林山羊

1. 产地

该品种主产于广西隆林各族自治县，广泛分布于广西西北部山区。

2. 外貌特征

公、母羊均有角，有髯，少数母羊颈部有肉垂，肋骨开张良好，后躯略高于前躯，体躯近似长方形；毛色较杂，有白色、黑白花色、褐色、黑色等。

3. 生产性能

肌肉丰满，胴体脂肪分布均匀，肉质细嫩，膻味小。8月龄公羊宰前重平均为27.18kg，胴体重11.0kg，屠宰率为41.50％；8月龄母羊相应为22.0kg、9.7kg和46.14％；成年羯羊则分别是60.45kg、31.05kg、57.83％。性成熟早，母羊一般6月龄可配种，平均产羔率为195.18％。

二、绒用羊品种

（一）辽宁绒山羊

1. 产地

辽宁绒山羊（图3-39），原产于辽宁省辽东半岛及周边地区，是我国珍贵的优良地方绒用山羊品种。

（公）　　　　　　　　　　　　（母）

图 3-39　辽宁绒山羊

2. 外貌特征

体格大，毛色纯正，结构匀称。公羊角发达，由头顶部向两侧呈螺旋式平直伸展，母羊多板角，向后上方伸展。颌下有髯，颈宽厚，颈肩结合良好，背平直，后躯发达，四肢粗壮。被毛白色，具有丝光光泽，毛长而无弯曲，外层为粗毛，内层由纤细柔软的绒毛组成。

3. 生产性能

成年公羊体重51.7kg，体高63.6cm，体长75.7cm；成年母羊体重44.9kg，体高60.0cm，体长72.8cm。成年公羊平均产绒量540g，最高1375g，成年母羊平均产绒量470g，最高1025g。山羊绒自然长度5.5cm，伸直长度8～9cm，细度16.5μm，净绒量70％以上。屠宰率50％左右，产羔率120％～130％。

（二）内蒙古白绒山羊

1. 产地

内蒙古白绒山羊（图 3-40），原产于内蒙古西部地区。内蒙古白绒山羊是在内蒙古山羊优良类型的基础上，经过长期自然选择和人工选育而成的绒肉兼用型新品种。1988 年，内蒙古自治区正式命名其为"内蒙古白绒山羊"。

（公）　　　　　　　　　　　　　　　　（母）

图 3-40　内蒙古白绒山羊

2. 外貌特征

公、母羊均有角，角后外上方弯曲伸展，呈倒八字形。公羊角粗大，母羊角细小。头清秀，鼻梁平直或微凹，体质结实，结构匀称，体躯近似方形，后躯略高，背腰平直，尻略斜，四肢粗壮结实，蹄质坚硬，被毛白色，由外层的粗毛和内层的绒毛组成异质毛被。

3. 生产性能

成年公羊体重 45～52kg，产绒量为 400g，粗毛产量为 350g。成年母羊体重 30～45kg，产绒量为 360g，剪毛量为 300g。羊绒长度为 5.0～6.5cm，羊绒细度为 14.2～15.6μm，强度 4.24～5.45g，净绒率 50%～70%，成年羯羊屠宰率为 46.9%。公、母羊 1.5 岁开始配种，产羔率为 103%～105%。

（三）罕山白绒山羊

1. 产地

罕山白戟山羊产于内蒙古自治区的哲里木盟（现通辽市）。

2. 外貌特征

公、母羊均有角，公羊角呈捻曲状，向后外上方扭曲伸展，母羊角小细长。该羊体格大，体质结实，结构匀称，背腰平直，尻略斜，四肢粗壮结实。

3. 生产性能

成年公羊体重 47.5kg，母羊 33.4kg。产绒量成年公羊 708.4g，成年母羊 487.0g；羊绒细度 14.7μm，强度 4.6g。母羊平均产羔率为 114.3%。罕山白绒山羊耐粗饲，抗病力强，适应性强。羊绒细而洁白，光泽好，品质优良。

（四）河西绒山羊

1. 产地

河西绒山羊产于甘肃河西走廊的肃北蒙古族自治县和肃南的裕固族自治县。

2. 外貌特征

公、母羊均有直立类似弓形的扁角，体质结实，结构匀称，体形近似方形，四肢结实粗壮。被毛以白色为主，也有黑、青、棕和花杂等色。

3. 生产性能

成年公羊体重 38.5kg，母羊 26.0kg。成年公羊产绒量 323.5g，成年母羊 279.9g；绒长 4.0～5.0cm，羊绒细度 14～16μm，净绒率 50%左右。成年公羊粗毛产量 316g，成年母羊 382.6g。母羊繁殖率较低，一年一产，多产单羔，屠宰率 43.6%～44.3%。

三、皮用羊品种

（一）济宁青山羊

1. 产地

济宁青山羊（图 3-41），原产于山东省西南部的菏泽和济宁两地区，是优良的羔皮用山羊。

2. 外貌特征

体格小，俗称为"狗羊"。公、母羊均有角，两耳向前外方伸展，有髯，额部有卷毛，被毛由黑、白两色毛混生，特征是"四青一黑"，即背毛、唇、角和蹄皆为青色，两前膝为黑色，毛色随年龄的增长而变深。依据黑白毛比例不同，分为正青（黑色 30%～50%）、粉青（黑毛 30%以下）、铁青（黑毛 50%以上）。被毛的粗细和长短不同分 4 个类型：细长毛型、细短毛型、粗长毛型和粗短毛型。以细长毛型的猾子皮质量最好。

图 3-41 济宁青山羊

3. 生产性能

成年公羊体重 30kg，成年母羊体重 26kg。产绒量 30～100g，成年公羊粗毛产量 230～330g，成年母羊为 150～250g。主要产品"青猾子皮"（羔羊出生后 3d 内屠宰剥取的皮张），毛短而细，紧密适中，皮板上有美丽的花纹，花型有波浪花、流水花、片花、隐花和平毛等多种类型，以波浪花最为美观。成年羯羊屠宰率为 50%。

一般 4 月龄初配种，母羊一年可产 2 胎或 2 年 3 胎，一胎多羔，平均产羔率为 293.65%，羔羊出生重 1.3～1.7kg。

（二）中卫山羊

1. 产地

中卫山羊（图 3-42），又名"沙毛山羊"，是我国独特而珍贵的裘皮山羊品种。原产于宁夏回族自治区的中卫、中宁、同心、海源及甘肃省的景泰、靖远等县。

2. 外貌特征

体质结实，体格中等，体型短深近似方形。头清秀，额部有卷毛，颌下有须，背腰平

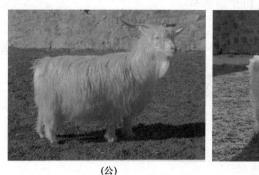

(公)	(母)

图 3-42 中卫山羊

直，四肢端正。公羊有向上、向后、向外伸展的捻曲状大角，母羊有镰刀状细角。被毛多为白色，少数呈现纯黑色或杂色，光泽悦目，形成美丽的花案。

3. 生产性能

成年公羊体重 30～40kg，产绒量 164～200g，粗毛产量 400g；成年母羊体重 25～30kg，产绒量 140～190g，粗毛产量 300g，羊绒细度 12～14μm，母羊毛长 15～20cm，光泽良好。成年羊屠宰率 40%～50%，产羔率 103%。

中卫山羊的代表性产品为中卫二毛皮（羔羊生后 30～35 日龄，当毛股长 7～8cm 时，宰杀剥取的毛皮），因用手捻摸有发沙的感觉，故又称"沙毛二毛皮"。该裘皮有美丽的花穗，具有美观、轻便、结实、保暖和不擀毡等特点，中卫山羊是我国乃至世界上独特而珍贵的裘皮山羊品种。

四、乳用羊品种

（一）关中奶山羊

1. 产地

关中奶山羊（图 3-43）原产于陕西省的渭河平原，是我国培育的奶山羊品种。

(母)	(公)

图 3-43 关中奶山羊

2. 外貌特征

体质结实，结构匀称，乳用体型明显，头长额宽，鼻直嘴齐，眼大耳长。母羊颈长，胸宽背平，腹大而不下垂，乳房大，多呈方圆形，质地柔软，乳头大小适中。公羊颈部粗壮，前胸开阔，腰部紧凑，外形雄伟，四肢端正，蹄质坚硬，睾丸发育良好。全身毛短色白，皮肤粉红色，耳、唇、鼻及乳房皮肤上偶有大小不等的黑斑，部分羊有角和肉垂。

3. 生产性能

成年公羊体重78.6kg，体高82cm以上；成年母羊体重44.7kg，体高69cm以上。优良个体平均产奶量为，一胎450kg，二胎520kg，三胎600kg，高产个体可达700kg以上，脂乳率3.8%～4.3%。母羊4～5月龄性成熟，发情季节多集中于9～11月份，初配年龄在8～10月龄，一胎产羔率平均为130%，二胎以上平均为174%。

（二）崂山奶山羊

1. 产地

崂山奶山羊（图3-44）产于山东省青岛市崂山区一带，主要分布于胶东半岛。

2. 外貌特征

公、母羊大多数无角，体质结实，结构紧凑而匀称。毛色纯白，毛细短，皮肤呈粉红色，富有弹性，成年羊的鼻、耳及乳房的部位多有大小不等的淡黑色皮肤斑点。头长额宽，鼻直、眼大、嘴齐，耳薄且较长，向前外方伸展。公羊颈粗壮，母羊颈薄长，胸部宽广，肋骨开张良好。背腰平直，尻略下斜，四肢端正，蹄质结实。母羊具有乳用家畜特有的楔形体型，乳房发达，上方下圆，乳头大小适中。

3. 生产性能

成年公羊体重80.14kg，体高80～88cm；成年母羊体重49.58kg，体高68～74cm。母羊泌乳期7～8个月，一胎平均产奶量400kg以上，二胎平均550kg以上，三胎700kg以上。母羊性成熟早，出生后3～4月龄、体重20kg左右开始发情，每年的发情季节在8月下旬到次年1月底，发情旺季在9～10月份。母羊8月龄、体重达30kg以上时即可初配。母羊一胎产羔率为130%，二胎产羔率为160%，三胎可达200%以上，平均产羔率为180%。产双羔的占52.9%，产三羔的占13.46%。

图3-44 崂山奶山羊

（三）萨能奶山羊

1. 产地

萨能奶山羊（图3-45）原产于瑞士，是世界著名的奶山羊品种。

2. 外貌特征

具有乳用家畜特有的楔形体型，各部位轮廓清晰，棱角明显，结构紧凑细致。体躯高大，背长而直，后躯发达。被毛白色或淡黄色，有"四长"的外形特点，即头长、颈长、躯干长、四肢长。公、母羊均有须，大多无角，耳长直立，部分个体颈下有1~2个肉垂。公羊颈粗而短，后躯发育良好，肋拱圆，尻部略有倾斜。母羊乳房发达，四肢坚实。

3. 生产性能

成年公羊体重75~100kg，成年母羊体重50~65kg。泌乳期10个月左右，以产羔后第2~3个月产奶量最高，年平均产奶量600~1200kg，个体最高产奶量达3498kg，乳脂率为3.2%~4.0%。性成熟早，一般10~12月龄配种，秋季发情，年产羔一次，头胎多产单羔，经产母羊多为双羔或多羔，产羔率160%~220%。

图 3-45　萨能奶山羊

五、毛用羊品种

（一）安哥拉山羊

1. 产地

安哥拉山羊（图3-46）原产于土耳其的安哥拉地区，是世界上最著名的毛用山羊品种，以生产优质"马海毛"而著名。

图 3-46　安哥拉山羊

2. 外貌特征

体格中等，公、母羊均有角，鼻梁平直或微凹，耳大下垂，颈部细短，体躯窄，骨骼细。被毛白色，由波浪形毛辫组成，毛辫长可及地。

3. 生产性能

成年公羊体重50~55kg，成年母羊体重32~35kg。成年公羊剪毛量4.5~6.0kg，成年母羊剪毛量3.0~4.0kg。羊毛长度平均为18~25cm，最长可达35cm，净毛率为65%~

85％，羊毛细度为 40～60 支，一般年剪毛 2 次。

　　安哥拉山羊生长发育慢，性成熟晚，1.5 岁后才能发情配种，繁殖力低，多产单羔，产羔率 100％～110％。

（二）苏联毛用山羊

1. 产地

　　苏联毛用山羊原产于苏联，是用安哥拉山羊公羊与地方粗毛山羊母羊杂交育成的毛用山羊新品种。该山羊主要分布在土库曼斯坦、乌兹别克斯坦、吉尔吉斯斯坦和塔吉克斯坦和哈萨克斯坦。

2. 外貌特征

　　苏联毛用山羊被毛品质和生产性能近似于安哥拉品种，体重和产奶量与地方山羊相近，具有地方山羊结实的体质、良好的体况和对当地条件良好的适应性。

3. 生产性能

　　成年公羊体重 55～65kg，母羊 39～43kg。公羊产毛量 2.8～3.8kg，特级公羊平均 2.9kg，一级公羊平均 2.5kg；母羊产毛量 1.62kg，特级母羊平均 2kg，一级母羊 1.8kg。羊毛长度 16～20cm，细度 46～56 支，净毛率 74％～80％；粗髓毛含量为 2％～4％，母羊产羔率 109％～123％。

？ **复习思考**

一、选择题

1. 在国内外享有盛誉的我国著名的白绒山羊品种是（　　）。
   A. 河西绒山羊　　　B. 内蒙古白绒山羊　C. 辽宁绒山羊　　　D. 安哥拉山羊
2. 波尔山羊原产（　　），是世界上最受欢迎的肉用山羊品种。
   A. 南非　　　　　　B. 瑞士　　　　　　C. 美国　　　　　　D. 英国

二、判断题

1. 萨能奶山羊 305 天的产奶量为 500～1200kg。　　　　　　　　　　　　　（　　）
2. 安哥拉山羊产于土耳其，所生产的毛为著名的"马海毛"。　　　　　　　　（　　）
3. 南江黄羊是我国肉用型地方山羊品种。　　　　　　　　　　　　　　　　（　　）
4. 济宁青山羊是我国独特而珍贵的裘皮山羊品种。　　　　　　　　　　　　（　　）

三、简答题

1. 简述萨能奶山羊的外貌特征。
2. 简答我国有名的肉用山羊品种。
3. 乳用山羊品种有哪几个？

▲
参考答案

单元四　羊的体型外貌评定

一、羊的体尺测量

　　羊只体尺是饲养管理员和养殖者最为关注的育种指标之一，羊的生长发育是一个动态、连续、阶段性极强的有序性过程。羊只体尺数据记录不仅反映畜体的体格健壮、躯体构造、生长优良状况以及各组织器官之间发育关系，而且是衡量羊只生长发育的指标。基于体尺各项指标及体型外貌评价可有效指导羊只选育、培育和生产实践；改善、提高某些显著性特征；剔除羊群的生长发育弱项；展望未来羊群整体生长性能；还可以提高养羊场品种鉴别能力和品系分类效率、测评羊只的生长效率、胴体品质和饲料转化率，以及通过体尺数据来预估、测算活体羊体重等信息。

（一）羊的体尺部位

绵羊体尺部位名称如图 3-47，山羊体尺部位名称如图 3-48。

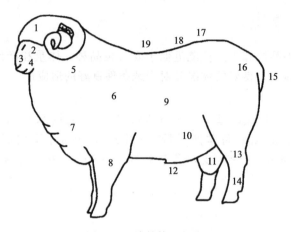

图 3-47　绵羊体尺部位

1—头；2—眼；3—鼻；4—嘴；5—颈；6—肩；7—胸；8—前肢；9—体侧；
10—腹；11—阴囊；12—阴筒；13—后肢；14—飞节；15—尾；16—臀；17—腰；18—背；19—鬐甲

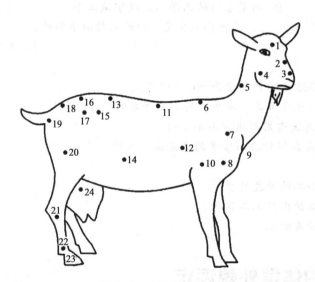

图 3-48　山羊体尺部位

1—头；2—鼻梁；3—鼻；4—颊；5—颈；6—鬐甲；7—肩部；8—肩端；9—前胸；
10—肘；11—背部；12—胸部；13—腰部；14—腹部；15—肷部；16—十字部；17—腰角；18—尻；
19—坐骨端；20—大腿；21—飞节；22—系；23—蹄；24—乳房

（二）羊体尺测量

目前体尺测量的使用工具有测杖、皮尺、卷尺、测角仪等。由于生产及测量目的的不同，测量的具体项目也不尽相同，因此羊体尺参数有头长、额宽、体高、体斜长、胸深、胸围、十字部高、体宽、腰角宽、尻高、尻长、尻宽、管围、肢高、尾长、尾宽，见图 3-49。

1. 头长

由顶骨的突起部到鼻镜上缘的直线距离。

2. 额宽

两眼外突起之间的直线距离。

3. 体高

从鬐甲最高点到地面（标线）的垂直距离。

4. 体斜长

从肩端前缘至坐骨结节后缘的距离，简称体长；在估测羊只体重时需要用软尺紧贴皮肤进行量取。

5. 胸深

用测杖测量，沿着肩胛骨后方，从鬐甲到胸骨的垂直距离。

6. 胸围

肩胛骨后缘处体躯垂直周径。

7. 十字部高

用测杖测定羊体两腰间的中央点至地面的垂直高度。

8. 体宽

由肩胛骨后端的左右肋骨间的宽度。

9. 腰角宽（十字部宽）

两髋骨突间的直线距离。

10. 尻高

荐骨最高点到地面的垂直距离。

11. 尻长

由髋骨突到坐骨结节的距离。

12. 尻宽

为两坐骨端之间的直线距离。

13. 管围

用皮尺绕左前肢掌骨上 1/3（最细）处一周所测量的长度。

14. 肢高

由肘端到地面的垂直距离。

15. 尾长

由尾根到尾端的距离。

16. 尾宽

由尾幅最宽部位的直线距离。

（三）羊体尺指数

体尺指数是整理和分析体尺材料的一种方法，反映各部分是否发育完全，是否匀称和符

图 3-49　山羊体尺部位（实测）

合某一生产类型、品种的特征。体尺指数又称体态结构指数，计算方法为：

体长指数＝体长/体高×100％

胸围指数＝胸围/体高×100％

体躯指数＝胸围/体长×100％

胸指数＝胸宽/胸深×100％

管围指数＝管围/体高×100％

二、羊的外貌鉴定

在生物的演化过程中，外貌具有一定的生物学意义，每种动物的不同外貌特征对其内在生理活动与生存发展均存在着一定的相关性，这种相关性可能是有益的，但也可能是竞争性质的。人类自古以来都有对动物外貌与内在联系的认识。在中国汉朝时期就有"常留腊月正月生羔为种者上，十一月、二月生者，次之；大率十口一羝，羝无角者，更佳"的说法。外貌评定作为对家畜的不同体尺等外貌性状进行综合考量的方法，通过体尺性状定性或定量地筛选出生产力优良的个体，可以有效地完成家畜种群中的经济性状的改良。

体型外貌线性评定作为一种部位评分法，可以有效地通过动物的外貌体型评估个体或种群的各项生理性状，并且这种评估还是建立在后天的管理与环境影响因素之上，能很好地体现出动物个体的遗传因素与后天的饲养管理情况对动物的生产能力的影响。虽然这种方法受限于肉眼观测所带来的不确定性，但是只要做到学习规范，评测经验丰富，就能规避这些问题，做到快速、简便、高效的评估判断。

以下是羊的外貌鉴定方法：

（1）鉴定开始时，鉴定人员首先对羊群的来源、饲养管理、鉴定等级及育种等方面的情况做全面了解。

（2）鉴定人员对羊群的品质特征和体格大小等进行粗略的观察。

（3）选择平坦、光线好的鉴定处将羊只保定，绵羊站立的肢势要端正。

（4）鉴定人员做感官检查：

①观察羊只整体结构是否匀称，外形有无缺陷，被毛中有无花斑或染色毛，行为是否

正常等。

② 观察头部、鬐甲、背腰、四肢、臀部发育状况。

③ 查看公羊的睾丸及母羊乳房发育情况，以确定有无进行个体鉴定的价值。

（5）鉴定人员做进一步鉴定：

① 查看耳标、年龄，观察口齿、头部发育状况及面部、颌部有无缺点等。

② 如鉴定毛用羊，根据国家标准细毛羊鉴定项目逐一对羊毛密度、长度、细度、弯曲、油汗等进行详细鉴定，并根据标准规定的符号由记录员做好记录。

（6）根据鉴定成绩，对照相应标准评定出等级。

（7）鉴定结束后进行复查，如果分级有误可进行调整。

（8）将鉴定结果填入绵羊鉴定记录表 3-2 中。

表 3-2 绵羊（毛用羊）鉴定记录表

_____ 年 ___ 月 ___ 日　　　　　　　　　　　　　　　　　　　　　　　　　　cm，kg

序号	品种	羊号	性别	年龄	鉴定成绩												毛量	体重	等级
					头毛	类型	毛长	毛密	弯曲	细度	匀度	油汗	体格	外形	腹毛	总评			

三、羊的年龄判断

（一）耳标识别法

耳标识别法多用于羊场，每只羊都有耳标。根据耳标可推算出羊的年龄。

（二）牙齿识别法

牙齿识别法多用于商品羊。羊的门齿根据发育阶段分作乳齿和永久齿 2 种。

幼年羊乳齿有 20 枚，随着羊的生长发育，逐渐更换为永久齿，到成年时达 32 枚。

乳齿白，永久齿大而微带黄色。上下颚各有臼齿 12 枚（每边各 6 枚），下颚有门齿 8 枚，上颚没有门齿。

羊的牙齿更换时间及磨损程度受品种、个体与所采食饲料的种类等很多因素的影响，因此，牙齿识别年龄仅供参考。但在一般情况下，可根据表格 3-3 所列内容对照识别。

表 3-3 羊年龄识别表（牙齿识别法）

羊的年龄	乳门齿的更换及永久齿的磨损	习惯叫法
1.0～1.5 岁	乳钳齿更换	对牙
1.5～2 岁	乳内中间齿更换	四齿
2.5～3 岁	乳外中间齿更换	六齿
3.5～5 岁	乳隅齿更换	新满口
5 岁	钳齿齿面磨平	老满口
6 岁	钳齿齿面呈方形	漏水
7 岁	内外中间齿齿面磨平	—
8 岁	开始有牙齿脱落	破口
9～10 岁	牙齿基本脱落	光口

复习思考

一、选择题

1. 羊的上下颌共有牙齿（　　）枚。

A. 8　　　　　　　B. 30　　　　　　　C. 32　　　　　　　D. 24

2. 传统叫法中"六齿"指的是（　　）岁的羊。

A. 1～1.5　　　　B. 1.5～2　　　　C. 2.5～3　　　　D. 3.5～4

二、判断题

1. 羊的体型外貌主要通过测定体尺指标进行评价。（　　）

2. 可以根据羊的牙齿更换及磨损情况判断羊的年龄。（　　）

3. 成年羊的牙齿共 32 枚，其中包括 24 枚白齿，8 枚门齿。（　　）

4. 肥羔是指一岁左右全是乳牙的羊。（　　）

5. 羊的牙齿是羊年龄判断的依据，大概 1 月龄左右，其 8 颗门牙长全。（　　）

三、简答题

1. 如何测定羊的体斜长？

2. 如何测定羊的体高和十字部高？

3. 如何对羊进行外貌鉴定？

▲
参考答案

拓展阅读

中国羊种的起源和驯化

一、中国羊种的起源

1. 绵羊的起源

绵羊在动物学分类上，属牛科的绵羊属，染色体数目为 27 对。根据比较解剖学和生理学方法、杂交方法、考古方法等多方面的研究确定，与家绵羊血缘关系最近的野生祖先有摩弗伦羊、阿卡尔羊和羱羊。

中国绵羊的起源，根据国内外学者的研究，认为阿尔卡野绵羊和羱羊或盘羊及其若干亚种与中国现有绵羊品种最有血缘关系。羱羊亦名盘羊，迄今尚有少数野生种存在，并且常被捕获。在 20 世纪 50～60 年代，新疆、青海和西藏的科技工作者曾取其精液，与当地西藏羊杂交，能产生发育正常的后代。

2. 山羊的起源

山羊在动物学分类上，与绵羊同一亚科但不同属，山羊属于山羊属，染色体数目为 30 对。

家山羊的野生祖先主要有角形呈镰刀状的野山羊和角呈螺旋状的猯羊两个野生种。两个野生种的角形在中国山羊中都能见到，如镰刀状的野生种在青藏高原就常有捕获，当地称之为岩羊。

根据国内外研究，山羊比绵羊更早被驯化，一般认为东自喜马拉雅和土库曼斯坦、西到东南欧地区所发现的野山羊为山羊的野生祖先，而主要的发源地是在中亚和中东地区。

3. 中国羊种的驯化

现代的绵、山羊，都是由野生的绵、山羊经人类长期驯化而来的。远在旧石器时代末期和新石器时代初期，原始人类以渔猎为生。在长期狩猎过程中，逐渐掌握了野羊的特性，由于不断改进狩猎的工具，捕获的活羊越来越多，一时吃不完或羊只幼小不适于马上食用，于是便把它们留养起来，这就是驯化的开始。

经各地考古工作者发掘证明，我国的绵、山羊绝不是仅起源于一个地区，或在一个地区驯化后逐渐扩展开来，而是先后在几个地区各自发展起来的。同时还证明，黄河、长江流域以及西北、西南地区，新石器时代就已有养羊业。河北省武安磁山遗址出土的大量羊骨，经碳测定后认为，中国养羊业起源应当在 8000 多年前。由此推断，羊的驯化时间至少也应在这个时期或更早些。一般来说，山羊的驯化略早于绵羊。黄河流域是中国最早驯养绵、山羊的地区之一。

二、中国古代养羊业

中国养羊的历史悠久，从夏商时期开始已有文字可考。从河南安阳殷墟出土（1975 年）的甲骨文里可以看到所刻画的符号中就有表示羊的符号。夏商时期祭祀大典宰杀牛、羊一次用量达 300 只，说明饲养牲畜已有相当规模。《诗经》收录了西周初年至春秋中叶 500 多年间的诗歌共 305 篇。汉代实行"官假母备，三岁而归，及息什一"的宽松政策，当时有名的养羊能手卜式，养羊致富后，对国家抗击匈奴德概捐助。后为汉室牧羊，既肥且壮，汉武帝封他为司农卿（相当于农业部长）。与其同时代的司马迁在《史记·平准书》中，给卜式很高评价，将其与桑弘羊等名臣并列为汉武帝时的台柱人物。

在三国、两晋和南北朝时期，北方的许多游牧民族将大量绵羊带进长城以南和黄河流域，使蒙古羊在中原地区饲养繁殖。南北朝时的北魏，政局稳定，地域广大，畜牧业发达，至今仍广为流传的《敕勒歌》："敕勒川，阴山下。天似穹庐，笼盖四野。天苍苍，野茫茫，风吹草低见牛羊。"就是当时鲜卑族的民歌，赞美祖国西北辽阔地域草地畜牧业的风光美景。北魏农学家贾思勰通过查阅文献资料、访问老农及亲自观察实践，撰写了《齐民要术》一书。这是我国古代流传下来的一部农牧业科学技术专著，对后世影响很大。

到唐朝，羊的数量和质量都有发展和提高，曾选育出一批好的品种。如河西羊、河东羊、混固羊沙苑羊、康居大尾羊、蛮羊等。蛮羊即今日意羊，沙苑羊为现在陕西同羊的祖先。唐代地毯业相当发达，用毛毯铺地，做挂壁、坐垫等，在宫廷和寺院用毛织物装饰占一定地位。宋朝时曾设有牛、羊司，主管牛、羊事宜。宋朝南渡，黄河流域居民大批南迁，把原来中原一带的绵羊带到江南太湖周围各地选育成现在的湖羊。十二世纪中叶，蒙古族首领成吉思汗统一各部后，日渐强大，先灭金后灭宋，建国称元，畜牧业有很大发展，"朔方戎马最，刍牧万群肥"，并把各种牲畜带到甘肃、青海和新疆等地，足见盛况空前。明、清时期，我国羊的品种形成有了发展，同时，在明、清时代，养羊业不仅北方、中原地区发达，在西南地区养羊业也相当发达。

三、中国近代养羊业

1904 年，陕西从国外引进美利奴羊数百只，并在安塞区北路周家洞附近建立牧场，这是我国从国外引进优良种羊的开始。

1906 年，清政府在奉天（今辽宁省）成立农事实验场，曾引入美利奴公羊 32 只改良当地的粗毛羊。1909 年留美学生陈振先从美国引入美利奴羊数百只向各地推广。

1914 年，北洋政府从美国输入美利奴羊数百只，分别在张家口、北平门头沟、安徽凤阳县设场饲养。

1917 年山西督军闻偶山倡导绵羊改良，从美国引进美利奴公、母羊 109 余只，在朔县、安泽及太原饲养，并无偿为民间母羊进行改良配种，共获得三代以上杂种羊 3000 余只，所产细毛制成毛织品，行销北平、天津和上海等地，但因当时政局变化无常，故没有取得明显成效。

1934 年起，新疆地方政府在苏联专家丛洛托夫、特罗伊茨基等的帮助下，在乌鲁木齐附近南山牧场引入苏联的高加索细毛羊、泊列考斯羊与当地哈萨克羊、蒙古羊杂交，产生二代杂交羊，1939 年迁至新源县巩乃斯种羊场，繁殖了大量的三四代细毛羊杂种，到 1943 年巩乃斯羊场及附近牧民饲养的细毛杂种羊曾达 3 万余只。

1940 年国民政府农林部在兰州成立西北绵羊改进处，设场于甘肃省岷县，并从新疆运来兰哈羊，在永昌羊场用人工授精技术改良蒙古羊。

从 20 世纪 20 年代开始，一些畜牧科技工作者，曾为振兴中国养羊业积极努力，做了许多的工作。

项目四 羊的良种繁育技术

学习目标

知识目标: 1. 熟悉羊的发情周期特点及妊娠期特点。
2. 了解羊的现代繁殖技术。
3. 掌握羊的发情鉴定、早期妊娠诊断方法。
4. 掌握提高羊群繁殖力的技术措施。

技能目标: 1. 能够通过母羊的发情症状,准确判定其发情阶段及最佳配种时间。
2. 能正确实施羊的人工授精技术操作,并能准确进行羊的妊娠诊断。
3. 能准确判断母羊难产症状,能给母羊顺利助产。
4. 通过提高羊繁殖力的具体方法,提升羊群的繁殖效率。

素质目标: 1. 培养正确的职业理想和良好的敬业精神。
2. 具备科学生产、规范操作的态度。
3. 具备吃苦耐劳、锐意进取的工作态度。
4. 具备解决相关工作中实际问题的方法和能力。

项目说明

大力发展养羊业,增加绵、山羊数量的同时,也应积极提高羊的质量,必须通过羊的繁殖才能实现。掌握好羊的繁殖技术,做好羊的繁殖工作,是养羊业生产中不可忽视的重要环节。因此,在养羊生产中,了解羊的繁殖生理,加强繁殖管理,结合繁殖技术的应用,以促进养羊产业的可持续发展。

单元一 羊的繁殖规律

一、性成熟和初次配种年龄

(一)性成熟

性成熟是指性器官已经发育完全,能够产生具有繁殖能力的生殖细胞和性激素。绵羊的性成熟时期,虽因品种和分布地区的不同而略有差异,但一般是在 6~10 个月龄,在这个时候,公羊可以产生精子,母羊可以产生成熟的卵子,如果此时将公、母羊相互交配,即能受胎。但要指出,绵羊达到性成熟时并不意味着可以配种,因为绵羊刚达到性成熟时,其身体并未达到充分发育的程度,如果这时进行配种,影响它本身和胎儿的生长发育,因此,公、母羔羊在 4 月龄断奶时,一定要分群管理,以避免偷配。

（二）初次配种年龄

绵羊的初次配种年龄一般在 12～18 月龄，但也受绵羊品种和饲养管理条件的制约。在当前我国的广大农村牧区，凡是草场或饲养条件良好、绵羊生长发育较好的地区，初次配种都在 12～18 月龄，而草场或饲养条件较差的地区，初次配种年龄适当推迟，往往推迟到 2～3 岁时进行。如中国美利奴羊（军垦型），母羊性成熟一般为 8 月龄，早的 6 月龄；母羊体成熟 12～15 月龄，当体重达到成年母羊的 70% 时，可进行第一次配种，一般初配年龄以 18 月龄为宜。

山羊的性成熟比绵羊略早，如青山羊的初情期为（108.42±17.75）日龄，马头山羊为（154.30±16.75）日龄。

二、发情

（一）发情概述

母羊发情期短，发情持续的时间因品种不同略有差异。有时个体之间也有差异，一般 1～1.5d，母羊发情时外部表现不明显，仅阴唇充血肿胀，通常无黏液自阴门流出或流出极少，山羊发情时外部表现比较明显。

由于绵山羊体形小，无法进行直肠检查。因此，发情鉴定主要采取试情并结合外部观察的方法。具体的做法为，将试情公羊（结扎输精管或带试情兜布）按公、母 1∶（30～40）的比例，每日一次或两次定时放入母羊群中，接受公羊爬跨者为发情母羊。为了更好地识别出发情母羊，可在试情公羊腹部装上标示器或在胸部装上颜料囊，当公羊爬跨母羊时，便将颜色印在母羊臀部上，从而能将发情母羊挑选出来。

（二）发情表现

1. 性欲

母羊发情时，愿意接受公羊的交配，或者主动接近公羊。在发情初期，性欲表现不明显，以后逐渐增强，排卵后，性欲逐渐减弱，直到性欲结束，此时母羊抗拒公羊的接近或爬跨。

2. 性兴奋

母羊发情时，表现兴奋不安。

3. 生殖道变化

外阴部充血肿大，柔软而松弛，阴道黏膜充血发红，上皮细胞增生，前庭腺体分泌增多，子宫颈口开放，子宫和输卵管的蠕动增强。

4. 卵泡发育和排卵

卵巢上有卵泡逐渐发育成熟，发育成熟后卵泡破裂，卵子排出。

母羊在某一时期出现上述四方面的特征，基本确定为发情。

（三）发情持续期

母羊从开始表现上述特征到这些特征消失为止，这一时期叫发情持续期。母羊的发情持续期与品种、年龄、个体、配种季节等有密切的关系，母羊的发情持续期为 1～2d。

（四）发情周期

羊在发情期内，若未经配种，或虽经配种但未受孕时，经过一定时期会再次出现发情现象。由上次发情开始到下次发情开始的期间，称为发情周期。发情周期同样受品种、个体和饲养管理条件等因素的影响，绵羊的发情周期为 14～20d，平均 17d；山羊的发情周期为18～23d，平均 20d。

（五）发情季节

羊的繁殖季节（亦称配种季节）是通过长期的自然选择逐渐演化而形成的，主要决定因素是分娩时的环境条件要有利于初生羔羊的存活。羊的繁殖季节，因品种、地区而有差异，一般是在夏、秋、冬三个季节母羊有发情表现。母羊发情时，卵巢机能活跃，卵泡发育逐渐成熟，并接受公羊交配。平时，卵巢处于静止状态，卵泡不发育，也不接受公羊的交配。母羊发情之所以有一定的季节性，是因为在不同的季节中，光照、气温、饲草饲料等条件发生变化，由于这些外界因素的变化，特别是母羊的发情要求由长变短的光照条件，所以发情主要在秋、冬两季。在饲养管理条件良好的年份，母羊发情开始早，而且发情整齐旺盛。公羊在任何季节都能配种，但在气温高的季节，性欲减弱或者完全消失，精液品质下降，精子数目减少，活力降低，畸形精子增多。在气候温暖、海拔较低、牧草饲料良好的地区，饲养的绵、山羊品种一般一年四季都发情，配种时间不受限制。

三、怀孕

羊从开始怀孕到分娩，这一时期称为怀孕期或妊娠期。羊的妊娠期 145～155d，平均150d，怀孕期的长短，因品种、多胎性、营养状况等的不同而略有差异。早熟品种多半是在饲料比较丰富的条件下育成的，怀孕期较短，平均为 145d 左右；晚熟品种多在放牧条件下育成的，怀孕期较长，平均为 149d 左右。

? 复习思考

一、选择题

1. 羊的繁殖季节主要受（　　）因素的影响。

A. 地区　　　　　　B. 品种　　　　　　C. 个体　　　　　　D. 光照

2. 发情周期是指母羊从上一次发情开始到下一次发情的间隔时间。绵、山羊发情周期平均分别为（　　）天。

A.14；18　　　　　B.15；20　　　　　C.14；20　　　　　D.16；21

参考答案

3. 下列哪个时期给羊配种才能获得最大经济效益？（　　）

A. 初情期　　　　　B. 性成熟　　　　　C. 体成熟　　　　　D. 发情期

4. 绵羊初次配种的年龄一般在（　　）岁左右。

A.1.5　　　　　　　B.2～3　　　　　　C.4～5　　　　　　D.3

二、判断题

1. 繁殖季节又称产羔季节。　　　　　　　　　　　　　　　　　　　　　　　（　　）

2. 配种时间的确定，既要符合羊的繁殖规律，又要有利于羔羊的生长发育。　（　　）

3. 羊不论是常年发情还是季节性发情，配种时都应避开过于炎热或寒冷的季节。

（　　）

三、简答题

试述羊的繁殖现象和繁殖规律。

单元二   羊的发情鉴定与配种

一、发情鉴定概述

发情鉴定是指通过观察母羊外部表现、阴道变化来判定母羊是否发情及发情程度。

通过判定母羊是否发情，发情所处的阶段及排卵时间，能够确定母羊适时配种的时间，提高母羊的受胎率。

二、发情鉴定方法

（一）外部观察法

通过观察母羊发情期间的精神状态、食欲、行为和生殖道变化，判定母畜是否发情及发情阶段的方法。

（二）阴道检查法

利用开膛器打开母羊阴道，借助光源观察子宫颈口的开张情况、阴道黏膜颜色和黏液分泌情况，确定是否母羊发情及发情阶段的方法。此方法一般作为发情鉴定的辅助方法。

（三）试情法

用结扎输精管或阴茎倒转术的试情公羊进行试情，根据母羊对公羊的反应情况来判断母羊是否发情的方法。

三、配种时期的选择

羊配种时期的选择，主要是根据在什么时期产羔最有利于羔羊的成活并且母仔健壮来决定。在年产羔一次的情况下，产羔时间可分两种，即冬羔和春羔。

（一）冬羔

一般 7~9 月份配种，12 月份至翌年 1~2 月份产羔叫冬季产羔。

（二）春羔

在 10~12 月份配种，翌年 3~5 月份产羔叫产春羔。

养羊单位和农牧民饲养户产冬羔还是产春羔，不能强求一律，要根据所在地区的气候和生产技术条件来决定。

（三）冬羔和春羔的比较

为了进一步分析羊最适宜的配种时间，就应当把产冬羔和产春羔的优缺点进行比较。

1. 产冬羔

产冬羔的主要优点是：母羊在怀孕期，由于营养条件比较好，所以羔羊初生重大，在羔羊断奶以后就可以吃上青草，因而生长发育快，第一年的越冬度春能力强；由于产羔季节气候比较寒冷，因而肠炎和羔羊痢疾的发病率比春羔低，故羔羊成活率比较高；冬羔绵羊的剪毛量比春羔的高。但是，在冬季产羔必须贮备足够的饲草饲料和准备保温良好的羊舍，同时，劳力的配备也要比产春羔的多，如果不具备上述条件，产冬羔则会给养羊业生产带来损失。

2. 产春羔

产春羔的主要优点是：产春羔时，气候已经开始转暖，因而对羊舍的要求不严格，同时，由于在哺乳前期已能吃上青草，能分泌较多的奶汁哺乳羔羊。

产春羔的主要缺点是：母羊在整个怀孕期处在饲草料不足冬季，由于母羊营养不良，因而胎儿的个体发育不好，初生重比较小，体质弱，这样的羔羊，虽经夏秋季节的放牧可以获得一些补偿，但是比较难于越冬度春；绵羊在第二年剪毛时，无论剪毛量，还是体重，都不如冬羔高；另外，由于春羔断奶时已是秋季，故对断奶后对母羊的抓膘有影响，特别是在草场不好的地区，对于母羊的发情配种及当年的越冬度春都有不利的影响。

四、配种方法

羊的配种方法有两种，即自然交配和人工授精。

（一）自然交配

自然交配包括自由交配和人工辅助交配。

1. 自由交配

自由交配是养羊业中最原始的配种方法，这种配种方法是在绵、山羊的繁殖季节，将公、母羊混群放牧，任其自由交配。用这种方法配种时，节省人工，不需要任何设备，如果公母羊比例适当[一般 1：（30～40）]，受胎率也相当高。但是，用这种方法配种也有许多缺点，由于公母羊混群放牧，公羊在一天中追逐母羊交配，故影响羊群的采食抓膘，公羊的精力也消耗太大，而且无法了解后代的血缘关系，不能进行有效的选种选配；另外，由于不知道母羊配种的确切时间，因而无法推测母羊的预产期，同时由于母羊群产羔时期拉长，所产羔羊年龄大小不一，从而给管理上造成困难。近年来，在技术、设备、劳动力等条件不足的一些农牧区，利用家畜性行为特点，到繁殖季节，将几只体质健壮、精力充沛并且精液品质良好的种公羊同时投入繁殖母羊群中，公母比例为 1：（80～100），让公母羊自由交配，但是每天必须将公羊从母羊群中分隔出来休息半天，并且进行补饲，保证其配种需要的营养。实践证明，这种方法效果十分理想。

2. 人工辅助交配

为了克服自由交配的缺点，但又不需进行人工授精时，可采用人工辅助交配法。即公母羊分群放牧，到配种季节每天对母羊进行试情，然后把挑选出来的发情母羊与指定的公羊进行交配。采用这种方法配种，可以准确登记公母羊的耳号及配种日期，从而能够预测分娩期，节省公羊精力，提高受配母羊头数，同时也比较有利于羊的选配工作进行。

（二）人工授精

1. 人工授精的概念

羊的人工授精是指通过人为的方法，将公羊的精液输入母羊的生殖器内，使卵子受精以繁殖后代，它是当前我国养羊业中常用的技术措施。

2. 人工授精的优点

（1）扩大优良公羊的利用率 在自然交配时，公羊射一次精只能配一只母羊，如果采用人工授精的方法，由于输精量少并且精液可以稀释，公羊的一次射精量一般可供几只或几十只母羊的授精之用。因此，应用人工授精方法，不但可以增加公羊配母羊的数量，而且还可以充分发挥优良公羊的作用，迅速提高羊群质量。

（2）提高母羊的受胎率 采用人工授精的方法，由于将精液完全输送到母羊的子宫颈或子宫颈口，增加了精子与卵子结合的机会，同时也解决了母羊因阴道疾病或因子宫颈位置不正所引起的不育；再者，由于精液品质经过检查，避免了因精液品质的不良所造成的空怀。因此，采用人工授精可以提高受胎率。

（3）节省饲养管理成本　采用人工授精方法，可以节省购买和饲养大量种公羊的费用。例如，有适龄母羊 300 只，如果采用自然交配方法，至少需要购买种公羊 80～100 只，而如果采用人工授精方法，在我国目前的条件下，只需购买 10 只左右就行了，这样就节省了大量的购买种公羊及种公羊的饲养管理费用。

（4）减少疾病的传染　在自然交配过程中，由于羊体和生殖器官的相互接触，就有可能把某些传染性疾病和生殖器官疾病传播开来。采用人工授精方法，公母羊不直接接触，器械经过严格消毒，这样传染病传播机会就可以大大减少了。

（5）精液可以长期保存　由于现代科学技术的发展，公羊的精液可以长期保存和实行远距离运输，这样对于进一步发挥优秀公羊的作用，迅速改造低产养羊业的面貌将有着重要的作用。

五、羊的人工授精技术

（一）站址的选择及房舍设备

1. 羊的人工授精站的地址

一般应选择在母羊分布密度大，水草条件好，有足够的放牧地，交通比较方便，无传染病，地势比较平坦，避风向阳而又排水良好的地方建立。

2. 人工授精站的房屋和羊舍

人工授精站需要有一定数量和一定规格的房屋和羊舍，房屋主要是采精室、精液处理室和输精室。羊舍主要是种公羊舍，试情公羊舍及试情圈等。在有条件的羊场、乡、村或养殖户，还应考虑修建工作人员住房及库房等建筑。

采精室、精液处理室和输精室要求光线充足，地面坚实（最好铺砖块），以便清洁和减少污染，保持空气流通，并且各室互相连接，以便利于工作，室温要求保持在 18～25℃。面积要求采精室 12～20m²，精液处理室 8～12m²，输精室 20～30m²。

种公羊舍要求地面干燥、光线充足，有结实而简单的门栏，有补饲用的草架和饲槽。

总之，一切建筑（也可以用塑料暖棚），既要有利于操作，又要因地制宜，力求做到科学、经济和实用。

（二）器械药品的准备

人工授精所需要的各种器械，如假阴道内胎、假阴道外壳、输精器、集精杯、金属开膛器等，以及常用的各种兽医药品和消毒药品，要提前做好充足的准备。

（三）公羊的准备

1. 配种公羊的准备

配种开始前 30～45 天，对参加配种的公羊，应指定有关技术人员对其精液品质进行检查，主要目的，一是掌握公羊精液品质情况，如发现问题，可及早采取措施，以确保配种工作的顺利进行；另一目的是排除公羊生殖器中长期积存下来的衰老、死亡和解体的精子，促进种公羊的性机能活动，产生新精子。因此，在配种开始以前，每只种公羊至少要采排精液 15～20 次，开始每天可采排精液一次，在后期每隔一天采排精液一次，对每次采得的精液都应进行品质检查。

如果公羊初次参加配种，在配种前一个月左右，应有计划地对公羊进行调教。调教办法是，让公羊在采精室与发情母羊本交几次；把发情母羊的阴道分泌物涂抹在公羊鼻尖上以刺激其性欲；注射丙酸睾酮，每次 1ml，隔一天一次；每天用温水把阴囊洗干净，擦干，然后用手由下而上地轻轻按摩睾丸，早、晚各一次，每次 10min；别的公羊采精时，让被调教公羊在旁边"观摩"；加强饲养管理，增加运动里程和运动强度等。

2. 试情公羊的准备

由于母羊发情征状不明显，发情持续期短，漏一次就会耽误配种时间至少半个月，因此，在人工授精工作中必须用试情公羊每天从大群待配母羊中找出发情的母羊，并适时进行配种，所以试情公羊的作用不能低估。选作试情公羊的个体必须是体质结实、健康无病、行动灵活、性欲旺盛、生产性能良好，年龄在 2～5 岁。试情公羊的数量一般占参加配种母羊数量的 2%～4%。

（四）母羊群的准备

凡确定参加人工授精的母羊，要单独组群，认真管理，防止公、母羊混群，防止偷配。在配种开始前的 5～7 天，应进入授精站待配母羊舍；在配种前和配种期，要加强饲养管理，使羊只吃饱喝足和休息好，做到满膘配种。

（五）试情

每天清晨（或早、晚各一次），将试情公羊赶入待配母羊群中进行试情，凡愿意与公羊接近，并接受公羊爬跨的母羊即认为是发情羊，应及时将其放到发情母羊圈中。有的处女羊发情征状表现不明显，虽然有时与公羊接近，但又拒绝接受爬跨，这种情况应将羊只捕捉，然后辅以阴道检查来判定。

为了防止试情公羊偷配，试情时应在试情公羊腹下系上试情布，试情布要捆结实，防止阴茎脱出造成偷配事故。每次试情结束，要清洗试情布，以防布面变硬，擦伤或污染阴茎。我国许多地区还推广了对试情公羊进行输精管结扎和阴茎移位，既节约了大量用布，又杜绝了偷配，同时还减轻了工作负担，普遍受到欢迎。但阴茎移位的角度要合适，每年试情工作开始前对所有阴茎移位的公羊要进行一次移位角度的检查。输精管结扎的试情公羊，一般使用 2～3 年后要更换。为了节省人力和时间，在澳大利亚，在公羊的试情布上安置一个特别的自动打印器，然后将系上这种试情布的试情公羊随母羊群放牧，在配种开始前，只需将羊群中臀部留有印记的母羊捕捉出来，并送至发情母羊圈中待配即可。

试情工作与配种成功的关系非常密切，甚至成为人工授精成败的关键，因此，在试情工作中要力求做到认真负责，仔细观察，随时注意试情公羊的动向，及时捕捉发情母羊，随时驱散成堆的羊群，为试情公羊接触母羊创造条件；在试情过程中要始终保持安静，禁止无故干扰羊群；为了抓尽发情母羊，属于 7～9 月份配种的每天试情时间应不少于 1.5h，属于 10～12 月份配种的，应不少于 1h。

（六）采精

1. 器械消毒

凡是人工授精使用的器械，都必须经过严格的消毒。在消毒以前，应将器械洗净擦干，然后按器械的性质、种类分别包装。消毒时，除不易放入或不能放入高压消毒锅的金属器械、玻璃输精器及胶质的内胎以外，一般都应尽量采用蒸汽消毒，其他采用酒精或火焰消毒。蒸汽消毒时，器材应按使用的先后顺序放入消毒锅，以免使用时在锅内乱寻找，耽误时间。凡士林、生理盐水棉球用前均需消毒好。消毒好的器材、药液要防止污染并注意保温。

2. 采精前准备

（1）假阴道的准备

① 假阴道（图4-1）的安装和消毒。假阴道的内胎使用前最好先放入开水中浸泡3～5min。新内胎或长期未用的内胎，必须用热肥皂水或洗衣粉刷洗干净，擦干，然后进行安装。

安装时先检查外壳是否变形破损或有沙眼，内胎是否漏气等，然后将内胎装入外壳，并使其光面朝内；而且要求两头等长，然后将内胎一端翻套在外壳上，依同法套好另一端，安装时切忌内胎扭转，保持松紧适度，然后在两端分别套上橡皮圈固定。

消毒时用长柄镊子夹上75%酒精棉球由内向外消毒内胎，勿留空间，要求彻底，等酒精挥发后，用生理盐水棉球多次擦拭，冲洗。

集精杯（瓶）采用高压蒸汽消毒，也可用75%酒精棉球消毒，最后用生理盐水棉球多次擦拭，然后安装在假阴道的一端。

② 灌注温水。左手握住假阴道的中部，右手用量杯或吸水球将温水从灌水孔注入，水温约45～55℃，以采精时假阴道温度达40～42℃为目的。水量约为外壳与内胎间容量的1/2～2/3，实践中常竖立假阴道，水达灌水孔即可。最后装上带活塞的气嘴，并将活塞关好。

③ 涂抹润滑剂。用消毒玻璃棒取少许凡士林，由外向内均匀涂抹一薄层，其涂抹深度以假阴道长度的1/2为宜。

④ 检温、吹气加压。从气嘴吹气，用消毒的温度计插入假阴道内检查温度，采精时达40～42℃为宜，若过高或过低可用冷水或热水调节。当温度适宜时吹气加压，使涂凡士林一端的内胎壁遇合，口部呈"Y"形为宜。最后用纱布盖好入口，准备采精。

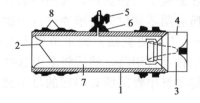

图4-1　羊的假阴道

1—外壳；2—内胎；3—橡胶漏斗；4—集精杯；5—气嘴；6—注水孔；7—温水；8—固定胶圈

（2）采精场地准备

要有固定、整洁的采精场所，以便使公羊建立交配的条件反射，如果露天采精，则采精的场地应当避风、平坦，并且要防止尘土飞扬。采精时应保持环境安静。

（3）台羊的准备

对公羊来说，台羊是重要的性刺激物，是用假阴道采精的必要条件。台羊可以选择健康的、体格大小与公羊相似的发情母羊。用不发情的母羊作为台羊不能引起公羊性欲时，可先用发情母羊训练数次即可。在采精时，须先将台羊固定在采精架上。

如用假母羊作台羊，须先经过训练，即先用真母羊为台羊，采精数次，再改用假母羊为台羊。假母羊是用木料制成的木架（大小与公羊体格相似），架内填上适量的麦草或稻草，上面覆盖一张羊皮并固定。

（4）公羊的牵引

在牵引公羊到采精现场后，不要使它立即爬跨台羊，要控制几分钟，再让它爬跨，这样不仅可以增强其性反射，也可提高所采取精液的质量。公羊阴茎包皮孔部分，如有长毛应事先剪短，如有污物应擦洗干净。

3. 采精操作

采精人员用右手握住假阴道后端，固定好集精杯（瓶），并将气嘴活塞朝下，蹲在台羊的右后侧，让假阴道靠近公羊的臀部，当公羊跨上母羊背上的同时，应迅速将公羊的阴茎导入假阴道内，切忌用手抓碰摩擦阴茎。公羊的射精时间很短，若假阴道内的温度、压力、滑度适宜，当公羊后躯急速向前用力一冲，即已射精，此时顺公羊动作向后移下假阴道，并迅速将假阴道竖起，集精杯一端向下，然后打开活塞上的气嘴，放出空气，取下集精杯，用盖盖好将精液送处理室待检。

4. 采精后用具的清理

倒出假阴道内的温水，将假阴道、集精杯放在热水中用洗衣粉充分洗涤，然后用温水冲洗干净、擦干，待用。

（七）精液品质的检查

精液品质的检查，是保证受精效果的一项重要措施。主要分外部观察法和实验室检查法（显微镜检查法）。

1. 外部观察法

（1）射精量

精液采取后，将精液倒入有刻度的玻璃管中观察。有的单层集精杯本身带有刻度，若用这种集精杯采精，采精后可直接观察，无须倒入其他有刻度的玻璃容器。公羊的射精量一般为 0.8～1.2ml。

（2）色泽

正常的精液为乳白色。如精液呈浅灰色或浅青色，是精子少的特征；深黄色表示精液内混有尿液；粉红色或淡红色表示有新的损伤而混有血液；红褐色表示在生殖道中有深的旧损伤；有脓液混入时精液呈淡绿色；精囊发炎时，精液中可发现絮状物。

（3）气味

刚采得的新鲜精液略有腥味，当睾丸、附睾或附属生殖腺有慢性化脓性病变时，精液有腐臭味。

（4）云雾状

用肉眼观察新采得的公羊精液，可以看到由于精子活动所引起的翻腾滚动极似云雾的状态。精子的密度越大、活力越强者，则其云雾状越明显。因此，根据云雾状表现得明显与否，可以判断精子活力的强弱和精子密度的大小。

2. 显微镜检查法

（1）活力

用消毒过的干净玻璃棒取出原精液一滴，或用生理盐水稀释过的精液一滴，滴在擦洗干净的干燥的载玻片上,并盖上干净的盖玻片,盖时使盖玻片与载玻片之间充满精液,避免气泡产生,然后放在显微镜下放大 400～600 倍进行观察,观察时盖玻片、载玻片、显微镜载物台的温度不得低于 30℃,室温不能低于 18℃。

评定精子的活率,是根据直线前进运动的精子所占的比例来确定其活率等级。在显微镜下观察,可以看到精子有三种运动方式。

① 前进运动:精子的运动呈直线前进运动。

② 回旋运动:精子虽也运动,但绕小圈子回旋转动,圈子的直径很小,不到一个精子的长度。

③ 摆动式运动:精子不变其位置,而在原地不断摆动,并不前进。

除以上三种运动方式之外,往往还可以看到没有任何运动的精子,呈静止状态。除第一种精子具有受精能力外,其他几种运动方式的精子不久即会死亡,没有受精能力。

评定精子活力多采用"十级一分制",如果精液中有 80％的精子作直线运动,精子活力计为 0.8;如有 50％的精子作直线运动,活力计为 0.5,以此类推。评定精子活力的准确度与经验有关,具有主观性,检查时要多看几个视野,取平均值,一般公羊精子的活率应在 0.6 以上才能供输精用。

羊的精液精子密度较大,为观察方便,可用等渗溶液如生理盐水等稀释后再检查。温度对精子活力影响较大,为使评定结果准确,要求检查温度在 37℃左右,显微镜需有恒温装置。

(2) 密度

精液中精子密度的大小是精液品质优劣的重要指标之一。用显微镜检查精子密度的大小,其制片方法与检查活率的制片方法相同,通常在检查精子活率时,同时检查密度(图 4-2)。公羊精子的密度分为"密""中""稀"三个等级。

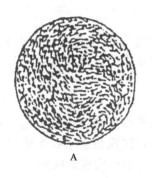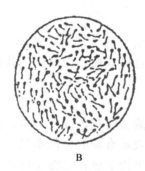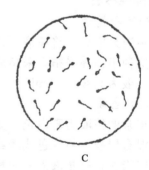

图 4-2 估测法评定精子密度示意图
A—密;B—中;C—稀

① 密:精液中精子数目很多,充满整个视野,精子与精子之间的空隙很小,不足容一个精子的长度,由于精子非常稠密,所以很难看出单个精子的活动情形。

② 中:在视野中看到的精子也很多,但精子与精子之间有着明显的空隙,彼此间的距离大约相当于 1 个精子的长度。

③ 稀:在视野中只有少数精子,精子与精子之间的空隙很大,约超过 1 个精子的长度。

另外,在视野中如看不到精子,则以"0"表示。

公羊的精液含副性腺分泌物少,精子密度大,所以,一般用于输精的精液,其精子密度至少是"中级"。

（八）精液的稀释

1. 精液稀释的目的

（1）增加精液容量和扩大配种母羊的头数

在公羊每次射出的精液中，所含精子数目甚多，但真正参与受精作用的只有少数精子，因此，将原精液做适当的稀释，即可增加精液容量，进而可以为更多的发情母羊配种。

（2）延长精子的存活时间，提高受胎率

精液经过适当的稀释后，可以延长精子存活时间，其主要原因是：减弱副性腺分泌物对精子的有害作用，因为副性腺分泌物中含有大量的氯化钠和钾，它们会引起精子膜的膨胀和中和精子表面的电荷；能补充精子代谢所需要的养分；缓冲精液中的酸碱度；抑制细菌繁殖，减弱细菌对精子的危害作用。由于精液稀释后延长了精子的存活时间，故有助于提高受胎率。

（3）有利于精液的保存和运输

由于精液通过适度的稀释，可延长精子的存活时间，故有利于精液的保存和运输。

2. 常用的稀释液

为增加精液容量而进行稀释时，可用以下几种稀释液。

（1）0.9%氯化钠溶液

将氯化钠加入蒸馏水中，用玻璃棒搅拌，使其充分溶解，然后用滤纸过滤，再经过煮沸消毒或高压蒸汽消毒。消毒后因蒸发所减少的水分，用蒸馏水补充，以保持溶液原来的浓度。

（2）乳汁稀释液

先将乳汁（牛乳或羊乳）用4层纱布过滤在三角瓶或烧杯中，然后隔水煮沸消毒10~15min，取出冷却后除去乳皮即可使用。

上述稀释简便易行，但只能即时输精用，不能作保存和运输精液之用，稀释倍数一般为1~3倍。

若需大倍稀释，并保存一定时间和远距离运送绵羊精液，根据相关研究和实践，常采用以下两种稀释液。

① 1号液：柠檬酸钠1.4g，葡萄糖3.0g，新鲜卵黄20g，青霉素10万IU，蒸馏水100ml。

② 2号液：柠檬酸钠2.3g，胺苯磺胺0.3g，蜂蜜10g，蒸馏水100ml。

若原精液每毫升精子密度10亿个，活率0.8以上，可进行10倍稀释；密度20亿个，活率0.9以上，可进行20倍稀释。然后用安瓿分装，用纱布包好，置于5~10℃的冷水保温瓶内贮存或运输，但在运输过程中，要防止剧烈震荡和变温。

（九）输精

1. 输精的准备

输精是人工授精的最后一个环节，也是最重要的技术之一，能否及时、准确地把精液输送到母畜生殖道的适当部位，是保证受胎的关键。输精前应做好各方面的准备，确保输精的正常实施。

（1）母羊准备

母羊经发情鉴定后，确定已到输精时间，将其牵入保定栏内保定，外阴清洗消毒，尾巴拉向一侧。

（2）器械准备

输精所用的器械均应彻底洗净后严格消毒，再用稀释液冲洗才能使用。每头母羊备一支输精管，如用同一支给另一头母羊输精，需消毒处理后方能使用。

（3）精液准备

① 常温保存的精液。需轻轻晃动后升温至35℃，镜检精子活力不低于0.6。

② 低温保存的精液。升温后活力在0.5以上。

③ 冷冻精液。解冻后活力不低于0.3。

（4）人员准备

输精人员在输精前要穿好工作服，用肥皂水洗手擦干，用酒精消毒后，再用生理盐水冲洗。

2. 输精的基本要求

（1）输精时间

母羊输精后是否受胎，掌握合适的输精时间至关重要。输精时间是根据母羊的排卵时间、精子在母畜生殖道内保持受精能力的时间及精子获能等时间确定的。母羊的输精时间应根据试情制度确定。每天一次试情，在发情的当天及半天后各输精一次；每天2次试情，发现母羊发情后隔半日进行第一次输精，再隔半日进行第二次输精。

（2）输精量、输精次数及有效精子数

一般来讲，羊的输精量小；体型大、经产、子宫松弛的母羊输精量大些，体型小、初配母羊输精量小些；液态保存的精液输精量比冷冻精液多一些。在羊人工授精的实际工作中，由于母羊发情持续时间短，再者很难准确地掌握发情开始时间，所以当天抓出的发情母羊就在当天配种1～2次（若每天配一次时在上午配，配两次时上、下午各配一次），如果第二天继续发情，则可再配。

3. 母羊的输精

绵羊和山羊都采用阴道开膣器法。由于羊的体型较小，为工作方便，提高效率，可在输精架后设置一坑，或安装可升降的输精台架。在一些地区，有人采用由助手抓住羊后肢使其倒立保定，也较方便。

（1）输精操作

将待配母羊牵到输精室内的输精架上固定好或室外横栏杆上固定，并将其外阴部消毒干净，输精员右手持输精器，左手持开膣器，先将开膣器慢慢插入阴道，再将开膣器轻轻打开，寻找子宫颈（图4-3）。如果在打开开膣器后，发现母羊阴道内黏液过多或有排尿表现，应让母羊先排尿或设法使母羊阴道内的黏液排净，然后将开膣器再插入阴道，细心寻找子宫颈（图4-3）。子宫颈附近黏膜颜色较深，当阴道打开后，向颜色较深的方向寻找子宫颈口可以顺利找到，找到子宫颈后，将输精器前端插入子宫颈口内1.0～2.0cm深处，用拇指轻压活塞，注入原精液0.05～0.1ml或稀释液0.1～0.2ml。如果遇到初配母羊，阴道狭窄，开膣器插不进或打不开，无法寻见子宫颈时，只好进行阴道输精，但每次至少输入原精液0.2～0.3ml。

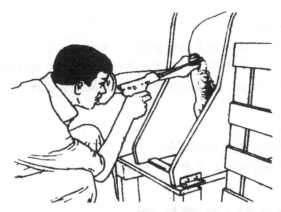

图 4-3 羊开膣器输精法

（2）输精注意事项

在输精过程中，如果发现母羊阴道有炎症，而又要使用同一输精器的精液进行连续输精时，在对有炎症的母羊输完精之后，用酒精棉球擦拭输精器进行消毒，以防母羊相互传染疾病。但使用酒精棉球擦拭输精器时，要特别注意棉球上的酒精不宜太多，而且只能从后部向尖端方向擦拭，不能倒擦。酒精棉球擦拭后，用生理盐水（0.9%氯化钠）棉球重新再擦拭一遍，才能对下一只母羊进行输精。

（3）输精后用具的洗涤与整理

输精器用后立即用温碱水或洗涤剂冲洗，再用温水冲洗，以防精液黏附在管内，然后擦干保存。开膣器先用温碱水或洗涤剂冲洗，再用温水洗，擦干保存。其他用品，按性质分别洗涤和整理，然后放在柜内或放在桌上的搪瓷盘中，用布盖好，避免尘土污染。

 复习思考

一、选择题

1. 绵羊初次配种的年龄一般在（　　）岁左右。

A. 1.5 　　　　　B. 2～3 　　　　　C. 4～5 　　　　　D. 3

2. 羊的妊娠时间为（　　）个月左右。

A. 4 　　　　　B. 5 　　　　　C. 6 　　　　　D. 7

3. 为了提高羊的繁殖能力，采用的繁殖技术有（　　）。

A. 自然交配 　　B. 超数排卵 　　C. 同期发情 　　D. 胚胎移植

4. 羊的发情鉴定方法有（　　）。

A. 外部观察法 　　B. 阴道检查法 　　C. 公羊试情法 　　D. 直肠把握法

5. 关于精液稀释的目的错误的是（　　）。

A. 延长精子的存活时间，提高受胎率 　　B. 有利于精液的保存和运输

C. 扩大配种母羊的头数 　　　　　　　　D. 减弱精子活力

6. （多选）羊配种时期的选择，是根据在什么时期产羔最有利于羔羊的成活和母仔健壮来决定的。在年产羔一次的情况下，产羔时间可分为哪两种？（　　）

A. 春羔 　　　　　B. 夏羔 　　　　　C. 秋羔 　　　　　D. 冬羔

二、判断题

1. 繁殖季节又称产羔季节。 （　　）
2. 配种时间的确定，既要符合羊的繁殖规律，又要有利于羔羊的生长发育。 （　　）
3. 为了能产出品质优良的精液，种公羊在配种准备期就应饲喂配种期日粮。 （　　）
4. 人工授精技术包括采精、精液品质检查、精液处理和输精等主要技术环节。 （　　）

三、简答题

1. 简述羊的配种方法。
2. 如何才能提高羊的人工授精受胎率？
3. 简述冷冻精液在养羊业生产中的应用和问题。

▲

参考答案

单元三　羊的妊娠诊断及接产

在养羊生产中，要了解羊的妊娠诊断技术及母羊的分娩接产技术，为羊繁殖工工作奠定基础。

一、母羊的妊娠诊断

妊娠诊断的方法很多，目前常采用的方法有以下几种。

（一）外部观察法

外部观察法主要观察母羊的营养状况、胎动、腹部轮廓、乳房等外部表现和在腹壁外触诊胎儿、听取胎儿心音等方面的检查，主要有视诊、触诊和听诊。

1. 外部观察

母羊受胎后，在激素作用下，性情温顺，食欲增加，毛色光亮；腹围增大，腹部两侧大小不对称，孕侧下垂突出，肋腹部凹陷；乳房逐渐胀大。

2. 腹壁触诊

隔着母体腹壁触诊胎儿的方法。检查者与羊相对站立，两腿夹住羊的颈部或前躯，两手掌贴在左右腹壁上，两手同时向里平稳地压迫或前后滑动，触摸子宫内有无硬块。

（二）阴道检查法

阴道检查法是通过检查母羊阴道黏膜的色泽、黏液性状和子宫颈口形状来进行妊娠诊断，一般作为妊娠诊断的辅助方法。

母羊妊娠20天后，阴道黏膜由淡粉色变为苍白色，未孕时阴道黏膜为粉红色。妊娠母羊阴道黏液透明、量少浓稠；若黏液量多，稀薄，色灰白而呈脓样，多为妊娠。

（三）超声检查法

使用超声波仪器探测母羊的血液在脐带、胎儿血管、子宫中动脉和心脏中的流动情况，可以准确地诊断母羊的怀孕情况。这种方法准确率高，但设备成本较高。

（四）血清学检测、孕酮含量测定

通过测量血液中特定激素的含量，如孕酮等，也可以确定母羊是否处于妊娠状态。这种方法常用于监测孕期进展以及识别可能存在的并发症。在进行妊娠诊断时，应结合多种方法进行综合判断，以提高诊断的准确性。

二、母羊的分娩与接产

（一）分娩前兆

母羊分娩前的征兆主要包括以下四个方面。

1. 乳房变化

（1）乳房膨胀　初产羊分娩前乳房会出现膨大，颜色红润，静脉血管明显。

（2）乳头挺立　乳头挺立饱满，可挤出黄色初乳。经产母羊还可能会有漏奶现象。

（3）乳汁分泌　在分娩前1~2天，可以从乳头中挤出少量清亮胶状液体或少量初乳。

2. 阴门变化

（1）阴唇肿胀　临产羊阴唇肿胀、松软，皮肤皱褶展平，潮红，阴门容易开张，卧下时更明显。

（2）黏液流出　有时会有浓稠黏液流出，尤其在分娩前几个小时更为明显。

3. 体表变化

母羊产前1~2天，骨盆韧带开始松弛。产羔前12~36h，两侧肷窝及尾根两侧松软下陷，腹部下垂。

4. 行为变化

（1）食欲减退　产羔前12h体温下降约1℃，食欲开始减退，继而食欲停止。

（2）行动困难　母羊会变得站立不安，有时还伴随咩叫，前肢挠地，不时回顾腹部。

（3）独处一角　常单独呆立墙角或趴卧，排尿频繁。当母羊出现上述征候时，即为临产征兆，应马上将其送入产舍。

（二）分娩与接产

母羊分娩是正常的生理过程，非必要时一般不应干预，最好让其自行产出羔羊。如果母羊出现难产情况，应及时进行人工助产。

视频：羊的
接产技术

1. 接羔技术

母羊分娩时，接产人员要随时监视母羊的表现。在母羊产羔过程中，非必要时一般不应干扰，最好让其自行娩出。

一般情况下，经产母羊比初产母羊产羔要快，羊膜破裂后几分钟至30min左右，羔羊即可顺利产出。正常胎位的羔羊，一般是两前肢及头部先出，头部紧靠在两前肢的上面。若产双羔时，间隔10~30min，但个别有长达数小时以上的。当母羊产出第一只羔羊后，必须检查是否还有第二只。

母羊努责微弱、产道开张不好，羊膜破裂后30min后，羔羊仍未产出或胎位不正、羔羊过大、初产母羊因骨盆和阴道狭小、双胎母羊在分娩第二头羔羊已感疲乏的情况下，需要立即实施助产。助产人员应消毒手臂，戴好手套并涂抹润滑剂，然后伸入产道，抓住胎儿的头部或前肢，随母羊的努责顺势拉出胎儿。如遇胎位不正，应先矫正胎位再进行助产。

2. 初生羔羊的护理

羔羊产出后，应立即将口腔、鼻腔里的黏液擦净，使呼吸畅通，避免吞咽羊水而引起窒息或异物性肺炎。羔羊身上的黏液，尽量让母羊舐干，这样有利于母羊认羔。

3. 羔羊护理

（1）保证呼吸畅通　胎儿产出后若无呼吸，应立即用草秆刺激鼻黏膜，或将羊仔畜后肢提起抖动，或将胶管插入仔畜鼻腔及气管内，吸出黏液及羊水，以诱发呼吸。

（2）脐带处理　羔羊娩出时，脐带一般被扯断，如没断则需要剪断，以细线在距脐孔 3cm 处结扎，向下隔 3cm 再打一线结，在两结之间涂以碘酒后，用消毒剪剪断。也可采用烙铁切断脐带。

（3）擦干仔畜体表　对于出生后的羔羊，应立即擦干或令母畜舐干身体上的黏液。

（4）尽早吮食初乳　羔羊产出后，先从母体乳头内挤出少量初乳，擦洗净乳头，令仔畜自行吮乳或辅助仔畜吮乳。

（5）检查排出的胎膜　胎膜排出后，应检查是否完整，并从产房及时移出，防止母羊吞食胎膜。

（6）难产的预防　在饲养管理措施上，切勿使未达体成熟的母畜过早配种。母畜妊娠期间，应进行合理的饲养，安排适当的使役和运动，以保证胎儿的生长和维持母畜的健康。产前半个月可做牵遛运动。

三、产羔母羊及羔羊的护理

（一）羔羊护理

护理羔羊的原则是"三防、四勤"，即防冻、防饿、防潮和勤检查、勤配奶、勤治疗、勤消毒。接羔室和分娩栏内要经常保持干燥，潮湿时要勤换干羊粪或干土。接羔室内温度不宜过高，接羔室内的温度要求在 $-5 \sim 5$℃之间。羔羊护理具体要求如下。

1. 母子健壮，母羊恋羔性强

产后一般让母羊将羔羊身上的黏液舐干，羔羊自己吃上初奶或帮助吃上初奶以后，放在分娩栏内或室内均可。在高寒地区，天冷时还应给羔戴上用毡片、破皮衣制作的护腹带。若羔羊产在牧地上，吃完初乳后用接羔袋背回。

2. 精心护理

母羊营养差、缺奶、不认羔，羔羊发育不良时，出生后必须精心护理。注意保温、配奶，防止踏伤、压死。生后先擦干身上黏液，配上初乳。如天冷，装在接羔袋中，连同母羊放在分娩栏内，羔羊健壮时从袋内取出。要勤配奶，每天配奶次数要多，每次吃奶要少，直到母子相认得很好，羔羊能自己吃上奶时再放入母子群。对于缺奶和双胎羔羊，要另找保姆羊。

3. 特殊护理

对于病羔，要做到勤检查，早发现，及时治疗，特殊护理。不同疾病采取不同的护理方法，打针、投药要按时进行。一般体弱拉稀羔羊，要做好保温工作；患肺炎羔羊，住处不宜太热；积奶羔羊，不宜多吃奶。

（二）产羔母羊在产羔期间的护理

产羔母羊在产羔期间的护理可分成三小群管理，即待产母羊群、三天以上母子群、三天以内母子群。待产母羊群夜宿羊圈；三天以上母子群，气候正常时，可赶到产羔草地放牧、饮水或放在室外母子圈，如羔羊小，可将羔羊放入室内；三天以内羔羊，应将母子均留在接羔室，如母子均健壮，亦可提前放入三天以上母子群，如羔羊体弱，可延长留圈时间，对留圈母羊必须补饲草料和饮水。

（三）对体弱羔羊、不认羔的母羊及其所产羔羊的护理

都应放在分娩栏内，白天天气好时，可将室内分娩母子移到室外分娩栏，晚间再移到室内，直到羔羊健壮时再归母子群。

（四）对细毛羊和肉用羊的纯、杂种羔羊的护理

这些羔羊吃饱奶后好睡觉，如天气热，卧地太久，胃内奶急剧发酵会引起腹胀，随即拉稀。所以在草地或圈内，不能让羔羊多睡觉，应常赶起走动。天气变时，应立即赶回接羔室，防止因冻而引起感冒、肺炎、拉稀等疾病。

（五）临时编号

为了母子群管理上的方便，避免引起不必要的混乱，应对母子群进行临时编号，即在母子同一体侧（单羔在左、双羔在右）编上相同的临时号。

 复习思考

选择题

1. 外部观察法诊断羊妊娠，以下哪项不是可能观察到的怀孕迹象？（　　）
A. 母羊食欲增加　　　　　　　B. 母羊腹围逐渐增大
C. 母羊乳房在怀孕后期明显增大　　D. 母羊频繁跳跃

2. 直肠检查诊断羊妊娠，主要触摸的器官是（　　）。
A. 子宫　　　　　　　　　　B. 卵巢
C. 膀胱　　　　　　　　　　D. 直肠壁

3. 下列哪种方法不适合用于早期羊妊娠诊断？（　　）
A. B超检查　　　　　　　　B. 激素测定
C. 观察母羊行为变化　　　　D. 触诊胎儿骨骼（外部触诊）

4. 羊正常分娩时，胎儿的前置部分是（　　）。
A. 头部　　　　　　　　　　B. 后肢
C. 前肢　　　　　　　　　　D. 可能是头部也可能是后肢

5. 当发现母羊分娩过程中胎膜破裂后长时间没有胎儿产出，应该（　　）。
A. 立刻用力拉拽露在外面的胎儿部分　B. 等待一段时间，可能是正常间歇
C. 注射催产素促进分娩　　　　D. 不管它，让母羊自然生产

6. 小羊出生后，首先应该（　　）。
A. 断脐　　　　　　　　　　B. 擦干身体
C. 让母羊舔舐小羊　　　　　D. 检查小羊性别

▲
参考答案

单元四　提高羊繁殖力的措施

一、提高种公羊和繁殖母羊的饲养水平

营养条件对绵、山羊繁殖力的影响极大，丰富和平衡的营养，可以提高种公羊的性欲，提高精液品质，促进母羊发情和排卵数的增加。因此，加强对公、母羊的饲养，特别是在当

前我国农村牧区的具体条件下，加强对母羊在配种前期及配种期的饲养，实行满膘配种，是提高绵、山羊繁殖力的重要措施。供给公羊全年均衡的营养，保持中上等膘情，配种前加强运动；母羊在配种前加强营养，确保满膘配种。

（一）提高种公羊饲养水平

1. 保证营养供给

（1）蛋白质　种公羊的日粮中应含有优质的蛋白质来源，如豆粕、鱼粉等。在配种期，粗蛋白含量可保持在 18%～20%。例如，每天每只公羊可供给 1～1.5kg 的精饲料，其中豆粕含量在 20%～30% 左右，以保证公羊有足够的蛋白质用于精液的生成。

（2）能量　能量来源主要是谷物类饲料，如玉米、大麦等。但要注意不能让公羊过肥，否则会影响其性欲和精液质量。非配种期能量可适当降低，配种期适量增加，以维持公羊良好的体况和繁殖性能。

（3）矿物质和维生素　钙、磷等矿物质对种公羊骨骼和精液品质至关重要。同时，维生素 A、D、E 等也不可或缺，像维生素 E 能提高精液品质和精子活力。可以通过添加预混料或者提供青绿多汁饲料来满足其对矿物质和维生素的需求。

2. 加强饲养管理

（1）分群饲养　种公羊要单独饲养，避免相互打斗造成损伤，影响繁殖性能。羊舍面积每只种公羊一般 4～6m²，保证其有足够的活动空间。

（2）运动管理　每天保证种公羊有适量的运动，运动时间可在 1.5～2h 左右。适当的运动可以增强公羊的体质，提高其性欲和精液质量。例如可以将公羊赶到专用的运动场地进行自由活动。

（3）采精频率控制　合理控制采精频率，一般 1～2 岁的公羊每周采精 2～3 次，成年公羊每周采精 3～4 次。过度采精会导致公羊精液品质下降、生殖机能衰退。

（二）提高繁殖母羊饲养水平

1. 加强空怀期饲养管理

（1）体况调整　对体况较差的母羊，在空怀期要加强饲养，使其尽快恢复体况。可以适当增加优质干草和精饲料的供给量，如每天每只母羊供给 0.3～0.5kg 精饲料。对于体况过肥的母羊，则要适当减少精料，增加运动，促使其达到中等膘情，为配种做好准备。

（2）驱虫和防疫　按照免疫程序在空怀期做好母羊的驱虫和防疫工作，如羊四联苗、口蹄疫苗等，减少疾病对繁殖性能的影响。

2. 加强妊娠期饲养管理

（1）妊娠前期（前 3 个月）　母羊怀孕前期胎儿发育较缓慢，营养需求与空怀期基本相似，但要保证饲料的质量。应避免母羊吃发霉变质的饲料，防止流产。

（2）妊娠后期（后 2 个月）　胎儿生长迅速，营养需求明显增加。此时，母羊的精饲料供给量可增加到 0.5～0.7kg/天，同时要保证充足的优质干草供应。注意补充钙、磷等矿物质，防止母羊产后瘫痪。

3. 加强哺乳期饲养管理

（1）营养保障　母羊产后身体虚弱，且要为羔羊提供充足的乳汁，需要加强营养。精饲料供给量可提高到 0.6～0.8kg/天，同时要提供充足的青绿多汁饲料，如苜蓿、干草、胡萝卜等，以提高乳汁的产量和质量。

（2）饮水保障　保证母羊充足的清洁饮水，因为乳汁中大部分是水分，缺水会导致母羊乳汁分泌减少。

二、选留来自多胎的绵、山羊作种用

（一）多胎品种优势

多胎绵、山羊品种本身具有较强的繁殖基因。例如小尾寒羊，它是著名的多胎绵羊品种，正常情况下每胎产羔数能达到 2～5 只，相比单胎品种，其繁殖性能优势明显。湖羊也是多胎绵羊品种，平均产羔率能达到 200% 以上。山羊中的波尔山羊繁殖性能也较为出色，它虽然以生长速度快和肉质好著称，但经过选育的波尔山羊母羊产羔率也能达到 180% 左右。

（二）选择要点

1. 系谱审查

在选留种羊时，首先要查看其系谱。选择那些父母代、祖父母代繁殖力高的羊只。如果一只母羊的母亲和祖母都是多胎高产羊，那么它继承多胎基因的可能性就更高。

2. 个体繁殖性能记录

重点关注羊只本身的繁殖表现。对于已经产过羔的母羊，要统计它的产羔数、产羔间隔、羔羊成活率等数据。产羔数多、产羔间隔短且羔羊成活率高的母羊是理想的种用羊。例如，一只母羊连续 3 年每胎都能产 3 只以上羔羊，并且羔羊健康成长，这样的母羊就非常值得选留。

3. 外观特征观察

虽然外观不能完全决定繁殖性能，但一些特征也可以作为辅助判断依据。一般来说，体质健壮、体型适中、乳房发育良好的羊只更有可能具备良好的繁殖能力。比如，母羊的乳房应该柔软、有弹性，乳头大小适中且分布均匀，这样有利于羔羊的哺乳。

（三）选育过程

1. 初选

在羔羊出生后，根据系谱和其出生时的情况进行第一次选择。选择那些出生于多胎母亲、生长发育良好的羔羊作为后备种羊培育对象。

2. 复选

当羔羊生长到一定阶段，如青年羊时期，结合个体的生长发育指标和繁殖器官发育情况进行第二次筛选。此时，要观察母羊的生殖器官是否发育正常，公羊的睾丸大小、质地是否符合要求等。

3. 终选

在母羊经过第一胎产羔后，根据其实际的产羔性能和羔羊的生长情况等进行最终选择。只有那些真正表现出多胎高产、母性好等优秀繁殖性能的羊只才最终确定为种用羊。

三、增加适龄繁殖母羊比例，实行密集产羔

羊群结构是否合理，对羊的增殖有很大的影响，因此，增加适龄繁殖母羊（2～5 岁）在

羊群中的比例，也是提高羊繁殖力的一项重要措施。在育种场，适龄繁殖母羊的比例可提高到 60%～70%，在经济羊场则可考虑在 40%～50% 之间。另外，在气候和饲养管理条件较好的地区，可以实行羊的密集产羔，也就是使羊两年产三次或一年产两次羔。

（一）合理调整羊群结构，增加适龄繁殖母羊比例

（1）评估现有羊群结构　对羊群进行全面梳理，统计不同年龄阶段母羊的数量和比例。一般把母羊分为初产母羊（1～2 岁）、壮年母羊（2～5 岁）和老年母羊（5 岁以上）。分析各年龄段母羊的繁殖性能，如发情率、受胎率、产羔率等。例如，如果发现老年母羊的繁殖性能明显下降，产羔率低于平均水平且经常出现繁殖障碍，就需要考虑调整这部分羊的比例。

（2）确定目标比例　在理想的羊群结构中，适龄繁殖母羊（2～5 岁）比例应占羊群总数的 60%～70%。根据评估结果，制定引进或淘汰计划，逐步达到这个目标。如羊群中适龄繁殖母羊比例仅为 50%，可以适当引进一些青年母羊或者淘汰部分老年羊。

（3）及时淘汰低产羊　对于那些连续两个繁殖周期出现空怀、产羔少且生长性能差、经常弃羔等情况的母羊，要及时淘汰出繁殖羊群。这些低产羊不仅会占用资源，还会影响整个羊群的繁殖效率。

（二）实行密集产羔

为了保证密集产羔的顺利进行，必须注意以下几点：首先，必须选择健康结实、营养良好的母羊，母羊的年龄以 2～5 岁为宜，这样的母羊还必须是乳房发育良好，泌乳量比较高的。其次，要加强对母羊及其羔羊的饲养管理，母羊在产前和产后必须有较好的补饲条件。第三，要从当地具体条件和有利于母羊的健康及羔羊的发育出发，恰当而有效地安排好羔羊早期断奶和母羊的配种时间。

1. 选择合适的产羔体系

（1）两年三产体系　这种体系是让母羊每 8 个月产羔一次。例如，母羊在 1 月份产羔，经过 4 个月的哺乳期和 4 个月的恢复期，在 9 月份再次配种，次年 5 月份产羔，以此类推。要实现这个体系，需要精确控制母羊的繁殖周期，包括配种时间、妊娠期管理和哺乳期管理。

（2）三年五产体系　相对复杂一些，它是在 3 年时间内让母羊产羔 5 次。这需要更精细的管理和更准确的繁殖周期控制。比如，可以通过调节光照、营养等因素来诱导母羊发情和配种，同时要确保母羊在每次产羔后有足够的时间恢复身体。

2. 繁殖技术支持

（1）诱导发情技术　利用生殖激素来诱导母羊发情，使母羊在非繁殖季节或者产后提前发情配种。例如，使用孕激素阴道栓，将其放置在母羊阴道内一定时间后取出，同时配合注射促性腺激素，刺激母羊发情。但要注意激素的使用剂量和方法，必须严格按照说明书或者兽医的指导进行操作，避免对母羊造成不良影响。

（2）同期发情技术　通过药物注射让一群母羊在同一时期发情。这样可以集中进行配种和产羔，便于管理。在操作时，先对母羊使用抑制发情的药物，经过一段时间后再使用促发情药物，使母羊同时进入发情状态。

3. 加强饲养管理保障

（1）营养强化　实行密集产羔，母羊的营养需求会大幅增加。在配种前，要保证母羊

体况良好，提供富含蛋白质、矿物质和维生素的饲料。在妊娠期，根据胎儿发育阶段调整营养供给，尤其是在妊娠后期，要增加精饲料的比例，满足胎儿快速生长的需要。哺乳期，要确保母羊有充足的营养来分泌乳汁，可添加优质的蛋白质饲料和青绿多汁饲料。

（2）环境优化　羊舍要保持温暖、干燥、通风良好。在冬季产羔时，要做好防寒保暖措施，如增加垫料厚度、设置暖灯等；在夏季产羔，要注意防暑降温，防止母羊和羔羊中暑。同时，合理控制羊舍的饲养密度，避免母羊和羔羊过于拥挤，减少疾病传播的风险。

四、运用繁殖新技术

科学试验和养羊业生产实践不断地证明，运用繁殖新技术，如羊人工授精技术（包括冷冻精液技术）、同期发情技术、超数排卵和胚胎移植技术等，是有效提高绵、山羊繁殖力的重要措施。

（一）人工授精技术

1. 精液采集与处理

（1）采精通常使用假阴道法　假阴道的温度、压力和润滑度要模拟母羊阴道环境，一般温度控制在 40～42℃。采集到的精液要尽快在显微镜下检查活力和密度。例如，优质精液的精子活力应在 0.7 以上，密度达到 20 亿～30 亿/ml。

（2）对精液进行稀释处理，以增加精液量，扩大配种母羊数量　常用的稀释液有生理盐水、葡萄糖-卵黄稀释液等。稀释倍数根据精液质量和实际需要确定，一般为 2～4 倍。

2. 输精操作

（1）准确的发情鉴定是输精的前提　母羊发情时外阴红肿、有黏液流出，并且会主动接近公羊。最佳输精时间是在母羊发情后 12～24h。

（2）输精可采用阴道开膛器输精法或腹腔镜输精法　阴道开膛器输精法操作相对简单，将输精器通过开张的阴道插入子宫颈口内 0.5～1cm 处进行输精；腹腔镜输精法准确性更高，但操作要求也更高，需要专业设备和技术人员，主要用于一些高价值种羊的输精。

（二）同期发情技术

同期发情是利用激素调节母羊的发情周期，使一群母羊在预定时间内集中发情。在规模化羊场，同期发情便于组织生产，能统一配种和产羔时间，有利于集中管理和提高羔羊的成活率。同时，也方便了人工授精技术的开展，提高了种公羊精液的利用效率。

（三）超数排卵技术

1. 药物刺激

主要是对供体母羊使用促性腺激素，如促卵泡激素（FSH）和孕马血清促性腺激素（PMSG）。在母羊发情周期的适当阶段连续注射一定剂量的 FSH，使卵巢上有更多的卵泡发育成熟。经过超数排卵处理的母羊，排卵数可比正常情况增加数倍。例如，正常情况下母羊每次排卵 1～2 个，经过超数排卵处理后可能排卵 5～10 个。

2. 胚胎采集与移植

待母羊排卵后进行配种，在胚胎发育到合适阶段时，通过手术或非手术方法采集胚胎。然后将胚胎移植到同期发情的受体母羊体内，使受体母羊怀孕并产下羔羊。这种技术在优良种羊快速扩繁方面有重要作用。

（四）胚胎冷冻保存技术

主要有慢速冷冻法和玻璃化冷冻法。慢速冷冻法是将胚胎在含有抗冻剂的冷冻液中逐步降温，最后保存在液氮中，降温速度一般为 0.3～0.5℃/min。玻璃化冷冻法是将胚胎在高浓度的抗冻剂中快速降温，使胚胎内部液体形成类似玻璃的状态。

胚胎冷冻保存可以使优良种羊的胚胎在不同时间和地点使用，方便长途运输和长期保存。例如，当需要引进国外优良品种的胚胎时，可以通过冷冻保存的方式运输，减少引进活体动物的风险和成本。

五、利用药物制剂和免疫法

在羊生产中，药物制剂和免疫法的合理利用可以有效提高羊的繁殖性能和健康水平。根据国内外的研究，孕马血清可以促进母羊滤泡的发育、成熟和排卵，注射孕马血清（PMSG）以后，能够明显地提高母羊的发情率和产羔率。注射孕马血清的时间应在母羊发情开始的前 3～4d，因此，在配种前半月对母羊试情，将发情的母羊每天做不同标记，经过 13～14d 在羊后腿内侧皮下进行注射，注射剂量一般根据羊的体重决定：体重在 55kg 以上者注射 15ml，45～55kg 者注射 10ml，45kg 以下者注射 8ml。注射后 1～2d 内羊开始发情，因此，在注射后第二天开始试情。

利用免疫技术改变母羊体内的激素水平，从而提高繁殖力。例如，主动免疫抑制素可以使母羊体内的卵泡激素（FSH）分泌增加，促使更多的卵泡发育成熟。将抑制素抗原与佐剂混合制成疫苗，在母羊颈部或臀部进行皮下注射，免疫剂量和时间根据疫苗的产品说明进行，一般在配种前一定时间（如 4～6 周）进行免疫注射。通过接种疫苗，刺激羊体产生特异性抗体，使羊对特定的疫病产生抵抗力。例如，给羊接种口蹄疫疫苗，疫苗中的抗原成分可以激活羊体免疫系统，产生抗口蹄疫病毒的抗体。按照疫苗的使用说明，确定免疫途径（如肌内注射、皮下注射）、免疫剂量和免疫次数。例如，羊口蹄疫疫苗，肌内注射，成年羊每只 1～1.5ml，幼羊减半，一般每年免疫 2～3 次，具体根据当地疫病流行情况和疫苗的有效期来确定。

 复习思考

一、选择题

1. 以下哪种营养物质对羊的繁殖力影响最大？（　　　）

A. 蛋白质　　　　B. 碳水化合物　　　　C. 脂肪　　　　D. 矿物质

2. 为提高羊的繁殖力，通常选择的配种时间是（　　　）。

A. 发情初期　　　B. 发情中期　　　　C. 发情后期　　　D. 排卵后

二、判断题

1. 给羊提供充足的光照对繁殖力没有影响。　　　　　　　　　（　　　）

2. 近亲繁殖可以提高羊的繁殖力。　　　　　　　　　　　　　（　　　）

三、简答题

1. 什么是同期发情？

2. 什么是超数排卵？

参考答案

项目五　羊的营养需要与饲料加工调制

 学习目标

　　了解羊的生物学特性、生理指标并掌握其利用方法；掌握羊的生理指标，并在生产中进行正确测定；了解羊的营养物质的需要，并能进行日粮配合；了解羊常用饲料及其加工调制方法。

知识目标： 1. 了解羊生物学特性，生理指标、消化特点。
　　　　　　 2. 了解羊的营养物质的需要。
　　　　　　 3. 掌握羊的消化特点及常用的饲料。
　　　　　　 4. 掌握羊常用饲料的利用及加工调制方法。

技能目标： 1. 能正确利用羊的生物学特性和生理指标进行羊的饲养管理。
　　　　　　 2. 能正确识别和利用羊常用的饲料。
　　　　　　 3. 能正确进行羊常用饲料的加工调制及羊日粮配合。
　　　　　　 4. 能感官鉴定进行羊常用饲料的品质。

素质目标： 1. 培养学生的吃苦耐劳的职业素养。
　　　　　　 2. 培养学生的科学严谨的职业素养。
　　　　　　 3. 培养学生的分析问题和解决问题的能力。

 项目说明

　　饲料是发展羊产业的物质基础，饲料的种类及其营养成分直接影响羊的生产性能。而饲料中的营养物质对维持羊的生命活动、促进羊的生长发育、提高生产性能具有重要意义。羊常用的饲料种类很多，营养特性也各异，因此根据羊的营养特性和不同生产阶段，生产方向的营养需求，科学配制日粮，以满足羊的健康生长和生产性能。

单元一　羊的生物学特性与生理指标

一、羊的生物学特性

（一）采食性多样

　　羊的嘴尖，唇薄齿利，上唇中央有一纵沟，增强了上唇的灵活性，下颚切齿向前倾斜，形成了一定的倾斜度，既可采食灌木、树叶，也可啃食地面很短的低草、小草等，同时羊也能更好地咀嚼牧草籽，因此俗称"羊吃百样草"，表明羊的采食广。这是其他草食家畜所不能及的。因此，在生产中羊和其他草食家畜可以一起混合放牧，牛、马、骆驼等草食家畜不能利用的牧场、草场，羊都可以很好地采食。

（二）合群能力强

羊的合群能力很强，羊群放牧时虽然是分散的，但是不会离群，通常是先形成小规模的群体，一旦有惊动或驱赶时马上集中，小的群体再组成大群体，建立起群体结构，不会出现离群现象。羊群之间活动主要通过嗅、听、视、触等感官活动来接收和传递各种信息，以保持和调整羊群体成员之间的联系以及各类活动。

在羊的饲养管理中，利用合群性，在羊群进行饮水、换牧场、进圈、出圈、过马路、过河、过桥等群体活动时，只要有头羊先行，其他羊只就跟随头羊前进，并且众羊发出保持联系的叫声，避免离群，这为羊的生产与管理提供了方便。由于生产中头羊的作用较强，因此，羊群中由年龄较大的、子孙较多的母羊来担任。由于羊的群居行为强，羊群之间距离较近时，容易出现混群现象，因此在管理上应避免羊群近距离放牧。应注意的是，一般老弱病残的羊只经常掉队，因此不进行群体放牧，单独圈养较好。

（三）喜干厌湿、抗寒耐热

"羊性喜干厌湿，最忌湿寒湿热，利居高燥之地"，表明羊的圈舍、放牧场所都以高而干燥为宜，不能建在地势较低、地下水位较高的泥泞之处。潮湿的环境有利于微生物和寄生虫的滋生与繁殖，羊只容易患寄生虫病，也引发羊的腐蹄或其他疾病。绵羊最怕湿热，这也限制了绵羊在南方山区的分布，山羊则次之。通风不良的圈舍，会引发羊的呼吸道疾病。

根据羊对于环境湿度的适应性，一般相对湿度高于 85% 时，为高湿环境，低于 50% 时，为低湿环境。我国北方地区相对湿度平均在 40%～60%（仅冬、春两季有时可高达 75%），适合饲养绵羊；而在南方的高湿高热地区，则适合饲养山羊。

羊较耐热，是由于羊毛有绝热作用，能阻挡太阳辐射热快速传到皮肤。由于绵羊的汗腺较不发达，因此蒸发散热主要靠呼吸作用，其耐热性要比山羊差，故当夏季高温炎热时，会出现采食量减少、呼吸速度加快、体温升高，有停食、喘气甚至"扎窝子"等现象；而山羊则不会出现"扎窝子"现象，当气温达到 37.8℃ 时仍能继续采食。羊的抗寒性较强，绵羊最强，山羊则次之，能在 -40℃ 下扒雪寻食。在冬季，圈舍内温度在 5℃ 以上，对羊的生长发育无不良影响。若是舍饲育肥羊，可以采取保温措施，来提高羊的育肥效果。

（四）喜爱清洁，胆小怕惊

羊的嗅觉敏感，比视觉更灵敏，喜爱清洁，对有异味的饲料、草料及被粪尿污染的水源拒绝采食和饮用，尤其是山羊表现得更为明显。因此在羊的饲养管理中应做到"三勤"，即勤清扫圈舍、勤清理水槽、勤清理饲槽。不管是放牧饲养还是舍饲饲养，均要保持饲草料和饮水的清洁卫生，保证羊只正常采食。

绵羊性情较温顺，胆小怕惊，受到惊吓时容易出现"炸群"或骚动。尤其是当遇狼群等兽害或突然惊吓时，缺乏抵抗力，四散逃避，甚至出现乱跑乱闯现象，不会联合抵抗，严重时可造成羊群的损伤；山羊较灵敏，活泼好动，记忆力较强，遇到兽害或突然惊吓时，山羊可以主动大呼求救，而且有一定的抵御能力。

（五）嗅觉灵敏

羊的嗅觉比视觉和听觉更灵敏，这与羊发达的腺体有关系。因此生产生活中羊嗅觉的感官活动较为重要，具体表现在以下 3 个方面。

（1）靠嗅觉识别羔羊　母羊分娩后与羔羊接触几分钟，母羊即可通过嗅觉能准确识别出羔羊。在生产中当羔羊吮乳时，母羊总会先嗅一嗅羔羊臀尾部，以辨别是否自己的羔羊。

（2）靠嗅觉辨别植物种类　每种草料、饲料都有特定的气味，羊在采食饲草料时，能够依据植物的气味，区别出植物的类别，并选择含蛋白质多的豆科类牧草、粗纤维少的叶片以及没有特殊异味的牧草进行采食。

（3）靠嗅觉辨别食物和饮水清洁度　在生产中，羊在采食饲草料和饮用水之前，总是要先用鼻子嗅一嗅，再进行采食和饮用，如果是被粪便污染的、践踏或发霉变质有异味的饲草料和饮水，都会拒食。

（六）适应性和抗病力强

羊的适应性很强，分布较广，在我国各地区都有饲养，并且能够很好地利用农牧区各类饲草料及农作物副产品。同时羊的抗病力较强。只要做好定期的防疫和驱虫，给足饲草料和饮水，满足营养需要，羊是很少患病的。当羊只患病时，病情较轻时一般不表现任何症状，但一有症状表现时已病情严重。因此，在生产中无论是放牧饲养还是舍饲饲养，一定要细心认真观察，这样才能及时发现患病羊只。如果发现羊只已停止采食或反刍时，其治疗效果不佳，会给生产带来一定的经济损失。

二、羊生物学特性的利用

（一）群体饲养，便于生产与管理

羊的群居性较强，在放牧或放牧舍饲混合饲养条件下，能很好地进行群体饲养，有利于羊群的组织与管理，可大大节约人力和物力，降低饲养成本。在群体饲养中，通过羊只的离群现象，及时掌握羊只的健康状况，尤其发现羊只离群后，应及时观察羊只的状况，进行分析，采取相应的措施。羊群的放牧饲养有时管理上带来一定的困难，有时甚至发生意外损失，如领头羊不慎掉入水中，其他的羊只也会跟着往下掉，因而造成一定的经济损失。因此，羊群放牧时应加强领头羊的引导、管理。

羊具有较强的适应性和抗病能力，且对饲草料的采食利用较为广泛。相对于其他家畜饲养管理的成本较低，便于组织生产和管理。

（二）环境污染低，产业发展前景广

羊喜欢清洁、干燥，生产中要求对圈舍、饲草料、饮水等应严格按照羊的习性进行操作，为羊创造干净、舒适的生活环境。另外，在饲养过程中所产生的粪便污染相对于其他家畜较小，而且羊的粪便经过简单的贮存和发酵，可作为一种有机肥料，可与无机肥料配制成复合肥。用羊粪制成的复合肥不仅松软、易搅拌、无臭味，而且施肥后也不再进行二次发酵，因此特别适合用于盆栽花卉、无土栽培和庭院瓜果蔬菜的肥料。

（三）促进养羊产业的发展

羊的适应性很强，具有抗寒耐热、抗渴、发病率低等特点，且对粗饲料的利用种类较多，所以在我国很多地区都能很好地发展养羊产业。现阶段，我国粗饲料资源相当丰富，而且粗饲料的开发和利用有了进一步的提高，为养羊业发展提供了丰富的饲料资源，为推进我国节粮型养殖奠定了坚实的基础。

三、羊的生理指标

（一）反刍

羊是反刍动物，反刍是羊重要的生理机能和消化行为。羊在停止采食饲草料或休息时，

将经过瘤胃液浸泡、混有胃液的饲草料逆呕成食团，返回到嘴里，在口腔反复咀嚼，再重新咽入瘤胃的过程称为反刍。

羊的反刍可呈周期性，一般在采食后 0.5～1.0h 出现第一次反刍，每次反刍持续时间平均为 40～50min，咀嚼 70～80 次，然后再间隔一定时间开始第二次反刍。羊一昼夜内可进行 6～8 次反刍。

反刍是羊的主要生理指标，羊在患疾病、过度劳累、受到强烈应激或刺激、采食精料过多或采食劣质饲草料时，可出现反刍次数减少甚至反刍停止的现象。这不仅降低了羊的消化能力，还可能因饲草料在瘤胃中进行发酵，产生的气体不能及时排出体外，积累过多引起瘤胃臌胀而导致羊只死亡。因此，在生产中要每天观察羊只的反刍情况，发现羊只反刍次数减少或停止反刍时，应及时检查并立即进行治疗。

（二）体温

健康的羊只的体温是相对恒定的，不受外界环境因素变化的影响。体温是羊最重要的生理指标之一，对羊的生命活动具有重要意义。羊个体的新陈代谢和生理活动都在一定的温度下进行。例如体内酶最适宜温度是 37～40℃，温度过低时酶生物活性会降低，温度过高时酶则失去活性，使营养物质代谢发生障碍，严重时可能危及生命。

成年羊正常的直肠温度为 38.0～40.0℃。一般羔羊的体温比成年羊高；母羊在发情、妊娠时期体温高于正常时期；羊采食后体温会有所升高，运动时体温也会升高；若长时间饥饿后体温会降低。羊在一昼夜中，白天的体温高于夜间，早晨的体温最低。长期放牧饲养的羊昼夜体温相差可达 1℃左右。

（三）脉搏

脉搏是动脉搏动，指心脏的收缩和舒张使血管产生规律性的波动。

脉搏的频率和心率（单位时间内心脏搏动的次数）是一致的，并随着心率的变化而变化。脉搏是羊重要的生理指标之一，是血液循环机能的外在表现之一。血液循环与动物体内各个系统的机能有着密切的关系，因此通过羊脉搏的检查可了解心脏的机能、血管的弹性及其充盈情况，以及了解其他脏器的机能情况。

正常情况下，羊的脉搏为 70～80 次/min。

（四）呼吸

呼吸是指机体与外界环境之间气体交换的过程，即机体不断从外界吸入氧气，随时从体内呼出二氧化碳。

动物机体与外界环境进行气体交换是在肺进行的，由于呼吸肌的收缩和舒张运动，可引起胸廓的节律性地扩大和缩小，肺就随之扩大和缩小，形成了吸气和呼气动作，这个叫作呼吸运动。

呼吸是羊重要的生理指标之一，是羊生命活动的重要特征。

1. 呼吸方式

羊的呼吸运动有 3 种方式：胸式呼吸、腹式呼吸和胸腹式呼吸。

（1）胸式呼吸　是指呼吸时以肋间肌活动为主，胸廓起伏明显。

（2）腹式呼吸　是指呼吸时主要靠膈肌收缩，腹部起伏明显。

（3）胸腹式呼吸　是指肋间肌和膈肌运动程度相当，胸廓和腹部起伏程度接近一致。

羊的呼吸方式会随着羊的生理和病理情况的变化而变化，如母羊在妊娠后期或者患胃扩张等疾病时，以胸式呼吸方式为主，反之，羊患胸膜炎或者肋骨骨折等疾病时，以腹式呼吸方式为主。因此，掌握呼吸方式的特征，对羊疾病的临床诊断有着重要意义。

2. 呼吸频率

呼吸频率是指羊每分钟的呼吸次数。正常情况下健康羊的呼吸频率为 10～20 次/min。

呼吸频率受个体生理期、外界环境及疾病等因素的影响，在临床诊断中应综合考虑并进行区别。

3. 呼吸音

呼吸音是指个体呼吸时气体通过呼吸道及出入肺泡的声音。在胸廓的表面和颈部的气管附近，可听到 3 种呼吸音：支气管肺泡音、肺泡音、支气管音。

支气管肺泡音是指肺泡音和支气管音混合在一起时产生的一种不定性的呼吸音，只有在患病引起肺泡音或支气管音减弱时出现。

肺泡音是指类似发"fu"的延长音，是肺泡扩张时所产生的呼吸音。

支气管音是指类似发"Ch"延长音，是气流通过声门裂引起的漩涡产生的声音。

当机体肺部发生病变时，会出现各种的病理性呼吸音。

四、羊的消化特点

羊属于反刍动物，胃由四个部分组成，并且占据腹腔的绝大部分空间，容纳着进食的所有饲草料，每个胃在饲草料的消化过程中都有着特殊的功能。

（一）羊胃的组成

羊的胃由瘤胃、网胃、瓣胃和皱胃等 4 个部分组成。

（1）瘤胃 俗称"草包"，体积是最大，是细菌发酵饲草料的主要场所，又有"发酵罐"之称。容积因家畜不同而不一样，羊的一般为 25～35L。瘤胃是由肌肉囊组成的，通过蠕动使饲草料团按规律流动。

（2）网胃 俗称"蜂巢"胃，位置靠近瘤胃，功能与瘤胃功能相同，但当饲草料中混入金属或异物时，很容易在网胃底沉积或刺入心包。

（3）瓣胃 俗称"百叶肚"，位于瘤胃的右侧面，占胃的 7%，其功能是榨干饲草料团中的水分以及吸收少量养分。

（4）皱胃 也叫真胃，主要功能是产生并容纳胃液和胃酸，是菌体蛋白和过瘤胃蛋白被消化的部位。食糜经由幽门进入小肠，消化后的营养物质可通过肠壁吸入到血液。

（二）羊特殊的消化生理现象

① 羊将采食的粗纤维含量高的饲草料，在休息时或采食结束后逆呕到口腔里，经重新咀嚼，并混入唾液再将其吞咽的过程叫反刍。通过反刍饲草料被二次咀嚼，混入唾液，增大了瘤胃细菌的附着面积。

② 口腔为了适应消化粗纤维含量高饲草料的需要，可分泌大量富含缓冲盐类的腮腺唾液，浸泡粗饲料，对保持氮元素的循环起着重要的作用。

③ 食物沟和食道沟反射。食道沟始于贲门，延伸到网胃—瓣胃口，是食道的延续，收缩时成为一中空管子（或沟），使饲草料食物穿过瘤—网胃，直接进入到瓣胃。

？ 复习思考

一、选择题

1. 羊的心率为每分钟（　　）次。

A. 70～80　　　　　B. 30～40　　　　　C. 50～60　　　　　D. 90～120

2. 成年的正常直肠温度为（　　）℃。

A. 35.0～37.0　　　B. 38.0～40.0　　　C. 36.0～38.0　　　D. 39.0～41.0

3. 健康羊的呼吸频率为每分钟（　　）次。

A. 10～20　　　　　B. 20～30　　　　　C. 30～40　　　　　D. 40～50

4. 一般相对湿度高于（　　）时，为高湿环境。

A. 50%　　　　　　B. 65%　　　　　　C. 85%　　　　　　D. 75%

5. 一般相对湿度低于（　　）时，为低湿环境。

A. 50%　　　　　　B. 35%　　　　　　C. 25%　　　　　　D. 15%

6. 羊一般在采食后（　　）h出现第一次反刍。

A. 0.5～1.0　　　　B. 1.0～1.5　　　　C. 1.5～2.0　　　　D. 2.0～2.5

7. 羊每次反刍持续时间平均为（　　）min。

A. 10～20　　　　　B. 20～30　　　　　C. 30～40　　　　　D. 40～50

8. 羊一昼夜内可进行（　　）次反刍。

A. 10～16　　　　　B. 8～10　　　　　C. 5～8　　　　　　D. 20～25

二、判断题

1. 羊有4个胃。　　　　　　　　　　　　　　　　　　　　　　　　　（　　）

2. 羊喜欢干燥的生活环境，而且抗寒怕热。　　　　　　　　　　　　　（　　）

3. 成年羊可以利用尿素。　　　　　　　　　　　　　　　　　　　　　（　　）

4. 夏季高温炎热时，绵羊会出现"扎窝子"等现象。　　　　　　　　　（　　）

5. 羊的嗅觉敏感，比视觉更灵敏。　　　　　　　　　　　　　　　　　（　　）

6. 绵羊性情较温顺，胆小怕惊，受到惊吓时容易出现"炸群"或骚动。　（　　）

7. 母羊用靠嗅觉识别羔羊。　　　　　　　　　　　　　　　　　　　　（　　）

8. 靠嗅觉辨别植物种类或枝叶。　　　　　　　　　　　　　　　　　　（　　）

三、简答题

1. 简述羊的生物学特征。

2. 羊的胃有几部分组成？分别是什么？

3. 羊的呼吸方式有几种？分别是什么？

▲
参考答案

单元二　羊的营养需要与日粮配合

一、羊的营养特点

羊是反刍动物，由于瘤胃的特殊功能，在消化生理和营养需要等方面不同于非反刍动物。

▲
视频：羊的
饲料利用

（一）碳水化合物营养

碳水化合物是植物性饲料中含量最多的一种营养物质，含量可占其干物质的 60％～90％，主要分为两大类：无氮浸出物和粗纤维，无氮浸出物由淀粉、糖类组成。

羊对碳水化合物的消化代谢特点是：以挥发性脂肪酸代谢为主，而以葡萄糖代谢为辅，在小肠中靠酶的作用进行。故反刍动物不仅能大量利用无氮浸出物，也能大量利用粗纤维。在瘤胃和大肠中靠细菌发酵，碳水化合物在瘤胃中经微生物消化，分解产生乙酸、丙酸、丁酸等挥发性脂肪酸（VFA），再被机体吸收。其中乙酸是形成乳脂的主要前体，丙酸是能量的主要来源。给羊饲喂过细过短的饲草料或粉状高精料时，瘤胃发酵产物中乙酸的比例下降，而丙酸比例会升高，有利于肉羊的育肥，正如常言所说："寸草铡三刀，无料也长膘"。对于奶山羊来讲，如果乙酸比例低，则乳脂量就减少。因此，在奶山羊日粮中必须保持一定比例（日粮干物质的大于等于 35％）和一定长度的粗饲料。

（二）利用非蛋白氮（NPN）

瘤胃微生物活动需要一定的氨浓度，而氨的来源是通过分解食物中的含氮化合物产生的。不论是山羊还是绵羊，在饲料中加入一定浓度的非蛋白氮，如尿素盐等，可以增加瘤胃中氨的浓度和利于菌体蛋白质的合成，以节约蛋白质饲料，降低饲料成本，提高经济效益。

（三）有效利用粗饲料

羊的饲料必须有 40％～70％的粗饲料，才能保证其正常消化生理需要，即使在采用颗粒饲料的高强度育肥条件下，也必须保证一定的粗料比例。

（四）体内合成 B 族维生素

羊的瘤胃微生物可以利用饲料中提供的营养物质合成 B 族维生素，在青贮饲料、青草及胡萝卜等正常供应的情况下，可以满足羊的维生素需要量。

二、羊的营养需要

营养需要是指每天每头（只）动物对能量、蛋白质、矿物质、维生素等营养物质的总需要量。动物从饲料中摄取的营养物质，一部分用于维持生命活动需要，另一部分用来生产动物产品。因此，动物营养需要包括维持营养需要和生产营养需要。

▲
视频：羊的
营养需要

（一）能量

能量是动物进行正常生命活动的主要支撑，维持生命活动、泌乳、繁殖、产毛等所有生产活动都需要能量。动物采食饲料既能获得营养成分，同时也获得能量。动物机体所需的能量主要来源于碳水化合物、脂肪、蛋白质，它们是机体内三大能源物质。

羊以植物性饲料为主，因此能量主要来源于饲草料中的碳水化合物。羊属于反刍动物，能有效利用饲草、秸秆、青贮等饲草料中的粗纤维，其在瘤胃微生物的作用下，发酵产生乙酸、丙酸、丁酸等挥发性脂肪酸，同时产生能量用于机体生命活动。当摄入的饲草料不足，产生的能量少，可出现肉羊消瘦、母羊不发情、繁殖率下降、泌乳量减少、羊毛生长慢等现象；当摄入的饲草料过多，产生的能量过高，会出现母羊过于肥胖，导致发情延缓、难产等现象出现；因此，羊的饲养管理中适宜的能量水平，对羊体健康和生产都有重要作用。

（二）蛋白质

蛋白质是羊的生命活动中不可缺少的营养物质。蛋白质是构成机体组织、体细胞的基本原料，是体内的功能物质，更重要的是蛋白质能促进细胞的生长发育，有修复更新细胞的作用，因此蛋白质不能被其他物质所代替。若蛋白质供应不足，就会对动物机体产生不良影响。羊所需的蛋白质主要来源于植物性蛋白质饲料和非蛋白质含氮饲料。如果日粮中蛋白质不足，可导致羔羊的生长发育缓慢，母羊繁殖率低，产毛量和产奶量下降。但如果蛋白质喂量过大，会造成浪费，同时多余的蛋白质以低效的能量形式被机体利用，很不经济。

（三）矿物质

矿物质分为常量矿物质元素和微量矿物质元素；常量矿物质元素是指在体内含量高于体重的 0.01％ 的元素，主要包括钙、磷、钾、钠、氯、镁和硫等 7 种，微量矿物质元素是指在体内含量小于体重的 0.01％ 的元素。矿物质构成机体组织的重要成分，对维持体液渗透压恒定和酸碱平衡起着重要作用，当缺乏时会出现疾病。

（1）钙和磷是羊体内所需重要的常量元素　钙、磷是构成畜体骨骼和牙齿的主要成分，起到保持神经和肌肉组织的正常生理功能的作用。缺乏钙、磷时会出现异食癖，啃食泥土、砖头等异物，羊只之间互相舔食皮毛；羔羊发生佝偻病，骨端粗，四肢关节肿大，成年羊骨质松软，骨弯曲甚至骨折，脊柱、胸骨变形。

（2）钠和氯是羊所需重要的常量元素　在体内维持细胞外液渗透压和调节酸碱平衡有重要作用，钠能促进肌肉和神经兴奋性，氯有助于消化，具有杀菌作用。食盐是补充钠和氯的最好来源。当缺乏钠、氯时羊会出现食欲不振、采食量下降、被毛脱落、生产力下降、生长缓慢，有时也会引起异食癖。

（3）镁是常量矿物质元素　约有 70％ 的镁参与机体骨骼和牙齿的构成。镁能维持心脏正常功能，抑制神经和肌肉兴奋性。早春季节放牧的羊比较容易缺乏镁，镁的典型缺乏症是痉挛症。

（4）硫是常量矿物质元素　硫以含硫氨基酸的形式参与被毛、蹄爪、羽毛等蛋白质的合成。因此硫元素缺乏症状与被毛、羽毛、蹄爪有关；当动物缺乏蛋白质时会出现硫元素的缺乏症，比如当羊只用非蛋白质含氮饲料作为唯一的蛋白质饲料不添加硫元素时，出现硫元素缺乏症，如食欲减退，脱毛，毛的生长缓慢等。

（5）钴有助于瘤胃微生物合成维生素 B_{12}　绵羊缺钴出现食欲下降、精神不振、消瘦、贫血、流泪、被毛粗硬、泌乳量和产毛量降低、发情次数减少、易流产等现象。在缺钴的地区，草场可施用硫酸钴肥 $1.5kg/hm^2$；可补饲钴盐，将钴以每 100kg 含钴量 2.5g 的比例添加到食盐中，或按钴的需要量投服钴丸。

（6）锌是微量矿物质元素　是动物体内多种酶的成分，是胰岛素的成分。锌可维持公畜睾丸的正常发育和精子的生成，以及被毛的正常生长和上皮组织细胞的健康。因此羊缺锌时表现为角质化不全症、脱毛、睾丸发育受阻、畸形精子多、母羊不易受孕或者流产，繁殖能力下降。

（7）硒是微量矿物质元素　具有抗氧化作用，缺硒时，羔羊生长发育缓慢，肌肉出现白色条纹，即白肌病，母羊繁殖机能紊乱，出现空怀和死胎。

（四）维生素

维生素是一类动物代谢所必需的但需要量极少的低分子有机化合物。

根据维生素的溶解性不同分为脂溶性维生素和水溶性维生素；脂溶性维生素包括维生素 A、维生素 D、维生素 E、维生素 K；水溶性维生素包括 B 族维生素和维生素 C。

（1）维生素 A　又叫视黄醇，与机体上皮细胞、视觉、繁殖、神经等有关。缺乏时的典型临床症状为夜盲症等。羊主要靠采食饲草料中的胡萝卜素来满足维生素 A 的需要。

（2）维生素 D　包括维生素 D_2 和维生素 D_3 两种活性形式。维生素 D_2 是植物体中的麦角钙化醇在紫外线的作用下生成的，因此来源于植物；维生素 D_3 是动物体内皮肤中的 7-脱氢胆固醇在紫外线的作用下生成的，因此来源于动物。放牧饲养的家畜，通过紫外线照射获得充足的维生素 D；如果长时间不能照射太阳如圈养时，羊只可能会出现维生素 D 缺乏症，此时应补充维生素 D 或喂给青干草。维生素 D 能促进钙、磷在骨骼和牙齿吸收，有利于骨骼和牙齿的钙化。缺乏维生素 D 的症状与缺乏钙、磷的症状相同；羔羊缺乏维生素 D 出现佝偻病，成年羊出现软骨病、骨质疏松症。

（3）维生素 E　又称生育酚，具有抗氧化功能。主要作用是生物抗氧化剂，保护组织细胞膜的通透性，维持正常的繁殖机能。维生素 E 缺乏时，母羊容易流产、胚胎死亡；公羊出现精子量少或不产生精子，造成不育症。新鲜的牧草中维生素 E 含量比较高，自然干燥的青干草在贮藏过程中损失大部分维生素 E。

（4）维生素 K　又叫凝血酶维生素，主要功能是促进凝血。当机体维生素 K 不足时血凝活动受阻，血流不止。对于羊只来说，青绿饲料富含维生素 K，瘤胃微生物可大量合成维生素 K，一般不会缺乏。

（5）B 族维生素　主要作为细胞酶的辅酶，催化三大营养物质碳水化合物、脂肪和蛋白质代谢中的生物化学反应。羊的瘤胃功能正常时，瘤胃微生物能够合成 B 族维生素而满足机体的需要。羔羊在瘤胃功能尚未健全以前，日粮中必须添加 B 族维生素。

（五）水

水是机体的重要组成部分，畜体含水量约占体重的 1/2。各组织器官中均含有水分，只有充分及时地给家畜供水，才能维持机体的正常生理机能。

水参与各种生物化学反应，各种营养物质在体内的代谢都需要水的参与。水的比热高，可调节体温。体内失水 10% 时，可导致机体代谢紊乱；体内失水 20% 时，会引起死亡。

羊所需的水的来源有 3 种：饮水、饲料水和代谢水，其需水量受羊的品种、生理阶段、生产水平、代谢水平、环境温度、采食量和日粮料组成等因素的影响。日粮中蛋白质和食盐的含量增高，饮水量就会增加；摄入高水分饲料时饮水量则降低，气温高时饮水量增加；妊娠期和泌乳期时饮水量增加，母羊妊娠的第 3 个月饮水量开始明显增加，到第 5 个月时增加 1 倍；怀双羔母羊的饮水量大于怀单羔母羊的饮水量；母羊在泌乳期的需水量比干乳期多 1 倍。

三、羊的日粮配合

（一）日粮配合原则

羊的日粮配合原则包括营养性原则、安全性原则、经济性原则、市场性原则。营养性原则是日粮配合的基础，不仅要求能满足动物的营养需要且营养物质平衡，而且要求饲料的适口性好，饲料的体积符合动物的消化生理；安全性原则是在考虑饲料及原料对动物安全的同时，考虑动物性食品的安全；经济性原则要求日粮配合所用的饲料、原料成本最低；市场性原则是满足市场定位和市场竞争需求。

1. 营养性原则

（1）依据饲养标准确定营养指标　根据羊的种类、年龄、生理状况、环境条件及生产水平等不同，对各种营养物质的需要量也不同。因此日粮配合时，必须选择与羊的种类、品种、性别、年龄、体重、生产性能及生产水平等相适应的饲养标准，以确定出适宜的营养需要。

（2）注意营养的全面与平衡　首先必须满足羊对能量的要求，其次考虑蛋白质、氨基酸、矿物质和维生素等的需要，并注意能量与蛋白质的比例、能量与氨基酸的比例等营养指标比例的平衡，更好地满足动物的营养需要。

（3）饲料成分及营养价值表的选用　为了保证饲料成分及营养价值表能够真实地反映所用原料的营养成分含量，在参考国内统一指定的饲料成分及营养价值表的同时，应重点参考当地饲料营养价值表，必要时进行实际测定。

（4）控制粗纤维的给量　为了使配合的日粮适合羊的消化生理特点，对不同生理阶段的羊应有区别地控制粗纤维的给量。饲粮中粗纤维含量与能量浓度关系密切，但并非决定能量浓度的唯一因素。

（5）饲料的体积应与消化道相适应　日粮除应满足羊对各种营养物质的需要外，还需注意干物质的含量，使之有一定的体积。若日粮体积过大，可造成消化道负担过重，影响饲料的消化与吸收，或者采食养分不足引起生产水平降低；体积过小，即使营养物质已经满足需要，但动物仍然感到饥饿。所以应注意日粮的体积，要让动物既吃得下，又吃得饱，以满足营养需要。

2. 安全性原则

对于含有毒成分的饲料原料如菜籽粕、棉籽粕等要注意限制用量，要保证选用的饲料品质良好、无毒、无害、不含异物、不发霉、无污染等，更应符合我国饲料质量标准和卫生标准。

另外，日粮配合时应遵守饲料法规，因为动物食品的安全在很大程度上依赖于饲料的安全。而饲料安全必须在配方设计时予以考虑，要严格禁止使用有害有毒的成分、各种违禁的饲料添加剂、药物和生长促进剂等，对于受微生物污染的原料、未经科学试验验证的非常规饲料原料也不能使用。

3. 经济性原则

选用饲料、原料要有经济观点。日粮配方的成本在很大程度上决定饲料产品的经济效益，作为一种商品，饲料产品必须考虑经济效益。在羊生产中，由于饲料费用占很大比例，设计日粮配方时，必须因地因时制宜，精打细算，巧用饲料、原料，尽量选用营养丰富、质量稳定、价格低廉、资源充足、当地产的饲料，增加农副产品比例。如利用玉米胚芽饼、粮食酒糟等替代部分玉米等能量饲料、原料；利用脱毒棉仁饼粕、菜籽饼粕、芝麻饼粕和苜蓿粉等替代部分大豆饼粕和鱼粉等价格昂贵的蛋白质饲料，以充分利用饲料资源，降低饲养成本，并获得最佳经济效益。如能建立饲草和饲料基地，全部或部分地解决饲料供应问题，则是一种可取的做法。

因此日粮的质量与成本之间必须合理平衡，既要符合营养标准的要求，又要尽可能降低成本，并综合考虑产品对环境的影响。在饲料配方设计时，应同时兼顾饲料的饲养效果和生产成本，在保证动物一定生产性能的前提下，尽可能降低饲料配方的成本。

4. 市场性原则

日粮配合应具有良好的市场认同性。饲料产品最终通过市场销售到用户发挥饲养功效，市场既是对产品质量的检验，也是对饲料产品特点、特性和综合效益的检验。配方设计必须明确饲料产品的档次、市场定位、客户范围以及特点需求，预测目前和将来可能的认可接受程度，分析同类竞争产品的特点，使设计的饲料产品占有更大的市场份额。

（二）日粮配合的方法

饲料配方经历了对角线法、代数法、试差法、计算机优化法等，目前已经由静态的推算模式逐步发展到动态的仿真模式。生产实践中，应用较多的是试差法和计算机优化法。

（1）试差法 是根据饲养标准、饲料原料及饲养经验，先粗略编制配方，计算营养价值，并与饲养标准对照，根据各种营养指标的多余或不足，按多去少补的原则适当调整饲料配比，再进行计算对比。如此反复几次，直到所有营养指标都符合或接近饲养标准为止。

（2）计算机优化法 计算机计算饲料配方是动物营养与饲养技术的一次飞跃，它使得配方质量逐渐接近和满足动物的真实营养需要。

计算机计算饲料配方经历了4个发展阶段：第一代计算机配方是利用线性规划法计算最低成本配方，即目前普遍采用的方法；第二代计算机配方考虑了饲料的密度，可以算出适当营养浓度的最低成本配方；第三代计算机配方是以家畜产生最大利润所需营养物质来计算配方，既考虑了营养成分增加而提高产量的变化，又考虑了增加营养而提高的饲料成本因素；第四代计算机配方，即动态仿真模式下计算机配方。由于第三代计算机配方是一种静态的推算模式，无法将养殖生产的动态面考虑进去，当采食量、气温、品种、设备等各种因素同时变化时，就无法分析每一个变量产生的影响，这种状况下，就必须借助养殖动物的生长仿真模式设计，让计算机来分析其相互关系。

（三）日粮配合的步骤

① 确定羊的品种、生产性能、生长发育阶段和生产水平。

② 选择相对应的羊饲养标准，并根据生产实际状况调整营养水平，确定营养需要量。

③ 选择确定饲料。精料可以选择专业厂家生产的专用精料补充料或浓缩料、预混料，也可以选择精料原料自行配制。

④ 配方计算。首先满足粗料的日喂量。选用一种或数种粗料，如青干草或青贮料等，根据羊的生产目的确定精粗比例，再根据干物质采食量确定粗料的饲喂量。然后计算粗料所提供的能量、蛋白质等营养成分。对照饲养标准，营养成分不足的部分由精料来补充。接着确定精料补充料的日喂量、精料补充料的营养浓度。选择能量、蛋白质、矿物质饲料和饲料添加剂等进行配方计算，确定精料补充料配方。最后，将粗料饲喂量和精料补充料合二为一，完成羊的日粮配方。

拓展阅读

动物体营养物质的组成

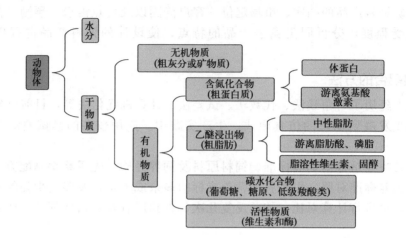

? 复习思考

一、选择题

1. 体内失水（　　）％时，可导致集体代谢紊。

A. 8　　　　　　　B. 10　　　　　　　C. 20　　　　　　　D. 40

2. 体内失水（　　）％时，会引起死亡。

A. 8　　　　　　　B. 10　　　　　　　C. 20　　　　　　　D. 40

3. 缺乏（　　）时，羊机体出现血凝活动受阻，血流不止。

A. 维生素 A　　　　B. 维生素 E　　　　C. 维生素 K　　　　D. 维生素 C

4. 缺乏（　　）时，母羊容易流产、胚胎死亡。

A. 维生素 A　　　　B. 维生素 E　　　　C. 维生素 K　　　　D. 维生素 C

5. 羔羊缺乏维生素 D 出现（　　）。

A. 佝偻病　　　　　B. 软骨病　　　　　C. 夜盲症　　　　　D. 皮炎

6. 成年羊缺乏维生素 D 出现（　　）。

A. 佝偻病　　　　　B. 软骨病　　　　　C. 夜盲症　　　　　D. 皮炎

7. 缺乏（　　）时会典型临床症状为夜盲症。

A. 维生素 A　　　　B. 维生素 E　　　　C. 维生素 K　　　　D. 维生素 C

8. 缺（　　）时，羔羊生长发育缓慢，肌肉出现白色条纹，即白肌病。

A. 钙　　　　　　　B. 铁　　　　　　　C. 硒　　　　　　　D. 钴

二、判断题

1. 维生素 D_2 是植物体中的麦角钙化醇在紫外线的作用下生成的，因此来源于植物。　　　　　　　　　　　　　　　　　　　　　　　　　　　　（　　）

2. 维生素 D_3 是动物体内皮肤中的 7-脱氢胆固醇在紫外线的作用下生成的，因此来源于动物。　　　　　　　　　　　　　　　　　　　　　　　　（　　）

3. 放牧饲养的家畜，通过紫外线照射获得充足的维生素 D。　　　　　（　　）

4. 羊主要靠采食饲草料中的胡萝卜素来满足维生素 A 的需要。　　（　　）

5. 钴有助于瘤胃微生物合成维生素 B。　　（　　）

6. 约有 70％的镁参与机体骨骼和牙齿的构成。　　（　　）

7. 维生素 K 主要功能是促进凝血。　　（　　）

三、简答题

1. 羊的日粮配合原则有哪些？

2. 羊所需的营养物质有哪些？

3. 羊所需的水的来源有几种？分别是什么？

参考答案

单元三　羊常用饲料的加工调制

一、羊饲料原料营养特性

羊常用饲料种类很多，为了合理利用饲料，必须深入了解不同饲料的性质和营养特性，便于在生产实践中科学应用。

（一）粗饲料

是指在饲料干物质中粗纤维含量 18％以上，体积大、难消化、可利用养分少的一类饲料，如干草、秸秆、秕壳、蔓秧、树叶及其他农业副产物，价格较低，是养羊的主要饲料之一。

（二）青绿饲料

指天然水分含量 60％以上的青绿多汁植物性饲料，如牧草、叶菜类、作物的鲜茎叶和水生植物等，具有水分含量高、干物质含量低、适口性好、含有丰富的优质粗蛋白，钙磷比例适宜，含量丰富，各类维生素含量丰富，营养成分全面等特点。

（三）青贮饲料

是指将新鲜的青绿植物性饲料，如青绿玉米秸、高粱秸、红薯蔓和青草等，在厌氧条件下经乳酸菌发酵，产生乳酸使 pH 下降到 3.8～4.2，以此抑制腐败菌的繁殖而制成的饲料，可保持青绿多汁状态及其营养特性，且芳香可口、质地变软，适口性强。

（四）能量饲料

指干物质中粗纤维含量低于 18％，同时粗蛋白质含量低于 20％的饲料。特点是富含无氮浸出物，适口性好，消化率高，钙磷比例不平衡，钙少磷多。如玉米、高粱、大麦等谷实类饲料，小麦麸、米糠等糠麸类饲料和油脂类饲料。能量饲料是精饲料的主要组成部分。

（五）蛋白质饲料

是指干物质中粗蛋白质含量 20％以上、粗纤维含量 18％以下的饲料。分为植物性蛋白质饲料、动物性蛋白质饲料和非蛋白含氮饲料。

常用的植物性蛋白质饲料有大豆饼粕、棉籽饼粕等饼粕类和酒糟、玉米蛋白粉等。营养特点是蛋白质含量高，粗纤维含量低，粗脂肪含量高，钙少磷多，B 族维生素丰富，缺乏维生素 A 和维生素 D，且含有抗营养因子。

常用动物性蛋白质饲料有鱼粉、血粉、肉骨粉等。营养特点是蛋白质含量高，氨基酸组成比例平衡，不含粗纤维，富含 B 族维生素，钙磷含量高且比例适宜。

非蛋白氮饲料指凡含氮的非蛋白可饲物质均可称为非蛋白氮饲料。主要用于弥补植物性蛋白质饲料的不足。常用的有尿素、双缩脲、铵盐等。

（六）矿物质饲料

用来补充饲料中矿物质不足，主要用于补充钙、磷、钠、钾等常量元素。如石粉、碳酸氢钠、食盐等。石粉是羊补充钙的最廉价、最方便的矿物质饲料。羊是草食动物，在放牧为主时容易缺盐，可注意补饲。

（七）维生素饲料

指工业提取的或人工合成的饲用维生素。在饲料中的用量非常小，常以单独一种或复合维生素的形式添加到配合饲料中。

（八）饲料添加剂

是指在饲料生产加工、使用过程中为补充饲料中所含养分的不足、平衡饲粮、改善和提高饲料品质、促进生长发育、提高抗病力和生产效率等而向饲料中添加的少量或微量可食物质。使用饲料添加剂时应严格按法律法规科学使用，避免药物残留以及药物耐药性的产生。

二、干草的调制

青绿饲料的含水量一般为 65%～85%，只有通过各种干燥方法将含水量降到 15%～20% 时才能抑制植物酶和微生物的活动，达到长期保存的目的。干燥方法一般有自然干燥法和人工干燥法。

视频：羊常用牧草调制方法

（一）自然干燥法

主要是田间干燥法。即将牧草刈割后，就地平铺干燥 4～6h，含水量降至 40%～50% 时，用搂草机搂成草垄继续干燥。当含水量降到 35%～40% 时，牧草叶片尚未脱落时，集成草堆，经 2～3d 可完全干燥。用这种方法制成的干草营养成分损失在 20% 左右，胡萝卜素损失 70%～80%。损失的原因是由于机械作用、光、热、氧化、细胞呼吸等共同作用的结果。

（二）人工干燥法

人工干燥法就是通过人工热源加温使饲草料迅速脱水。干燥时间越短，营养物质损失越少。一般有常温通风干燥、低温烘干法、高温快速干燥等方法。

（三）干草块加工

牧草干燥到含水量 15%～20% 时制成干草块，便于运输和贮存。这样即可减少牧草所占的体积和运输过程中的损失，并能保持干草的芳香气味和色泽。

青干草是一种较好的粗饲料，养分含量平衡，蛋白质品质完善，胡萝卜素及钙含量丰富，尤其是幼嫩的青干草，可供各生长阶段的羊大量采食。将干草与青饲料或青贮饲料混合使用，可提高羊的采食量，增加维生素 D 的供应；将干草与多汁饲料混合饲喂泌乳山羊，可增加干物质及粗纤维的采食量，保证奶山羊的产奶量和乳脂含量。

三、秸秆调制

秸秆纤维素含量高，加工调制后，不仅能改善其理化性质，改善适口性，还可以提高羊的采食量，提高消化率，降低饲养成本，提高养羊经济效益。

（一）机械处理法

1. 铡短和粉碎

将秸秆切至 2～3cm 长或用粉碎机碎成草粉，便于采食和咀嚼，可加快过瘤胃速度，增加采食量 20%～30%，羊消化吸收的营养总量增加。

2. 浸泡

秸秆铡短或粉碎后，用清水或淡盐水浸泡，软化后，增强适口性，提高采食量。但水分不能过大，应按用量处理，浸后必须一次性喂完。

3. 秸秆碾青

在晾晒场地先铺大约 30cm 厚的秸秆，上面再铺约 30cm 的新鲜苜蓿，最后在苜蓿上再铺约 30cm 厚的秸秆，用石磙或镇压器碾压，把苜蓿压扁，汁液流出后被秸秆吸收。这样既可缩短苜蓿干燥时间，减少养分的损失，又可提高秸秆的营养价值和利用率。

4. 制作秸秆颗粒饲料

将秸秆粉碎后，根据羊的营养需要，与适当的精料、糖蜜、维生素和矿物质添加剂混合均匀，用机器生产出不同大小和形状的颗粒饲料。秸秆在颗粒饲料中的含量为 30%～50% 为宜。这种饲料营养价值全面。体积小，便于保存运输。

（二）秸秆的氨化

秸秆氨化，即在封闭的环境中，将液氨、氨水、尿素溶液、碳酸氢铵溶液等氨源定量喷洒在秸秆上，在适宜的环境条件下，通过化学反应而提高秸秆的饲用利用率。经过氨化处理的秸秆消化率可提高 20%～30%。常见的氨化处理方法有堆垛氨化法、窖贮氨化法、塑料袋氨化法等，养殖户应因地制宜，根据家畜饲养量多少选择氨化方法即可。

1. 秸秆氨化步骤

以尿素氨化为例，首先将用于氨化的秸秆切至 2cm 左右，粗硬的秸秆稍短一些，柔软的秸秆可稍长一些。每 100kg 秸秆（干物质），用尿素 3～5kg，用水量为 40～60L。把尿素溶于水中，分次数均匀地洒在秸秆上，入窖前后喷洒均匀。如果在入窖前将秸秆摊开喷洒则更均匀。边装边踩实，待装满踩实后用塑料薄膜覆盖密封，再用细土等压好即可。

尿素氨化所需时间大体与液氨氨化相同或稍长。用尿素作氨源，要考虑尿素分解为氨的速度。它与环境温度、秸秆内脲酶多少有关。温度越高，尿素分解为氨的速度越快。

一般冬季 50d，春秋季 20d 即可氨化成熟。饲喂前，应剔除霉变秸秆，否则会引起动物中毒。并在饲喂前一两天，要取出晾晒，刺激性的氨味散发后再投喂，否则，容易引起动物氨中毒，放氨的方法是选择晴朗无雨的天气，打开氨化窖或氨化垛，摊放 1～2d 就可以饲喂。

2. 氨化秸秆的品质鉴定

首先用手抓一把具有代表性的氨化秸秆样品，紧握于手中，再放开，可根据秸秆的颜色、气味、质地、温度等几个方面综合判断品质。优质的氨化秸秆，打开时有强烈氨味，放氨后呈糊香或微酸香味，颜色变成棕色、深黄或浅褐色，质地变软，温度不高，手感蓬松柔软，无扎手感。而劣质的氨化秸秆发红、发黑、发黏、有霉味和腐烂味等，不能饲喂。

3. 氨化秸秆饲喂注意事项

喂前必须将氨味完全放掉，不可将带有氨味的秸秆喂羊。饲喂量由少到多，使羊逐渐适应。刚开始饲喂时，可与青干草搭配饲喂，7d 后即可全部喂氨化秸秆；此外，饲喂氨化秸秆时应搭配些精料混合料。

少量多次饲喂：改变饲料日粮需要进行1周驯饲，可用氨化秸秆以30%、50%、100%的比例逐渐代替未氨化秸秆，避免动物应激而影响生长性能，未断奶的羊羔，禁止饲喂氨化饲料。

观察反应：采食过程中要进行观察，如发现精神呆滞，反刍减少甚至停止，唾液分泌增多，动作失调等中毒症状，应立即停喂。

控制饮水时间：氨化饲料饲喂后不宜立即饮水，一般在喂后半小时再饮水。

四、青贮饲料的加工制作

青贮是将饲料作物在密闭条件下，通过厌氧微生物（主要是乳酸菌），转化可溶性碳水化合物，生产乳酸、乙酸等有机酸，降低青贮饲料的pH，抑制腐败微生物菌群的生长，从而达到长期保存饲料作物及其营养价值的一种简便、经济的方法。

（一）青贮发酵的条件

制作青贮饲料的关键是为乳酸菌创造必要的条件。常规青贮时必须满足以下条件。

1. 厌氧环境

青贮饲料发酵必须在厌氧条件下进行，因此青贮过程中要保持良好的密闭性，原料装填时必须尽量压紧，减少原料间的缝隙。

2. 适宜的水分

青贮原料的适宜水分含量为65%～70%。水分过低，原料装填时会难以压实，产生较大的缝隙；水分过多，会使梭菌大量繁殖影响青贮的品质，同时还会损失营养物质。

3. 一定的含糖量

适宜的含糖量是乳酸菌发酵的营养物质基础，青贮原料中要有一定的含糖量。一般要求饲草新鲜基础的2%或干物质的8%～10%以上。

4. 适宜的温度

乳酸菌的生长繁殖温度为20～30℃。温度过高，乳酸菌就会停止活动，原料糖分损失，维生素破坏，青贮饲料品质下降。

青贮饲料发酵的成功与否取决于这些条件的协同作用。在实际操作中，应密切关注这些条件的变化，并采取相应的措施进行调整和优化。

（二）常规青贮制作步骤与方法

1. 原料收割

要尽量保持原料新鲜和青绿，水分含量在70%～75%时收割最好。青贮原料过早刈割，水分多，不易储存；过晚刈割，营养价值降低。收获玉米后的玉米秸不应长期放置，宜尽快青贮。禾本科草类在抽穗初期、豆科草类在孕蕾及初花期刈割较好。

2. 原料运输、铡短

必须在短时间内将原料收割、运送到青贮地点，不能长时间在阳光下暴晒。铡短有利于踩实、压紧，沉降均匀养分损失少；切铡时防止原料的叶、花絮等细嫩部分损失。养羊用铡短的长度：一般禾本科和豆科及叶菜类为2～3cm；玉米和向日葵等粗茎植物0.5～2.0cm为宜。

3. 装填和压实

选择晴朗的天气，尽量一窖当天装完，防变质与雨淋。最好是边铡边入窖；窖内清理干净，先在窖底铺一层10cm厚的干草，四壁衬上塑料薄膜，然后把铡短的原料逐层装入铺平、压实，特别是容器的四壁与四角要压紧。由于封窖数天后，青贮料会下沉，最后一层应高出窖口 0.5～0.7m。

4. 封严及整修

原料装填完毕，要及时封严，以隔绝空气与原料的接触，并防止雨水进入。先用塑料薄膜覆盖，然后用土封严，四周挖排水沟。也可以先在青贮料上盖 15cm 厚的干草，再盖上 70～100cm 厚的湿土，窖顶做成隆凸圆顶。封顶后 2～3d，在下陷处填土，使其紧实隆凸。

（三）青贮饲料的品质鉴定

青贮饲料的品质鉴定通常包括感官鉴定和实验室鉴定两种方法。

1. 感官鉴定

开启青贮容器时，可根据青贮料的颜色、气味、质地、结构等指标，通过感官评定其品质好坏，这种方法简便、迅速。

颜色：优质的青贮饲料非常接近于作物原先的颜色。若青贮前作物为绿色，青贮后仍为绿色或黄绿色最佳。一般来说，品质优良的青贮饲料颜色呈黄绿色或青绿色，中等的为黄褐色或暗绿色，劣等的为褐色或黑色。

气味：品质优良的青贮料具有轻微的酸味和水果香味。若有刺鼻的酸味，则醋酸较多，品质较差。腐烂腐败并有臭味的则为劣等，不宜饲喂。总之，芳香而喜闻者为上等，而刺鼻者为中等，臭而难闻者为劣等。

质地：植物的茎叶等结构应当能清晰辨认，结构破坏及呈黏滑状态是青贮腐败的标志，黏度越大，表示腐败程度越高。优的青贮饲料，在窖内压得非常紧实，但拿起时松散柔软，略湿润，不粘手，茎叶花保持原状，容易分离。中等青贮饲料茎叶部分保持原状，柔软，水分稍多。劣等的结成一团，腐烂发黏，分不清原有结构。

2. 实验室鉴定

实验室鉴定主要是测定青贮料的酸碱度（pH）、各种有机酸含量、微生物种类和数量、营养物质含量变化及青贮料可消化性及营养价值等，其中以测定 pH 及各种有机酸含量较普遍采用。

pH 值：pH 值是衡量青贮饲料品质好坏的重要指标之一。优良青贮饲料 pH 值在 4.2 以下，超过 4.2（低水分青贮除外）说明青贮发酵过程中，腐败菌、酪酸菌等活动较为强烈。劣质青贮饲料 pH 值在 5.5～6.0 之间，中等青贮饲料的 pH 值介于优良与劣等之间。

氨态氮：氨态氮与总氮的比值是反映青贮饲料中蛋白质及氨基酸分解的程度，比值越大，说明蛋白质分解越多，青贮质量不佳。

有机酸含量：有机酸总量及其构成可以反映青贮发酵过程的好坏，其中最重要的是乳酸、乙酸和丁酸，乳酸所占比例越大越好。优良的青贮饲料，含有较多的乳酸和少量醋酸，而不含酪酸。品质差的青贮饲料，含酪酸多而乳酸少。

（四）青贮饲料的饲用技术

青贮 30～50d 后，便可开窖取用。青贮窖打开后应逐层，从上往下分层取用，防止二次发酵，发霉变质的青贮饲料不能喂羊。

青贮原料应放在食槽内饲喂，切忌撒在地面上喂。喂量要由少到多，先与其他饲料混喂，使其逐渐适应。防止羊发生腹泻。一般适应期 5～7d。其喂量为：大型品种绵羊 4～5kg/(d·只)；羔羊为 400～600g/(d·只)。怀孕母羊产前 15d 停喂青贮饲料。青贮饲料不能单独饲喂，应与干草或秸秆搭配使用，效果较好。喂奶山羊时，因其有气味，最好在挤奶后再喂。

拓展阅读

怎样判断干草水分含量？

将干草束握紧或搓揉时无干裂声，干草拧成草辫松开时干草束散开缓慢，并且不完全散开，用手指弯曲茎上部不易折断为适宜含水量。

干草束紧握时发出破裂声，草辫松手后迅速散开，茎易折断说明太干燥，易造成机械损伤，草质较差；

草质柔软，草辫松开后不散开，说明含水量太高，易造成草垛发热或发霉，草质较差。

复习思考

一、选择题

1. 羊的主要能量来源是哪种饲料？（　　）

A. 粗蛋白质　　　B. 粗脂肪　　　　C. 碳水化合物　　　D. 纤维素

2. 下列哪种饲料含有较高的粗蛋白质？（　　）

A. 玉米　　　　　B. 大豆　　　　　C. 麦麸　　　　　　D. 米糠

3. 羊饲料中的钙和磷主要来源于什么饲料？（　　）

A. 豆粕　　　　　B. 麦麸　　　　　C. 磷酸氢钠　　　　D. 石粉

4. 下列哪种饲料对羊的瘤胃环境有良好的调节作用？（　　）

A. 玉米　　　　　B. 麦麸　　　　　C. 豆粕　　　　　　D. 青贮料

5. 对于羊来说，下列哪种属于优质粗饲料？（　　）

A. 玉米青贮　　　B. 麦麸　　　　　C. 豆腐渣　　　　　D. 棉粕

6. 以下哪种方法属于物理加工调制技术？（　　）

A. 青贮　　　　　B. 发酵　　　　　C. 粉碎　　　　　　D. 氨化

7. 青贮饲料的主要目的是（　　）。

A. 提高饲料蛋白质含量

B. 保存饲料的营养价值

C. 增加饲料中的矿物质含量

D. 改善饲料的适口性答案

二、填空题

1. 羊饲料中的能量饲料主要包括_____、_____和_____等。

2. 羊饲料中的蛋白质饲料主要有_____、_____和_____等。

3. 提高羊饲料转化效率的关键是_____和_____的合理配比。

4. 青贮发酵的条件有_____、_____、_____、_____。

5. 青贮原料的水分含量应控制在_____左右青贮效果最好。

6. 青贮原料的可溶性糖含量应控制在_____左右青贮效果最好。

7. 调制青贮时青贮设备中的最适宜温度是_____。

三、简答题

1. 如何利用羊饲料原料的营养特性进行合理配比？

2. 请列举三种羊的粗饲料，并说明其特点。

参考答案

项目六　羊的饲养管理

 学习目标

 知识目标： 1. 了解羊放牧饲养要点。
2. 了解羊舍饲养要点。
3. 掌握新生羔羊护理要点。
4. 了解不同类型、不同阶段羊饲养管理要点。

技能目标： 1. 会正确进行不同类型羊的放牧饲养。
2. 会正确开展不同类型羊的舍饲饲养。
3. 会正确鉴定羊毛、羊皮等产品。
4. 会熟练地剪毛、羔羊断尾与去势。
5. 能正确开展消毒、免疫和驱虫等保健工作。

素质目标： 1. 崇尚宪法、遵法守纪、崇德向善、诚实守信、履行道德准则和行为规范，具有社会责任感和社会参与意识。
2. 具有较强的集体意识和团队合作意识。
3. 培养学生"细心、爱心、耐心"的人文素养，并根植"科学养殖"理念。

 项目说明

"羊的饲养管理"是至关重要的核心项目。当前，羊养殖产业呈现出蓬勃发展的态势，羊肉、羊奶、羊毛等羊产品在市场上占据着不可或缺的地位，为满足社会的多样化需求发挥着重要作用。

系统学习羊的饲养管理，学习者能够深入掌握羊在各个生长阶段精确的营养需求，从而科学合理地搭配饲料。这不仅可以有效避免因营养过剩而导致的养殖成本增加，还能防止因营养不足而对羊只生长发育造成的不利影响。同时，通过本项目学习，学习者能够熟练掌握营造适宜羊舍环境的方法，精准调控温度、湿度、通风和光照等环境因素，最大程度减少疾病的滋生，显著提升羊只的健康水平。此外，学习者还能熟练运用分群饲养、防疫、驱虫等日常管理技术，全方位保障羊群的高效生产。

掌握羊的饲养管理知识，无疑是开启羊养殖成功之门的关键钥匙。无论是投身规模化养殖企业，还是自主创业开展羊养殖项目，具备这些知识和技能都能使从业者在实际工作中应对自如，不仅能够创造可观的经济效益，还能为社会提供优质的羊产品，产生良好的社会效益。

单元一　羊的放牧饲养

一、放牧场地选择

（一）草地质量

1. 牧草丰富

选择有茂密、鲜嫩牧草的场地。优质的牧草能为羊提供充足的营养，促进其生长发育。

不同季节牧草的生长情况会有所变化，尽量选择四季都有一定牧草供应的地方，或者可以在不同季节切换不同的放牧场地。

2. 种类多样

草地中最好有多种牧草混合生长，这样可以满足羊对不同营养成分的需求。

含有豆科、禾本科等不同种类牧草的场地更佳，例如紫花苜蓿、黑麦草等都是羊喜爱的牧草。

（二）水源条件

1. 充足清洁

放牧场地附近应有清洁、充足的水源，如河流、湖泊、池塘等。羊在放牧过程中需要随时饮水，以保持身体的水分平衡。

确保水源不受污染，避免羊饮用被污染的水而引发疾病。

2. 便于取用

水源应易于羊群到达，最好是在放牧范围内或者距离不远的地方。这样可以减少羊的行走距离，提高放牧效率。

（三）地形地貌

1. 平坦开阔

选择地形平坦、开阔的场地，便于羊群活动和管理。避免选择有陡坡、悬崖、沟壑等危险地形的地方，以免羊只受伤或走失。

平坦的场地也有利于牧草的生长和使牧草分布均匀，使羊能够更好地采食。

2. 通风良好

放牧场地应具有良好的通风条件，避免选择低洼、潮湿、闷热的地方。良好的通风可以减少疾病的传播，保持羊只的健康。

（四）安全性

1. 远离危险区域

远离交通繁忙的道路、铁路和建筑工地等危险区域，以防止羊只被车辆撞伤或受到其他意外伤害。

避免靠近有毒植物生长的地方，如夹竹桃、曼陀罗等，这些植物可能会被羊误食而导致中毒。

2. 防范野生动物

如果可能的话，选择有一定防护措施的场地，以防范野生动物的袭击，如狼、狐狸、鹰等。可以设置围栏或与其他养殖户合作共同防范。

（五）其他因素

1. 距离羊舍适中

放牧场地不宜离羊舍太远，以便在需要时能够及时将羊赶回羊舍。一般来说，距离羊舍步行不超过几个小时。

2. 周边环境

考虑放牧场地周边的环境是否安静、和谐。避免选择在噪声大、污染严重的工业区或居民区附近，以免影响羊的生长和健康。

二、放牧时间安排

羊的放牧时间安排需要考虑季节、天气和羊的生长阶段等因素。以下是不同情况下的放牧时间安排建议：

视频：羊的
放牧技术

（一）春季

1. 气候特点

春季气温逐渐回升，牧草开始生长，但早晚温差较大。

2. 放牧时间

春季牧草开始返青，但生长速度较慢，此时放牧要控制时间，避免过度采食刚发芽的嫩草，以免破坏草地生态。一般每天放牧4~5h为宜。

上午：8点至11点半左右。此时气温较为适宜，羊经过一夜的休息，食欲较好，可以充分采食新鲜的嫩草。

下午：2点半至6点左右。午后气温升高，羊的活动量也会增加，这个时间段可以让羊继续采食，同时也能享受温暖的阳光。

（二）夏季

1. 气候特点

夏季气温高，阳光强烈，雨水较多。

2. 放牧时间

夏季牧草生长旺盛，是羊放牧的黄金季节。可适当延长放牧时间，每天6~8h，但要注意避开中午高温时段，防止羊中暑。

上午：6点至10点左右。清晨气温较低，羊的食欲旺盛，而且此时牧草上的露水已经蒸发，不会影响羊的采食。避免在中午高温时段放牧，以免羊中暑。

下午：5点至8点左右。傍晚时分气温逐渐下降，羊可以在凉爽的环境中采食。如果天气炎热，可以适当延长傍晚的放牧时间。

（三）秋季

1. 气候特点

秋季气温适中，牧草逐渐成熟。

2. 放牧时间

秋季牧草逐渐成熟，营养价值高，可继续保持较长时间的放牧。但随着天气转凉，要注意早晚温差，适时调整放牧时间。

上午：7点半至11点左右。秋季的气温较为舒适，羊可以在这个时间段采食成熟的牧草，为过冬储备能量。

下午：2点至5点半左右。午后的气温适宜，羊可以继续采食，同时也可以享受秋季的阳光。

（四）冬季

1. 气候特点

冬季气温低，牧草稀少。

2. 放牧时间

冬季牧草稀少，且天气寒冷，放牧时间应缩短。一般每天2～3h，选择在中午气温较高时进行。

上午：10点至下午2点左右。选择在一天中气温较高的时候放牧，让羊能够晒晒太阳，增加体温。但要注意避免在寒风中长时间放牧，以免羊受寒。

如果遇到恶劣天气，如大雪、大风等，可以减少放牧时间或者暂停放牧，改为在羊舍内喂食干草等饲料。

此外，在安排放牧时间时，还需要注意以下几点：

① 观察羊的行为和食欲：如果羊表现出疲劳、食欲缺乏等情况，应及时将羊赶回羊舍休息，并提供充足的饮水和饲料。

② 避免过度放牧：合理控制放牧时间，避免长时间让羊在同一块草地上采食，以免造成草地退化。

③ 注意天气变化：随时关注天气预报，在恶劣天气来临前及时将羊赶回羊舍，确保羊的安全。

三、放牧管理技巧

（一）分群放牧

根据羊的年龄、性别、体质等进行分群放牧。例如，将羔羊、孕羊和弱羊组成一群，进行较为温和的放牧管理；将成年公羊和母羊分成不同的群体，便于控制放牧强度。

这样可以确保不同群体的羊都能得到适宜的饲养和照顾，提高整体养殖效益。

（二）控制放牧速度

放牧时要控制羊的行走速度，避免过快奔跑，以免消耗过多体力。同时，要让羊有足够的时间采食牧草，提高牧草的利用率。

可以采用缓慢前行、间歇停留的方式，让羊在吃草的同时也能适当休息。

（三）合理轮牧

将放牧场地划分为若干个区域，进行轮流放牧。这样可以让每个区域的牧草有足够的时间生长和恢复，保持草地的可持续利用。

一般每个区域放牧3～5d后，换到下一个区域，待前一个区域的牧草恢复生长一段时间后再进行放牧。

四、注意事项

（一）补充饲料

虽然放牧可以提供部分营养，但在一些情况下，还需要补充饲料。例如，在冬季牧草不足时，要给羊提供干草、青贮饲料等；在母羊怀孕后期和哺乳期，要增加精饲料的投喂，以满足其营养需求。

（二）饮水管理

保证羊有充足、干净的饮水。在放牧过程中，要适时让羊饮水，可以选择在河边、池塘等水源地附近停留，让羊自由饮水。

同时，要注意水源的卫生，避免羊饮用被污染的水而引发疾病。

（三）疾病防控

定期给羊进行驱虫、防疫等工作。在放牧过程中，羊容易接触到各种病原体，如寄生虫、细菌、病毒等，因此要加强疾病防控措施。可以根据当地的疫病流行情况，制定合理的防疫计划，按时给羊接种疫苗；定期给羊进行体内外驱虫，保持羊的健康状态。

羊的放牧饲养需要综合考虑场地选择、时间安排、管理技巧和注意事项等多个方面，只有科学合理地进行放牧管理，才能提高羊的养殖效益，实现可持续发展。

 拓展阅读

科技赋能传统放牧——从传统到现代的智慧融合

1. 卫星牧场

智能放牧设备：物联网项圈，通过 GPS 实时监测羊群位置、体温和活动轨迹，结合手机 APP 远程预警羊群越界或疾病风险。

无人机放牧：澳大利亚部分牧场使用无人机替代牧羊犬，通过热成像技术监控羊群分布，甚至驱赶野兽（如新南威尔士州某牧场效率提升 30%）。

草场大数据：新西兰开发"PastureMap"系统，利用卫星遥感分析草场生物量，动态规划放牧路线，避免过度啃食。

2. 游牧民族的生态智慧

蒙古族"敖特尔"轮牧制：分春、夏、秋、冬四季营地，每季草场休养期达 9 个月，保障草原再生。有数据表明轮牧区草高比固定牧场平均高 15cm。

非洲马赛人的"共生放牧"：通过牛、羊、野生动物混合放牧，打破寄生虫传播链（研究显示混合放牧可减少 60% 的体内寄生虫感染率）。

3. 草畜平衡的量化管理

"羊单位"计算公式：引入草地载畜量模型。

合理放牧量(羊单位/公顷)＝(草地年产草量×利用率)÷(单羊日食量×放牧天数)

示例：若草地亩产干草 300kg，利用率 50%，羊日食 2kg，则

每亩理论载畜量＝(300×0.5)/(2×180)＝0.42 只/亩·年

践踏指数监测：当草层高度低于 5cm 时，羊只蹄部对草根的破坏率激增 3 倍，需立即转移牧场。

4. 气候智慧型放牧创新

夜间放牧实践：以色列试验显示，夏季夜间放牧（18：00—6：00）相比白天，羊只采食量提高 20%，中暑死亡率下降 90%。

甲烷减排策略：新西兰 AgResearch 研究所发现，在牧场播种含单宁的三叶草，可使绵羊甲烷排放量减少 16%。

5. 全球特色放牧模式

西班牙"转场放牧"（Transhumance）：列入人类非遗的千年传统，每年春季 400 公里迁徙路线，羊群边走边清理防火带，政府按公里数发放生态补贴。

冰岛"苔原放牧"：利用绵羊消化地衣中的地衣酸，生产天然防腐羊肉，售价达普通羊肉 3 倍。

？ 复习思考

一、选择题

1. 羊常见的放牧方式有（　　）。

A. 固定放牧　　　　B. 围栏放牧　　　　C. 季节轮牧　　　　D. 小区轮牧

2. 一般放牧技术中要做到"三稳"，即（　　）。

A. 放牧　　　　　B. 出、入圈　　　　C. 喂饲　　　　D. 饮水

二、填空题

1. 羊群放牧队形名称甚多，其基本队形主要有"＿＿＿＿＿＿"和"＿＿＿＿＿＿"两种。

2. 牧场放牧方式主要有＿＿＿＿＿、＿＿＿＿＿、＿＿＿＿＿和＿＿＿＿＿四种形式。

三、判断题

1. 不同生长阶段的羊只应选择适宜的草场进行放牧，幼龄羊适于在禾本科牧草较多的草场放牧育肥；而成年羊宜在豆科牧草为主的草场放牧育肥。（　　）

2. 夏季放牧宜早出晚归，尽量延长放牧时间。（　　）

参考答案

3. 夏季放牧宜采用"一条鞭"放牧法。（　　）

四、简答题

1. 你认为小区轮牧有哪些优点呢？

2. 请简述羊夏季放牧的放牧任务、草场选择、放牧技术与注意事项。

3. 简述山羊放牧意义、组织和技术要点。

单元二　羔羊、育成羊的饲养管理

一、羔羊的饲养管理

视频：羔羊
饲喂技术

羔羊是指从出生至断奶（一般为 3.5～4 月龄）这一阶段的羊叫羔羊。

（一）羔羊管理

（1）保温防寒，适当运动　安全接产，隔离放养。

（2）及时吃上初乳　一般为出生后 0.5h 内。安排好羔羊吃奶时间。

（3）搞好环境卫生　减少疾病发生。严防拉稀，谨慎用药。

（4）编号　为了选种、选配和科学地饲养管理，需要对羔羊进行编号。羔羊出生后 2～3d，结合初生鉴定，即可进行个体编号。编号的方法主要有耳标法、刺字法和剪耳法等。

（5）断尾　对细毛羊、半细毛羊、高代杂种羊，在羔羊出生 7～10d 进行断尾，断尾最好选择风和日丽的上午进行，便于全天观察和护理，断尾常采用结扎法和热断法。

（6）去势　凡不宜作种用的公羔要进行去势，去势一般在 1～2 周龄之间，多在春秋两

季天气晴朗的时候进行。羔羊去势常采用阉割法、结扎法、去势钳法等。

（二）羔羊培育

羔羊的培育，不仅影响其生长发育，而且将影响其终生的生长和生产性能。加强培育，对提高羔羊成活率，提高羊群品质具有重要作用，因此，必须高度重视羔羊的培育。

1. 初乳期（产后 5d 内）

母羊产后 5d 以内分泌的乳叫初乳，它是羔羊生后唯一的全价天然食品。初乳中含有丰富的蛋白质（17%～23%）、脂肪（9%～16%）等营养物质和抗体，具有营养、抗病和轻泻作用。羔羊出生后及时吃到初乳，对增强体质，抵抗疾病和排出胎粪具有很重要的作用。因此，应让初生羔羊尽量早吃、多吃初乳，吃得越早，吃得越多，增重越快，体质越强，发病少，成活率高。

2. 常乳期（产后 6~60d）

这一阶段，奶是羔羊的主要食物，辅以少量草料。从出生到 45 日龄，是羔羊体长增长最快的时期；从出生到 75 日龄是羔羊体重增长最快的时期。此时母羊的泌乳量也高，营养也很好，羔羊要早开食，训练吃草料，以促进前胃发育，增加营养的来源。一般从 10 日龄后开始给草，将幼嫩青干草捆成把吊在空中，让小羊自由采食。生后 20d 开始训练吃料，在饲槽里放上用开水烫后的半湿料，引导小羊去啃，反复数次小羊就会吃了。注意烫料的温度不可过高，应与奶温相同，以免烫伤羊嘴。

3. 奶、草过渡期（2 月龄至断奶）

2 月龄以后的羔羊逐渐以采食为主，哺乳为辅。羔羊能采食饲料后，要求饲料多样化，注意个体发育情况，随时进行调整，以促使羔羊正常发育。日粮中可消化蛋白质以 16%～30% 为佳，可消化总养分以 74% 为宜。此时的羔羊还应给予适当运动。随着日龄的增加，把羔羊赶到牧地上放牧。母子分开放牧有利于增重、抓膘和预防寄生虫病，断奶的羔羊在转群或出售前要全部驱虫。

二、育成羊的饲养管理

育成羊是指羔羊从断奶后到第一次配种前的公、母羊，多在 3～18 月龄。一般将育成羊分成育成前期（4～8 月龄）和育成后期（8～18 月龄）两个阶段。其特点是生长发育较快，对各种营养物质需要量大，增长强度大。这一阶段如果能够满足所需营养物质，可促进羊只的生长发育，提高生产性能；如果此期营养不良，就会显著地影响到生长发育，从而形成个头小、体重轻、四肢高、胸窄、躯干浅的体型。

（一）育成羊的生长发育特点

1. 生长发育速度快

育成羊全身各系统都处在生长发育阶段，头、腿、骨骼、肌肉发育快，体型会发生明显的变化。

2. 瘤胃发育迅速

6 月龄的育成羊，瘤胃容积增大，占胃总容量的 75% 以上，几乎接近成年羊的容积。

3. 生殖器官发生变化

一般育成母羊 6 月龄后就表现正常的发情，卵巢上出现成熟的卵泡，达到性成熟阶段。育成羊 8 月龄左右达到体成熟，可以配种。育成羊开始配种的体重须达到成年羊体重的65%～70%。

（二）育成羊管理

1. 合理分群

断奶后，羔羊按性别、大小、强弱分群，加强补饲，按饲养标准采取不同的饲养方法，按月抽测体重，实时调整饲养方案。羔羊组群放牧后，仍需补喂精料。

2. 适当的精料补充

育成羊阶段注意精料量优良的豆科干草时，日粮中粗蛋白含量提高到 15%～16%，混合精料中的能量水平占总日粮能量的 70%。育成公羊生长发育较母羊快，所需精料量多于育成母羊。

（1）育成前期及中期的饲养管理

① 精料配方 1

玉米 68%，花生饼 12%，豆饼 7%，麦麸 10%，磷酸氢钙 1%，添加剂 1%，食盐 1%。日粮组成：精料 0.4kg，苜蓿 0.6kg，玉米秸秆 0.2kg。

② 精料配方 2

玉米 50%，花生饼 20%，豆饼 15%，麦麸 12%，石粉 1%，添加剂 1%，食盐 1%。日粮组成：精料 0.4kg，青贮 1.5kg，干草或稻草 0.2kg。

（2）育成后期的饲养管理

① 精料配方 1

玉米 45%，花生饼 25%，葵花饼 13%，麦麸 15%，磷酸氢钙 1%，添加剂 1%，食盐 1%。日粮组成：精料 0.5kg，青贮 3kg，干草或稻草 0.6kg。

② 精料配方 2

玉米 80%，花生饼 8%，麦麸 10%，添加剂 1%，食盐 1%。日粮组成：精料 0.4kg，苜蓿 0.5kg，玉米秸秆 1kg。

3. 适时配种

一般育成母羊在满 8～10 月龄，体重达 40kg（或达成年羊体重的 65%）以上时配种。育成母羊的发情不如成年母羊的明显，需做好发情鉴定工作。育成公羊需 12 月龄以后，体重达到 60kg 以上时才可参加配种，配种前保持良好的体况。

4. 日常管理

注意圈舍卫生，做好育成羊的免疫、驱虫、防寒保温、通风换气等日常管理工作。

 拓展阅读

羔羊在满月之前，吃的最主要的东西就是母乳，羊母乳中含有丰富的免疫物质，可以帮助羊羔提高免疫力，增强体质。羔羊断奶后，首选饲草为优质的青草或青干草，不适合大量的精饲料喂养。

育成羊阶段主要饲料为饲草，草料中注意各种生长必需的营养物质搭配，要富含蛋白质、维生素、矿物质等。

 复习思考

一、单选题

1. 羔羊断尾应在出生后（　　）进行为最适宜。

A. 35 天   B. 30 天   C. 20 天   D. 10 天

2. 羊的最佳去势时间为（   ）。

A. 1～2 周龄   B. 2～3 月龄   C. 4～5 月龄   D. 5～6 周龄

3. 羔羊是指从出生至断奶（   ）这一阶段的羊叫羔羊。

A. 3.5～4 月龄   B. 5～6 月龄   C. 7～8 月龄   D. 9～10 月龄

4. 母羊产后（   ）以内分泌的乳叫初乳。

A. 1 月   B. 3 月   C. 5 天   D. 一年

5. 羔羊一般出生（   ）内吃上初乳。

A. 3h   B. 0.5h   C. 12h   D. 1 天

6. 脐带断开部位距肚脐根部（   ）cm。

A. 1～2   B. 3～4   C. 4～6   D. 8～10

7. 羔羊脐带消毒的方法（   ）。

A. 酒精消毒   B. 碘伏消毒   C. 福尔马林消毒   D. 高锰酸钾消毒

8. 母羊胎衣不下是产羔后胎衣（   ）仍未排出，应及时采取措施。

A. 0.5～1h   B. 1～2h   C. 2～3h   D. 3～4h

二、判断题

1. 羔羊出生后必须让保育员擦干羔羊头背部毛，不能让母羊舔干羔羊的毛。   （   ）

2. 吹风机吹干被毛，最好顺毛吹干。   （   ）

▲ 参考答案

单元三　种公羊的饲养管理

种公羊在羊群中虽然数量少，但利用价值高，配种任务繁重，对后代影响大。因此，必须科学饲养种公羊，以提高其配种效率和受胎率。种公羊要求体质结实，保持中上等膘情，常年健壮、活泼、精力充沛、性欲旺盛，精液量大且品质好。

一、饲料与营养

种公羊所喂饲料应因地制宜、就地取材，但要求日粮富含蛋白质、维生素和矿物质，同时要求饲草品质优良、易消化、体积小和适口性好。为达到营养均衡，种公羊的日粮组成应多样化，日粮至少应包含优质青干草、青贮饲料、多汁饲料和精饲料补充料。适宜种公羊的精料有大麦、燕麦、玉米、饼粕、糠麸类等；多汁饲料主要有胡萝卜；粗饲料有苜蓿干草、青干草和青贮等。

（一）优质粗饲料

提供充足的优质青干草，如苜蓿干草、羊草等。这些干草富含蛋白质、纤维素和矿物质，有助于维持种公羊的消化系统健康和正常的生理功能。

可以适当添加一些青贮饲料，如青贮玉米等，但要注意控制用量，避免青贮饲料酸性过高对种公羊的生殖系统产生不良影响。

（二）精饲料搭配

精饲料应根据种公羊的体重、年龄和生理状态进行合理搭配。一般来说，精饲料中应包含玉米、豆粕、麸皮等。

玉米提供能量，豆粕提供蛋白质，麸皮则有助于调节消化系统。例如，可采用玉米50%、豆粕30%、麸皮20%的比例进行搭配。

还可以添加一些矿物质和维生素预混料，以满足种公羊对各种营养物质的需求。

（三）适时补充多汁饲料

在冬季等缺乏青绿饲料的季节，可以适当补充胡萝卜、甜菜等多汁饲料。多汁饲料富含维生素和水分，有助于提高种公羊的食欲和健康水平。

二、日常管理

俗话说"母羊好，只一窝，公羊好，好一坡"。因此，种公羊的好坏对后代影响很大，必须使公羊常年保持结实健壮的体况、旺盛的性欲和良好的配种能力，不能过肥或过瘦。种公羊饲养管理中须做到以下几个方面。

（一）环境

饲养员必须爱护种公羊，羊舍应保持干燥、通风、清洁，定期消毒，为种公羊提供一个舒适的生活环境。不得惊吓或殴打种公羊，注意掌握种公羊的生活习惯，保持饲料、饮水清洁。

（二）适当运动

运动对种羊的繁殖能力有很大的影响，充足的运动是保证种公羊活泼健壮、性欲旺盛、膘情适中、生产高品质精液的重要条件。因此，种公羊最好采用放牧方式饲养，对舍饲羊场，应设置运动场，每天至少保证公羊2h的强制驱赶运动。可以根据种公羊的实际情况进行调整。

（三）单独饲养

为加强种公羊的饲养管理，种公羊应单独组群，由专人负责饲养管理，避免与母羊和其他公羊混养。这样可以防止种公羊之间的争斗和受伤，同时也有利于对种公羊进行专门的饲养管理，以保证种公羊旺盛的性欲。

（四）合理利用

采用自然交配时，在繁殖季节每天最多可配种2次，每周至少休息2d。采用人工授精时，繁殖季节每天最多采精1次，每周至少休息2d。用作常年生产冷冻精液的公羊，每两天采精1次。无论何种利用强度，每周至少要进行1次精液品质检查，发现精液品质降低，应立即调整利用强度。种公羊采精要固定人选，不可随意换人、换场地。

（五）注意观察

采精和运动后要适当休息再饲喂，并经常观察种公羊的采食、饮水、运动及粪、尿的情况，发现异常及时采取措施。

（六）防暑降温

羊耐寒怕热，种公羊应注意夏季的防暑降温，由于环境温度高，公羊夏季极易出现性欲低下、精液品质大幅度降低的夏季不育现象。放牧饲养时，应采取早、晚放牧方式避暑。舍饲饲养时，应加强羊舍通风，同时采取适当的设施，如运动场外植树、加设遮阳棚等降温设施。舍饲公羊炎热季节要实施降温措施，一是用冷水冲洗运动场和羊舍地面，二是冲洗睾丸。冲洗羊舍水量要少，防止过度潮湿。

（七）刷拭、修蹄

刷拭羊体可去除体表的灰尘和杂物，保持羊体卫生，保持皮肤清洁，促进羊的血液循环和新陈代谢，增强种公羊的体质。刷拭羊体可每天进行 1 次或两天进行 1 次，工具可用棕刷、旧的扫把、旧的钢锯、旧木工锯条等。顺序一般是从前到后，从上到下。可在饲喂后进行。

同时，要定期检查种公羊的蹄部，及时修剪过长的蹄甲，防止蹄部疾病的发生。一般来说，每隔 1~2 个月修剪一次蹄甲。

（八）初次配种的公羊要进行诱导和调教

其他种公羊配种或采精时让其在旁观摩，或人为诱导让其爬跨发情母羊，经过一定时间的训练即能配合采精。

三、配种期的饲养管理

对实施自然交配羊群，种公羊配种期饲养包括配种预备期（配种前 1~1.5 个月）配种期和配种后复壮期（配种后 1~1.5 个月）。

（一）配种预备期

应逐渐提高营养水平，增加混合精饲料量，混合精饲料给量先按配种期喂量的 60%~70% 给予，并逐渐增加到配种期的精料量。同时，每隔 2~3d 采精一次，检查精液品质，以确定每只公羊在配种期的利用强度。

（二）配种期

配种期除放牧外，饲料补饲量大致为：混合精料 0.8~1.2kg，胡萝卜 0.5~1.5kg，青干草 2kg，食盐 15~20g，骨粉或磷酸氢钙 5~10g。草料分 2~3 次饲喂，每日饮水 3~4 次。配种任务繁重时，可每日给鸡蛋 1~2 枚或牛奶 0.5~1kg。

全年配种或采精种公羊的饲养管理，参照配种期饲养管理，但种公羊每年至少要休息 2 个月，并采取隔日采精或连续采精 3 天、休息 2 天的方式，以延长种公羊利用年限。

（三）配种后的复壮期

饲养重点是恢复体力，增膘复壮，其日粮标准和饲养制度要逐渐过渡到非配种期，初期精料不减，增加放牧时间，经过一段时间后再逐渐减少精料，直至过渡到非配种期的饲养标准。

配种期公羊混合精料的参考配方为：玉米 40%~50%，麸皮 15%~20%，熟豆饼或炒黄豆 20%~25%，菜籽饼（熟）5%~6%，棉籽饼（熟）5%~6%，骨粉或磷酸氢钙（脱氟）1%~1.5%，食盐 1%~1.5%，肉羊添加剂或含硒微量元素添加剂 1%~1.5%，碳酸氢钠 0.5%~1%。饲养标准可参考表 6-1。

表 6-1 配种期种公羊饲养标准

饲养期	体重/kg	风干饲料/kg	消化能/MJ	可消化粗蛋白质/g	钙/g	磷/g	食盐/g	胡萝卜素/mg
非配种期	70	1.8~2.1	16.7~20.05	110~140	5~6.0	2.5~3.0	10~15	15~20
	80	1.9~2.2	18.0~21.8	120~150	6~7.0	3.0~4.0	10~15	15~20
	90	2.0~2.4	19.2~23.0	130~160	7~8.0	4.0~5.0	10~15	15~20
	100	2.1~2.5	20.5~25.1	140~170	8~9.0	5.0~6.0	10~15	15~20

续表

饲养期	体重/kg	风干饲料/kg	消化能/MJ	可消化粗蛋白质/g	钙/g	磷/g	食盐/g	胡萝卜素/mg
配种 期1	70	2.2～2.6	23.0～27.2	190～240	9～10	7.0～7.5	15～20	20～30
	80	2.3～2.7	24.3～29.3	200～250	9～11	7.5～8.0	15～20	20～30
	90	2.4～2.8	25.9～31.0	210～260	10～12	8.0～9.0	15～20	20～30
	100	2.5～3.0	26.8～31.8	220～270	11～13	8.5～9.5	15～20	20～30
配种 期2	70	2.4～2.8	25.9～31.0	260～370	13～14	9.0～10	15～20	30～40
	80	2.6～3.0	28.5～33.5	280～380	14～15	10～11	15～20	30～40
	90	2.7～3.1	29.7～34.7	290～390	15～16	11～12	15～20	30～40
	100	2.8～3.2	31.0～36.0	310～400	16～17	12～13	15～20	30～40

四、非配种期的饲养管理

（一）调整饲料

种公羊在非配种期虽然没有配种任务，但仍不能忽视饲养管理工作。除放牧采食外，应补充足够的能量、蛋白质、维生素和矿物质饲料。对体重80～90kg的种公羊，在冬季和早春时期一般每日补给混合精料500g，干草3kg，胡萝卜0.5kg，食盐5～10g，骨粉或磷酸氢钙5g。春、夏过渡期精料不减，增加放牧或运动时间。夏、秋季节以放牧为主，除个别体况差的外，一般不需要补饲。

对舍饲种公羊在非配种期每天补充混合精饲料（全价料）0.25～0.35kg；青绿饲料或胡萝卜每天0.5～0.7kg；优质干草（苜蓿）不限量，每次饲喂保持八九成饱即可。

（二）定期检查

非配种期也要定期对种公羊进行体检，包括体重测量、生殖器官检查等。及时发现和处理潜在的健康问题，确保种公羊在配种期能够保持良好的状态。

总之，种公羊的饲养管理需要精心细致，从饲料营养、日常管理、配种期管理和非配种期管理等方面入手，为种公羊提供良好的生活环境和充足的营养，以保证其健康和繁殖能力。

 复习思考

一、选择题

1. 羊的人工授精中，输精量一般为（　　）。

A. 0.05～0.1ml　　B. 0.5～1ml　　C. 2～5ml　　D. 10～50ml

2. 下列哪个时期给羊配种才能获得最大经济效益？（　　）

A. 初情期　　B. 性成熟　　C. 体成熟　　D. 发情期

3. 绵羊初次配种的年龄一般在（　　）岁左右。

A. 1.5　　B. 2～3　　C. 4～5　　D. 3

4. 以下哪种维生素对种公羊的繁殖性能至关重要，缺乏时会导致精子生成减少、活力下降？（　　）

A. 维生素A　　B. 维生素B　　C. 维生素C　　D. 维生素D

二、判断题

1. 当年留种公羊与成年公羊要分开饲养，以免互相爬跨，影响休息和发育。（　　）

2. 延长精子的存活时间，提高受胎率不属于精液稀释的目的。（　　）

3.种公羊最好采用放牧加舍饲的饲养方式，在青草期以放牧为主，在枯草期以舍饲为主。 （ ）

4.种公羊的饲养管理中，应注意加强运动、防止发胖。 （ ）

5.绵羊，山羊选种的主要对象是种公羊。 （ ）

三、简答题

简述种公羊的饲养管理技术要点。

单元四 母羊的饲养管理

参考答案

成年母羊按生理阶段可分为空怀期、妊娠期和哺乳期 3 个阶段，对各阶段的母羊，根据其配种、妊娠、哺乳对营养物质的需求，给予合理的饲养水平，使母羊能正常地发情配种和繁殖，以保证多胎、多产、多活。产羔后，母羊体内应贮备一定的营养，以满足泌乳的需求，为羔羊的生长发育奠定良好的基础。

一、空怀期母羊的饲养管理

空怀期指羔羊断奶后至母羊再次配种前的时期，即为恢复期。我国各地由于产羔季节不同，空怀期的时间也有所不同，产冬羔的母羊空怀期一般在 5～7 月份；产春羔的母羊空怀期在 8～10 月份。该阶段母羊的饲养任务是使其尽快恢复中等以上体况，以利配种。中等以上体况的母羊情期受胎率可达到 80%～85%，而体况差的只有 65%～75%。因此，应根据哺乳母羊的体况进行适当补饲和羔羊的适时断乳，尽快使母羊恢复体况，应注意保证中等膘情。

（一）饲喂技术

空怀期母羊不配种也不受孕，营养需要量较低。放牧母羊只要抓紧时间搞好放牧，即可满足母羊的营养需要。对于育成母羊，发情配种前仍处在生长发育阶段，需要供给较多的营养；泌乳力强或带双羔的母羊，在哺乳期内的营养消耗大、掉膘快、体况弱，必须加强补饲，以尽快恢复母羊的膘情和体况。舍饲时，应按空怀母羊的饲养标准（表 6-2），制定配合日粮进行饲养。

表 6-2 育成及空怀母羊的饲养标准

月龄	体重/kg	风干饲料/kg	消化能/MJ	可消化粗蛋白质/g	钙/g	磷/g	食盐/g	胡萝卜素/mg
4～6	25～30	1.2	10.9～13.4	70～90	3.0～4.0	2.0～3.0	5～8	5～8
6～8	30～36	1.3	12.6～14.6	72～95	4.0～5.2	2.8～3.2	6～9	6～8
8～10	36～42	1.4	14.6～16.7	73～95	4.5～5.5	3.0～3.5	7～10	6～8
10～12	37～45	1.5	14.6～17.2	75～100	5.2～6.0	3.2～3.6	8～11	7～9
12～18	42～50	1.6	14.6～17.2	75～95	5.5～6.5	3.2～3.6	8～11	7～9

（二）管理技术

在配种前 1～1.5 个月，对放牧饲养的母羊，应安排在牧草繁茂的草地放牧，延长放牧时间，促进抓膘，使体况较差的母羊快速复壮，促进母羊在繁殖季节发情配种，提高受胎率、增加双羔率。

放牧加补饲及舍饲饲养的母羊，挑出年龄偏大、体况弱、高产母羊，在配种前 1.5 个月进行短期优饲。短期优饲的方法，一是延长放牧时间，二是除放牧外，还应适当补饲精料。

视频：妊娠母羊
的饲养管理

二、妊娠期母羊的饲养管理

母羊的妊娠期约为 5 个月。妊娠前 3 个月为妊娠前期，妊娠后 2 个月为妊娠后期。做好妊娠期母羊的饲养管理可减少流产、提高产羔成活率和羔羊初生重、增加母羊泌乳力，对羔羊的生长发育和母羊的恢复非常重要。

（一）饲喂技术

1. 妊娠前期

妊娠前期因胎儿发育较缓慢，所需营养与空怀期基本相同，此期的饲料质量要好。放牧饲养的母羊，秋季配种以后牧草处于青草期或已结籽，营养丰富，母羊只靠放牧饲养即可；若配种季节较晚，牧草已枯黄，则应给母羊补饲，日粮组成一般为苜蓿 50%、青干草 30%、青贮玉米 15% 和精料 5%。如果是舍饲，日粮配比与空怀期相同。

2. 妊娠后期

妊娠后期的母羊，胎儿生长迅速，所增重量占羔羊出生重的 90%，营养物质的需要量很大。在妊娠后期，一般母羊要增加 7～8kg 的体重，因此，单靠放牧是不够的，必须给予补饲。一般在放牧条件下，每羊每天补饲混合精料 0.4～0.6kg，夜间补饲优质青干草，任其自由采食。冬春季节，如果缺乏优质青干草（如苜蓿干草），每日应补饲胡萝卜 1kg。母羊舍饲时，每天喂给青干草 1kg，禾本科秸秆 0.4kg，青贮玉米 2.5kg，精饲料 0.3kg。

母羊补饲精料中各种原料的参考用量为：

玉米 50%～70%，麸皮 10%～20%，熟豆饼 15%～20%，熟菜籽饼 5%～6%，熟胡麻饼或棉籽饼 5%～6%，骨粉或磷酸氢钙（脱氟）1%～1.5%，微量元素添加剂 1%～1.5%，食盐 1%～1.5%。饲养标准可参考表 6-3。

表 6-3 怀孕母羊的饲养标准

怀孕期	体重/kg	风干饲料/kg	消化能/MJ	可消化粗蛋白质/g	钙/g	磷/g	食盐/g	胡萝卜素/mg
前期	40	1.6	12.6～15.9	70～80	3.0～4.0	2.0～2.5	8～10	8～10
	50	1.8	14.2～17.6	75～90	3.2～4.5	2.5～3.0	8～10	8～10
	60	2.0	15.9～18.4	80～95	4.0～5.0	3.0～4.0	8～10	8～10
	70	2.2	16.7～19.2	85～100	4.5～5.5	3.8～4.5	8～10	8～10
后期	40	1.8	15.1～18.8	80～110	6.0～7.0	3.5～4.0	8～10	10～12
	50	2.0	18.4～21.3	90～120	7.0～7.0	4.0～4.5	8～10	10～12
	60	2.2	20.1～21.8	95～130	8.0～9.0	4.0～5.0	9～12	10～12
	70	2.4	21.8～23.4	100～140	8.5～9.5	4.5～5.5	9～12	10～12

（二）管理技术

1. 日常管理技术

在妊娠母羊管理上，前期要防止发生早期流产，后期要防止母羊由于意外伤害而发生早产。对放牧饲养的妊娠母羊，进出圈不要拥挤，上山过沟要慢赶，放牧防止过分疲劳，归牧避免紧追急赶，不打不惊吓；草架、料槽及水槽数量要足，防止喂饮时相互拥挤；饮水时注意饮用清洁水，早晨空腹不饮冷水，忌饮冰冻水，饮水点要防滑倒；妊娠后期仍需坚持运动，每天放牧可达 6h 以上；母羊在预产期前 1 周左右，可放入待产圈内饲养，适当进行运动。

对舍饲羊要做到避免妊娠母羊吃冰冻饲料和发霉变质的饲料，要保持清洁卫生饮水；保持圈舍干燥、清洁，并定期消毒；防止妊娠母羊受惊吓，避免拥挤和追赶；及时收集散落的饲料，禁止外来人员进入羊舍。

2. 母羊产羔前后的护理

（1）临产前的准备工作 饲养员要认真观察母羊的表现与症状，做好临产前的准备工作。

① 产房的准备。在进产房之前须将产房进行彻底清扫、消毒，铺好垫草，保持产房阳光充足、空气新鲜，保持舍内温度在 5℃ 以上并防止贼风，温度过低的产房应添置取暖设备。

② 待产母羊的处理。母羊应在产前 3～5d 进入产房，每只母羊应占有 $2m^2$ 的面积。产前母羊可饮淡盐水或喂给麸皮等倾泻性的饲料。同时，用高锰酸钾水清洗乳房和外阴部，并剪掉乳房周围的体毛。

③ 助产用具的准备。产羔期间应备好产箱，箱内应备有碘酒、药棉、线绳、剪刀、毛巾、纱布条等。

④ 助产人员的准备。助产人员应受过专门的培训，熟悉母羊分娩生理规律。

（2）接产技术 母羊产羔，一般无需助产，在生产的情况下，应让母羊自己把羔羊顺利地产出，以免造成阴道和子宫感染。在这种情况下，接产的主要工作是：

① 擦黏液。在羔羊产出后，把羔羊的口腔、鼻和耳内的黏液掏出和擦干净，羔羊身上的黏液，最好能让母羊自己去舔净，这样有助于增强母子的亲和。如果母羊的母性较差，可将羔羊身上的黏液涂到母羊的嘴上，并设法引诱母羊去添羔羊。

② 断脐带。羔羊出生后，脐带通常能自行扯断，只需用碘酊消毒脐带断头便可。如果脐带不能自行扯断，可在羔羊腹部 5.0cm 左右处人工剪断，并涂擦 5％碘酊消毒，防止脐带感染。

③ 胎衣的处理。母羊分娩后约 1h，胎衣便能自然地脱落并排出母羊体外。胎衣排出后，一定要及时检出和深埋，不要让母羊吞食，以免造成母羊吃子的恶习。

④ 助产。母羊分娩时，常常因为其骨盆狭窄、阴道过小、胎儿过大或母羊体弱，以及胎儿的胎位不正等原因，造成难产。如果母羊在胎水破出后 30min 左右，母羊努责无力和羔羊产不出来时，应马上实施助产。

对于胎位不正的助产，是将母羊的后躯垫高，把羔羊露出的部分送回子宫内，手随之进入产道，矫正胎位，然后将母羊身躯放平，再随着母羊的努责节律，将胎儿拉出。正胎位的表现是，羔羊的前双蹄向下，抱着头与嘴露出母羊阴门。如有与此表现不一样的情况，均为胎位不正，一般都要先正位后再帮母羊把胎儿顺利地产出。

如果胎儿过大而难产者，可将羔羊的两前肢拿住，将胎儿拉出再送入，如此反复几次。然后，再一手拉住羔羊的两前肢，另一手扶住羔羊头，随母羊努责，慢慢地向后下方拉出。千万不要在操作时用力过猛。

⑤ 假死羔羊的急救。假死羔羊产出后，表现发育正常，心脏有跳动，但不呼吸。产出的羔羊如果出现假死的情况，应当立即提起羔羊的两后肢，使其悬空倒挂，轻拍击其背、胸部；也可以让羔羊仰卧，用两手有节律地推压胸部两侧。属于短时假死的羔羊，在经过这两种方法处理后，一般都能复苏。如果因为受冻而造成假死的羔羊，应当立即将羔羊移入暖室并进行温水浴。进行温水浴的办法是，将羔羊放入 38℃ 的温水内，使其头露出水面，严防呛水，然后把水温逐渐地升至 45℃，浸泡 20～30min，羔羊便可以复苏。

（3）产后母羊的护理 母羊在分娩的过程，体能消耗大，失去的水分多，新陈代谢机能下降，抵抗力减弱。此时，如果对母羊的护理不当，不仅会影响母羊身体的健康，还会造成缺奶，使生产性能下降。

对产后母羊的护理，应注意保暖、防潮、避免母羊受风和感冒；要保持产圈干燥、清洁和安静。产羔后 1h 左右，应给母羊 1～1.5L 温水或豆浆水，切忌喝冷水。同时要喂饲少量的优质干草或其他粗饲料。头三天尽量不喂精饲料，以免发生乳房炎。饲喂精饲料时，要先少再逐渐增多。随着羔羊吃初乳的结束，精料量可逐渐增至预定量。

视频：哺乳期
母羊的饲养管理

三、哺乳期母羊的饲养管理

母羊的哺乳期一般 3 个月左右，分为哺乳前期（哺乳期前 2 个月）和哺乳后期（哺乳期最后 1 个月）。饲养好哺乳母羊的关键，一是提高母羊的泌乳量，保证羔羊的生长发育；二是保持母羊的良好体况。

（一）饲喂技术

1. 泌乳前期（羔羊生后 2 个月）

泌乳前期的母羊，因泌乳旺盛，营养需要量很大。而在大多数地区，泌乳前期的母羊正处在枯草或青草萌发期，单靠放牧显然满足不了营养需要。因此，对于泌乳前期的母羊，要求以补饲为主，放牧为辅。应根据母羊的体况及所带单羔、双羔的情况，按照饲养标准配制日粮。

一般情况下，产单羔的母羊，每羊每日补饲混合精料 0.3～0.5kg，优质青干草最好是豆科牧草 1～1.5kg，多汁饲料 1.5kg。产双羔母羊每天补精料 0.6～0.8kg，青干草、苜蓿干草各 1kg，多汁饲料 1.5kg。

2. 泌乳后期（羔羊 2 月龄后）

泌乳后期的母羊，泌乳能力下降，即使增加补饲料量也难以达到泌乳前期的泌乳水平。而此时羔羊的胃肠功能也趋于完善，可以利用青、粗饲料，不再主要依靠母乳而生存。因此，对泌乳后期的母羊，以恢复母羊体况为目的，应以放牧采食为主，逐渐取消补饲。若处于枯草期，可适当补喂青干草。饲养标准可参考表 6-4。

表 6-4　哺乳母羊的饲养标准（每羊每日）

怀孕期	体重/kg	风干饲料/kg	消化能/MJ	可消化粗蛋白质/g	钙/g	磷/g	食盐/g	胡萝卜素/mg
前期	40	2.0	18.0～23.4	100～150	7.0～8.0	4.0～5.0	10～12	6～8
	50	2.2	19.2～24.7	110～190	7.5～8.5	4.5～5.5	12～14	8～10
	60	2.4	23.4～25.9	120～200	8.0～9.0	4.6～5.6	13～15	8～12
	70	2.6	24.3～27.2	120～200	8.5～9.5	4.8～5.8	13～15	9～15

（二）管理技术

管理上要保证饮水充足，圈舍干燥清洁，寒冷季节要增加保温设施。

放牧饲养的母羊，产羔后在羊舍内饲养 3～5d，然后组成母子群，晴天放到离羊舍较近的牧场自由活动，阴天和雨天尽量把羔羊留在羊舍内饲养。放牧十几天后母子分开，母羊出去放牧，羔羊在舍内训练吃料，母羊 1 天 3 次喂奶时才与羔羊共处。随后实行昼离夜合，保证羔羊有充足的奶吃。羔羊出生 1～2 个月后便能独立大量采食草料，不再完全依靠母乳，应减少母羊哺乳次数和时间，同时逐渐减少羔羊精饲料喂量，直到断奶前全部撤销精饲料。

舍饲母羊哺乳期可适当缩短为 45～60d，如羔羊发育比较整齐一致可采用一次性断奶。断奶后母羊关入较远的羊舍，以免羔羊恋母。断奶前要减少母羊多汁饲料、青贮料和精料的饲喂量，防止乳房炎发生。

? **复习思考**

一、选择题

1. 绵羊的发情周期为（　　）天。
A. 7～14 　　　　　　 B. 14～21 　　　　　　 C. 21～28 　　　　　　 D. 28～35

2. 成年母羊的生理时期可分为（　　）。
A. 配种期 　　　　　　 B. 空怀期 　　　　　　 C. 妊娠期 　　　　　　 D. 哺乳期

3. 羊的妊娠时间为（　　）个月左右。
A. 4 　　　　　　 B. 5 　　　　　　 C. 6 　　　　　　 D. 7

二、填空题

1. 母羊每次发情所持续的时间（即发情开始到结束的时间）为_____。

2. 由上次发情开始到下次发情开始的间隔时间，称为_____。

3. 母羊产羔按季节可分为_____和冬羔。

三、判断题

1. 一般7～9月份配种，12月份至翌年1～2月份产羔叫春羔。（　　）

2. 妊娠后期的母羊，为保证身体健康，亦应坚持运动。（　　）

3. 母羊产羔后，为迅速恢复体况、多产奶，应立即喂以优质精饲料。（　　）

4. 母羊在妊娠后期需要的营养少，应注意补饲。（　　）

四、简答题

试述繁殖母羊的饲养管理技术要点。

▲
参考答案

单元五　肉羊育肥

肉羊育肥不仅仅是简单地让羊只增加体重，它涉及饲料的合理搭配、饲养环境的优化、疫病的有效防控以及生长周期的精准把控。通过科学的育肥方法，可以使肉羊在最短的时间内达到最佳的生长状态，产出鲜嫩多汁、营养丰富的优质羊肉。对于养殖户而言，高效的肉羊育肥意味着更高的经济收益和更广阔的市场前景。它是实现养殖产业可持续发展的关键步骤，也是推动农业现代化进程的重要力量。

一、羔羊的育肥

羔羊出生后1岁内，完全是乳齿的羊屠宰后的肉称羔羊肉。乳羔肉是指断奶前屠宰的羔羊肉。肥羔肉是指断奶后转入育肥，体重达到一定标准的4～6月龄屠宰的羔羊肉。

（一）育肥羔羊生产的特点

① 羔羊肉质具有鲜嫩、多汁、瘦肉多、脂肪少、味美、易消化及膻味轻等优点，深受消费者的青睐。市场需求量大、行情好、价格高，在某些地方比成年羊肉价高1/3～1/2。

② 6～9月龄宰杀的羔羊，羔羊皮质量好、价格高。

③ 育肥羔羊生长快，生产成本低，饲料报酬高。1～5月龄的羔羊体重增长最快，其饲料报酬为（3∶1）～（4∶1），而成年羊的饲料报酬比则为（6∶1）～（8∶1），饲料上可以节省近一半的量。

④育肥羔羊当年出生、当年育肥、当年屠宰，提高了出栏率及出肉率，缩短生产周期，当年就能获得最大的经济效益。也便于组织专业化、规模化、集约化生产。

⑤育肥羔羊生产是适应饲草季节性变化的有效措施，羔羊当年屠宰减轻了越冬期的人力和物力的消耗，避免了冬季掉膘，甚至死亡的损失。

⑥由于不养羯羊，压缩了羯羊的饲养量，从而改变了羊群的结构，大幅度地增加了母羊的比例，有利于扩大再生产，可获得更高的经济效益。

（二）羔羊生长发育的特点

羔羊阶段正处于生长发育的第二高峰，生理代谢机能旺盛，无论是机体的绝对生长还是相对生长速度都较快，对饲料的利用效率较高，育肥的成本相对较低，经济效益高。通常早熟肉用品种羊在生长最初3个月内骨骼的发育最快，此后变慢、变粗，4～6个月龄时，肌肉组织发育最快，以后几个月脂肪组织的增长加快，到1岁时肌肉和脂肪的增长速度几乎相等。按照羔羊的生长发育规律，周岁以内尤其是4～6月龄以前的羔羊，生长速度很快，平均日增重一般可达200～300g左右。如果从羔羊2～4月龄开始，采用强度育肥的方法，育肥期50～60d，其育肥期内的平均日增重能达到或超过原有水平，这样羔羊长到4～6月龄时，体重可达成年羊体重的50%以上。

视频：羔羊
育肥技术

（三）羔羊早期育肥

1. 哺乳羔羊育肥

哺乳羔羊育肥，是采用羔羊不提前断奶，保留原有的母子对，提高隔栏补饲水平，3月龄后挑出达到屠宰体重的羔羊（山羊：20kg；绵羊：25～27kg）出栏上市，达不到者断奶后仍可转入一般羊群继续饲养。这种育肥方式利用母羊的全年繁殖，安排秋季和冬季产羔，生产元旦和春节等节日特需的羔羊肉。

哺乳羔羊育肥技术要点如下：

（1）饲料配制　母羊哺乳期间每天喂足量的优质豆科干草，另加500g精料。羔羊补饲饲料的配制以玉米为主，适当搭配豆饼或炒黄豆、食盐、维生素和矿物质添加剂。另外供给优质苜蓿青干草，干草品质不佳时，日粮中应添加50～100g蛋白质饲料。

（2）饲喂技术　哺乳羔羊育肥基本上以舍饲为主，母子同时加强补饲。对羔羊应及早隔栏补饲，且越早越好，一般在10日龄开始补饲，一天2次，每次喂量以20min吃尽为宜。优质苜蓿青干草，由羔羊自由采食。

（3）适时出栏　3月龄后，从羔羊群中分批挑出达到屠宰体重的羔羊（山羊：20kg；绵羊：25～27kg）出栏上市。不够屠宰标准的羔羊留群继续饲养，一直到4月龄断奶时为止。断奶后再转入舍饲育肥群继续饲养，进行短期强度育肥，不做育肥的羔羊，可以优先转入繁殖群饲养。

2. 早期断奶羔羊育肥

早期断奶羔羊育肥是指羔羊在45～60d断奶，采用全价料育肥，育肥期为50～60d，到120～150日龄活重达30kg左右时屠宰上市。

羔羊生后3个月内生长最快，同时羔羊头、蹄、毛、内脏等非胴体组成部分随体重和日龄的增加而增加，早期育肥，可以使胴体组成部分的重量增加大于非胴体部分，有较高的屠宰率。3月龄之前，瘤胃发育不完全，微生物作用很弱，消化方式与单胃家畜相似，固体谷粒特别是整粒玉米通过瘤胃被破碎后进入皱胃，经消化后转化成葡萄糖被吸收，减少了瘤胃微生物对营养成分的酵解损失，饲料转化率高。全精料育肥只喂谷粒饲料，不喂粗饲料，管理简化。

早期断奶羔羊育肥上市，可以填补夏季羊肉供应淡季的空缺，缺点是胴体偏小，生产规模受羔羊来源限制，采用精料育肥，饲料成本高，难以推广。

（1）早期断奶羔羊育肥前的准备

① 隔栏补饲。羔羊在1.5月龄断奶前半个月实行隔栏补饲，或在早、晚有一定时间将羔羊与母羊分开，让羔羊在专用栏内活动，活动栏内放置精料槽和饮水槽，其余时间让母子同处。补饲的饲料应与断奶后育肥饲料相同。羔羊活动区内要保持地面干燥，地面铺少许垫草。

② 预防注射。育肥羔羊常见传染病有肠毒血症和出血性败血症。肠毒血症疫苗可在产羔前给母羊注射，或在断奶前给羔羊注射。

（2）早期断奶羔羊育肥技术要点

① 育肥饲料的选择和日粮的配制。选择谷粒饲料配制的全价饲料作为育肥饲料，谷粒刚开始补饲时可以稍加破碎，习惯后则以整粒为宜。一般以玉米育肥效果较好，饲料配合比例为：整粒玉米83%，黄豆饼15%，石粉或骨粉1.4%，食盐0.5%，微量元素和维生素0.1%。（维生素和微量元素添加量按每千克育肥饲料计算：其中维生素A、维生素D、维生素E分别为500单位、1000单位、20单位，硫酸锌1mg，硫酸锰80mg，氧化镁200mg，碘酸钾1mg）。

② 饲喂技术。育肥羔羊饲喂方式采用自由采食和自由饮水，最好采用自制的简易自动饲槽，自动饲槽应随羔羊日龄适当升高，以防止羔羊四肢踩入槽内，污染饲料，降低饲料摄入量，扩大球虫病和其他疾病的传播。育肥期内不改变饲料配方，始终保持饲槽内不断料，饮水槽内保持清洁饮水。

③ 管理技术。经常观察羔羊采食行为及粪便情况，如发现某些羔羊啃食圈墙时，应在运动场内添设盐槽，槽内放入食盐或食盐加等量的石灰石粉，让羔羊自由采食。正常情况下粪便呈黄色团状，粪团内无玉米粒，在天气变化或遇阴雨天可能出现拉稀，必要时可用肠道消炎药治疗。

3. 断奶羔羊育肥

正常断奶羔羊育肥是羊肉生产的主要方式，也是促进肉羊生产向集约化方向发展的主要途径。羔羊3～4月龄正常断奶后，除部分羔羊选留到后备群外，其余羔羊通过适宜的育肥方式育肥后进行出售处理。

（1）断奶羔羊的育肥方式 育肥方式因各地生态环境、饲养方式、经营规模等实际情况而不同，根据饲养方式可分为：放牧育肥、混合育肥和舍饲育肥3种方式。

① 放牧育肥。放牧育肥其主要特征是以天然放牧为主要饲养方式，以牧草为主要营养来源的一种育肥方式。这种方式主要适合于我国的内蒙古、青海、甘肃、新疆和西藏等省区的牧区。其优点是饲养管理成本低和效益相对较高。缺点是育肥周期长，同时因受气候和草场长势等多种不稳定因素变化的干扰和影响，使得育肥效果不稳定。

② 混合育肥。混合育肥主要特征是以放牧加补饲为饲养方式，以天然牧草、农副产品和谷物饲料为主要营养来源的一种育肥方式。这种育肥方式既能缩短肉羊生产周期，增加肉羊出栏数、出肉量，又可以充分利用有限的饲草资源，降低生产成本，提高经济效益。这种方式较适合于牧区羔羊育肥，具体分为两种情况，一是草场质量或放牧条件差，仅靠放牧不能满足快速育肥的营养需要，在放牧的同时，给育肥羔羊补饲一定的混合精料和优质干草，满足羔羊的营养需求。二是秋末冬初，牧草枯萎后，对放牧育肥后膘情仍不理想，采取补饲精料，延长育肥时间，进行短期强度育肥，育肥期30～40d，使其达到屠宰体重，提高胴体重和羊肉品质。

③ 舍饲育肥。舍饲育肥的主要特征是以在舍内集中批量饲养，人工喂养为饲养方式，以按照饲养标准和饲料营养价值配制的日粮为营养来源的一种育肥方式。舍饲育肥方式适用

于粮产丰富的地区。利于组织规模化、标准化、无公害肉羊生产，有助于我国羊肉质量标准与国际通用准则接轨，进而打入国际市场。

(2) 断奶羔羊育肥前的准备

① 育肥圈舍的准备。应对育肥圈舍进行清扫、消毒，防止育肥期间羊只发病，并做好育肥期间的卫生工作。消毒药可选用石灰乳、消毒灵、灭杀王、碘伏等，按配比交替使用。

② 羔羊进入育肥圈舍前后的准备。为了减轻应激反应，在羔羊离开原生存环境之前，应先集中，暂停给水给草，空腹一夜，第二天早晨称重后运出。进入育肥圈后，应减少惊扰，让羔羊充分休息，开始1～2d只喂一些易消化的干草，并保证充足饮水。

③ 驱虫和预防注射。羔羊在进入育肥圈休息3～5d，为防止寄生虫病和传染病的发生，对所有育肥羔羊进行全面驱虫和预防注射。驱虫药可选择使用一种，抗蠕敏（阿苯达唑），每千克体重15～20mg，灌服。虫克星（阿维菌素），每千克体重0.2～0.3mg（有效含量），皮下注射或口服。接种羊快疫、猝狙、肠毒血症三联苗，每只羊5ml，皮下或肌内注射，再隔14～15d注射一次。从外地购来的羊只要在水中加抗生素，连服5d。

④ 剪毛。如果天气条件允许时，可以在育肥开始前剪毛，剪毛对育肥增重有利，同时也可以减少蚊蝇骚扰和避免羊群在天热时扎堆造成中暑。

⑤ 组群。根据羊的品种、月龄、性别、体重、膘情等情况进行组群，尽量把同性别、同月龄和体重相近的羊编为一组，膘情好和体质强壮的羊与膘情差、体质弱的羊分别编组。根据不同类型的羊群调配放牧地和配合日粮，以利于抓膘和增重均衡。

(3) 断奶羔羊放牧育肥技术要点

① 育肥时间。一般羔羊育肥时间为90～120d。

② 放牧地选择。羔羊育肥增重靠增加肌肉，要在豆科牧草和1～3年生人工草地放牧。放牧前期可选择差一点的草场、草坡，放牧中期尽量选择好的草场放牧，放牧后期，选择优质草场如苜蓿草地或秋茬子地进行放牧，充分利用天然牧草资源生产优质羊肉。

③ 放牧技术要领。羔羊断奶普遍在5～6月份，此时正是牧草生长旺季，很适宜刚断奶羔羊的采食，加之夏季昼长夜短，放牧时要坚持早出牧，午歇好（乘凉、饮水），晚归牧的方式，延长放牧时间，让羔羊吃饱吃好。进入伏天，放牧时要早出晚归，禁食露水草。进入秋季，牧草结子，营养丰富，是羔羊育肥抓膘的黄金时节，放牧时要控制羊群，稳步少赶，轮流择草放牧，多食草，少跑路，严禁跑长路"放野羊"。

(4) 断奶羔羊混合育肥技术要点

育肥前期，育肥羔羊每天放牧6～8h，同时，分早晚两次补饲草料，每日每只补精料200～300g。育肥后期舍饲，每日每只精料饲喂量为250～500g，粗料不限量，自由采食，每日饮水2～3次。

(5) 断奶羔羊舍饲育肥技术要点

① 育肥时间。舍饲育肥时间一般为60d，最长不能超过90d。羔羊育肥可分为育肥前期、育肥中期和育肥后期三个阶段。如育肥期为60d，即育肥前、中、后期各为20d。育肥前期管理的重点是观察羔羊对育肥管理是否习惯，有无病态羊，羔羊的采食是否正常，根据采食情况调整补饲标准，饲料配方等；育肥中期加大补饲量，增加蛋白质饲料比例，注重饲料中营养的平衡和质量；育肥后期在加大补饲量的同时，增加饲料的能量，适当减少蛋白质的比例，以增加羊的肥度，提高羊肉的品质。

② 预饲期。羔羊进入育肥圈后，不论是强度育肥还是一般育肥，都要有个预饲过渡期。设定预饲期的目的是羔羊组群后，必须有一个适应性饲养阶段（羊与羊之间要适应、羊与新环境要适应、羊与新的饲草料要适应），才能开始育肥。预饲期大约为15d，分三个阶段进行。

第一阶段 1～3d，羔羊只喂干草，让其适应新环境。第二阶段 7～10d，从第三天起逐步用第二阶段日粮更换干草日粮，第七天换完，喂到第十天。第三阶段是 10～14d，由第三阶段的日粮逐渐更换第二阶段日粮。预饲期 15d 结束后，转入正式育肥期。

第二阶段日粮配方为：玉米粒 25%，干草 64%，糖蜜 5%，油饼 5%，食盐 1%。配方中含蛋白质 12.9%，钙 0.78%，磷 0.24%，精粗饲料比 36：64。

第三阶段日粮配方为：玉米粒 39%，干草 50%，糖蜜 5%，油饼 5%，食盐 1%。配方中含蛋白质 12.2%，钙 0.62%，磷 0.26%，精粗饲料比 50：50。

预饲期投喂饲料应用普通饲槽，不宜用自动饲槽，平均每只羊占饲槽长度为 25～30cm，保证羔羊在投喂时都能够到饲槽前采食。每日投喂两次，投料量以 30～45min 内吃完为准，量不够要添，量过多要清扫。

③ 育肥期。预饲期结束后，进入正式的育肥期。根据育肥计划和增重要求结合当地饲料条件，确定育肥的日粮类型，常用的日粮类型有精料型、粗料型和青贮型 3 种。

二、成年羊育肥

成年羊育肥是指为了改善淘汰的成年羊肉质，提高屠宰率进行的育肥方法。一般采用淘汰的老、弱、乏、瘦以及失去繁殖机能的羊进行育肥，还有少量的去势公羊进行育肥。这类羊一般年龄较大，屠宰率低，肉质较粗，饲料转化效率较低。经育肥后，使肌肉间和肌纤维间脂肪增加，肉质得到改善，经济价值也可提高。

视频：成年羊育肥技术

（一）成年羊育肥原理

成年羊育肥原理，一是根据成年羊是机能活动最旺、生产性能最高的时期，能量代谢水平稳定，虽然绝对增重达到高峰，但在饲料丰富的条件下，仍能迅速沉积脂肪。二是利用成年母羊补偿生长的特点，采取相应的育肥措施，使其在短期内达到一定体重。补偿生长现象是由于羊在某些时期或某一生长发育阶段饲草饲料摄入不足而造成的，若此后恢复较高的饲养水平，羊只便有较高的生长速度，直至达到正常体重或良好膘情。成年母羊的营养受阻可能原因为，一是繁殖过程中的妊娠期和哺乳期，此时因特殊的生理需要，即便在正常的饲喂水平时，母羊也会动用一定的体内贮备；二是季节性的冬瘦和春乏，由于受季节性的气候、牧草供应等影响，冬、春季节的羊只常出现饲草料摄入不足。

（二）成年羊育肥期的确定

成年羊在育肥过程中，随着膘情的改善，羊肉中的水分相对减少，脂肪含量增加，蛋白质含量相对有所下降。但成年羊体内沉积脂肪的能力有限，到满膘时就不会再增重。因此，成年羊育肥期不宜过长，以 2～3 月为宜。

（三）育肥前的准备

1. 羊舍及设备的清洁消毒

在圈内设置足够的水槽、料槽，并进行环境（羊舍及运动场）清洁与消毒。在羊舍的进出口处设消毒池，放置浸有消毒液的麻片，同时用 2%～4% 的 NaOH 溶液喷洒消毒。运动场在清扫干净后，用 3% 的漂白粉、生石灰或 5% NaOH 水溶液喷洒消毒。羊舍清扫后用 10%～20% 石灰乳或 10% 漂白粉、3% 来苏水、5% 热草木灰、1% 石炭酸水溶液喷洒。

2. 选羊与分群

要选择膘情中等、身体健康、牙齿好的羊只育肥，淘汰膘情很好和极差的羊。挑选出来的羊应按体重大小和体质状况分群，一般把相近情况的羊放在同一群育肥，避免因强弱争食造成较大的个体差异。

3. 注射肠毒血症三联苗和驱虫

寄生虫不但能消耗羊的大量营养，而且还分泌毒素，破坏羊只消化、呼吸和循环系统的生理功能，严重影响羊的育肥效果，所以在羊育肥之前应首先进行驱虫。驱虫药物的选择根据羊寄生虫的流行情况进行选用。一般常用的驱虫药有（每千克体重的口服剂量）：阿苯达唑 15～20mg；左旋咪唑 8mg；灭虫丁 0.2ml。其中阿苯达唑具有高效、低毒和广谱的特点，对于羊的肝片吸虫、肺线虫、消化道线虫、绦虫等均有效，可同时驱除混合感染的寄生虫，是较为理想的驱虫药。使用驱虫药时，要求剂量准确，一般先进行小群试验，在取得经验后再进行全群驱虫。

（四）成年羊育肥技术

成年羊育肥方式可根据羊只来源和牧草生长季节来选择，目前主要的育肥方式有放牧与补饲混合型和舍饲育肥两种。

1. 放牧补饲型育肥技术

（1）夏季育肥　成年羊以放牧育肥为主，在青草期，可选择生长茂盛、地势平坦、有水源的地方，对淘汰羊进行体况恢复性放牧，特别是体况差的羊可利用青草使其复膘，然后再育肥。一般在放牧 1～2 个月后，要有不少于 1 个月的舍饲育肥期。在自由采食粗饲料的情况下，每只羊每日补饲 0.5～0.75kg 混合精料。牧草丰盛时，可适当减少补饲量。

（2）秋季育肥　主要选择体躯较大、健康无病、牙齿良好的淘汰老母羊和瘦弱羊为育肥羊，育肥期一般在 80～100d。可采用使淘汰母羊配上种，母羊怀胎后行动稳重，食欲增强，采食量增大，上膘快，怀胎育肥 60d 左右宰杀；也可将羊先转入秋场或农田茬子地放牧，待膘情好转后，再转入舍饲育肥。

（3）日粮配制　现推荐四个以青贮玉米为主的育肥日粮配方供参考。

配方 1：禾本科干草 0.5kg，青贮玉米 4.0kg，碎谷粒 0.5kg。此配方日粮中含干物质 40.60%，粗蛋白质 4.12%，钙 0.24%，磷 0.11%，代谢能 17.974MJ。

配方 2：禾本科干草 1.0kg，青贮玉米 0.5kg，碎谷粒 0.7kg。此配方日粮中含干物质 84.55%，粗蛋白质 7.59%，钙 0.60%，磷 0.26%，代谢能 14.379MJ。

配方 3：青贮玉米 4.0kg，碎谷粒 0.5kg，尿素 10g，秸秆 0.5kg。此配方日粮中含干物质 40.72%，粗蛋白质 3.49%，钙 0.19%，磷 0.09%，代谢能 7.263MJ。

配方 4：禾本科干草 0.5kg，青贮玉米 3.0kg，碎谷粒 0.4kg，多汁饲料 0.8kg。此配方日粮中含干物质 40.64%，粗蛋白质 3.83%，钙 0.22%，磷 0.10%，代谢能 15.884MJ。

2. 舍饲育肥技术

此法适用于有饲料加工条件的地区和饲养的肉用成年羊或羯羊。

（1）育肥期确定　成年羊育肥周期一般以 60～80d 为宜。底膘好的成年羊育肥期可以为 40d，即育肥前期 10d，中期 20d，后期 10d；底膘中等的成年羊育肥期可以为 60d，即育肥前、中、后期各为 20d；底膘差的成年羊育肥期可以为 80d，即育肥前期 20d，中、后期各为 30d。

（2）日粮配制　预饲期应以粗饲料为主，适当搭配精饲料，并逐步将精饲料的比例提高到 40%。进入强度育肥期，精饲料的比例可提高到 60%。

补饲用混合精料的配方可大致为：玉米、大麦、燕麦等能量籽实类占 80% 左右，蛋白质补充料如蚕豆、豌豆、饼粕类占 20% 左右。另外，要加入占混合精料量 1%～2% 的食盐及混合矿物质和其他添加剂。

　　成年羊舍饲育肥时，最好加工为颗粒饲料。颗粒饲料中秸秆和干草粉可占 55%～60%，精料 35%～40%。现推荐两个典型日粮配方供参考。

　　配方1：草粉 35.0%，秸秆 44.5%，精料 20.0%，磷酸氢钙 0.5%。此配方每千克饲料中含干物质 86%，粗蛋白质 7.2%，钙 0.48%，磷 0.24%，代谢能 6.897MJ。

　　配方2：禾本科草粉 30.0%，秸秆 44.5%，精料 25.0%，磷酸氢钙 0.5%。此配方每千克饲料中含干物质 86%，粗蛋白 7.4%，钙 0.49%，磷 0.25%，代谢能 7.106MJ。

　　（3）饲喂技术　成年羊只日粮日喂量依配方不同而有差异，一般为 2.5～2.7kg，每天投料两次，日喂量的分配与调整以饲槽内基本不剩为标准。喂颗粒饲料时，最好采用自动饲槽投料，雨天不宜在敞圈饲喂，午后应适当喂些青干草（每只 0.25kg），以利于成年羊反刍。

 拓展阅读

断奶羔羊舍饲育肥常见饲料类型

精料型日粮

　　精料型日粮仅适于体重较大的健壮羔羊育肥用，如进圈羊只活重较大的，绵羊为 35kg 左右，山羊 20kg 左右，经 40～55d 的强度育肥，出栏时体重可达到 48～50kg，在管理上要保证羔羊每只每日食入粗饲料 45～90g。

　　现提供精料型日粮配方供参考：玉米粒 96%，蛋白质平衡剂 4%，矿物质自由采食。其中蛋白质平衡剂成分为：苜蓿 62%，尿素 31%，粘固剂 4%，磷酸氢钙 3%，经粉碎混合后制成直径为 0.6cm 的颗粒。矿物质成分为：石灰石粉 50%，氯化钾 15%，硫酸钾 5%，骨粉 19.5%，食盐 9.6%，多种微量元素 0.9%。每日给羔羊采食 100～150g 秸秆或干草。

　　在饲喂上，最好是采用自动饲槽，保证料槽内不断饲料，每只羔羊料槽的位置为 30cm，并保证充足饮水。

　　注意羔羊对育肥期的饲料至少要有 10d 的适应期，要按照渐加慢换原则，逐步转向育肥日粮的全喂量。

　　精料型日粮不含粗饲料，但为了保证羔羊每日摄入一些粗纤维，可以另给少量秸秆，每天每只 45～90g。如果羔羊圈用秸秆当垫草，每天更换，也可以不另喂。

粗料型日粮

　　粗饲料型日粮可按投料方式，分为普通饲槽用（把精料和粗料分开喂给）和自动饲槽用（把精料和粗料合在一起喂给）。为减少浪费，对有一定规模的肉羊饲养场，采用自动饲槽用粗饲料型日粮。

　　粗料型日粮时精粗料比：育肥前期精粗料比 30：70，育肥中期日粮精粗比 36：64，育肥后期日粮精粗料比 50：50。如果要求育肥强度还要加大的话，混合精料的含量可增到 60%（但绝对不应超过 60%），此时一定要注意防止引发肠毒血症，以及因钙磷比例失调而发生尿结石。混合精料可 5～7d 配一次，喂前再按比例加粗饲料。

　　现提供四个适用于自动食槽用的粗料型日粮配方供参考：四个饲料配方中，前两个为中等能量水平，后两个为低能量水平。

　　配方1　玉米 58.75%，干草 40%，黄豆饼 1.25%，另加抗生素 1.00%。此配方风干饲料中含粗蛋白质 11.37%，总消化养分 67.10%，钙 0.46%，磷 0.26%，精粗比为 60：40。

　　配方2　全株玉米 65%，干草 20%，蛋白质补充剂 10%，糖蜜 5%。此配方中，蛋白质补充剂成分为黄豆饼 50%，麸皮 33%，稀糖蜜 5%，尿素 3%，石灰石粉 3%，磷酸氢钙 5%，微量元素加食盐 1%。此外，每千克补充剂中加维生素 A 33000 国际单位，维生素 D_3 300 国际单位，维生素 E 330 国际单位。本配方风干饲料中含粗蛋白质 11.12%，总消化养分 66.9%，钙 0.61%，磷 0.36%，精粗比为 67：33。

　　配方 3　玉米粒 53.00%，干草 47.00%，另加抗生素 0.75%。此配方日粮风干饲料中含粗蛋白质 11.29%，总消化养分 64.9%，钙 0.61%，磷 0.36%，精粗比为 53：47。

　　配方 4　全株玉米 58.75%，干草 28.75%，蛋白质补充剂 7.50%，糖蜜 5.00%。其中，蛋白质补充剂成分同配方 2。本配方风干饲料中含粗蛋白质 11.00%，总消化养分 64.00%，钙 0.64%，磷 0.32%，精粗比为 59：41。

　　日粮中干草应以豆科牧草为主，配制出的日粮要成色一致，尤其是带穗的玉米必须碾碎，以羔羊难以挑出玉米粒为佳。

　　要按照渐加慢换原则，逐步转向育肥日粮的全喂量。每只羔羊日喂量应为 1.5～2kg。

　　采用自动饲槽，每天投料 1 次，槽内装足 1 天的用量，注意不能让槽内饲料流空。采用普通饲槽，将每日精饲料总量均分成两份，早、晚各一份。每次给料时，先喂精饲料，吃完后等候片刻，再给干草。喂精料时如果羔羊吃后有剩余，说明喂量偏高，应及时加以调整。

青贮型日粮

　　青贮型日粮以玉米青贮饲料为主，可占到日粮的 67.55%～87.5%。一般青贮方法难以适用育肥初期羔羊和短期强度育肥羔羊，但若选择豆科牧草、全株玉米、糖蜜、甜菜渣等原料青贮，并适当降低其在日粮中的比例，也可用于强度育肥，羔羊育肥期将大为缩短，育肥期日增重能达到 160g 以上。

供参考日粮配方：

　　配方 1　碎玉米粒 27%，青贮玉米 67.5%，黄豆饼 5.0%，石灰石粉 0.5%，维生素 A 和维生素 D 分别为 1100 国际单位和 110 国际单位，抗生素 11mg。此配方风干饲料中，含粗蛋白质 11.31%，总消化养分 70.9%，钙 0.47%，磷 0.29%，精粗比为 67：33。

　　配方 2　碎玉米粒 8.75%，青贮玉米 87.5%，蛋白质补充料 3.5%，石灰石粉 0.25%，维生素 A 和维生素 D 分别为 825 国际单位和 83 国际单位，抗生素 11mg。此配方风干饲料中，含粗蛋白质 11.31%，总消化养分 63.0%，钙 0.45%，磷 0.21%，精粗比为 33：67。

　　饲喂时，羔羊应先喂 10～14d 左右的预饲日粮，再逐渐增加青贮饲料型日粮，10～14d 内达到全喂量，即每只 2.5kg 以上；注意饲料要过磅称重，不能估计重量。

 复习思考

一、选择题

1. 成年羊育肥选择多大年龄进行？（　　）

A. 0.5～1 岁　　　　B. 1.5～2 岁　　　　C. 2～2.5 岁　　　　D. 1 岁

2. 成年羊育肥的育肥期以几天为宜？（　　）

A. 40～55d　　　　B. 55～70d　　　　C. 75～100d　　　　D. 100～150d

3. 成年羊育肥的日粮应以哪种饲料为主？（　　）

A. 干草　　　　B. 青贮料　　　　C. 精料　　　　D. 青料

4. 大羊育肥方式宜选用（　　）。

A. 全放牧育肥　　　B. 全舍饲育肥　　　C. 混合育肥　　　D. 以上都可

二、判断题

1. 只要羔羊体重达到一定标准就可以出栏，不需要考虑市场需求。（　　）
2. 羔羊育肥舍饲比放牧育肥的生长速度一定更快。（　　）
3. 育肥羔羊出现轻微腹泻是正常现象，不需要处理。（　　）
4. 所有品种的羔羊育肥开始年龄都是一样的。（　　）

三、简答题

1. 你认为早期断奶羔羊强度育肥和断乳羔羊育肥哪种方法更好？
2. 简述羔羊的育肥方法和要点。

▲
参考答案

单元六　羊的日常管理

一、编号

编号对于识别羊只是一项必不可少的工作。编号便于选种选配。羊的编号分为群号、等级号和个体号三种。群号指在同一群羊中、羊体上的同一个部位所做的同一种记号，以期与其他羊群相区别。编号方法一般由放牧人员自定。等级号一般用于羊的等级鉴定。个体编号常用的方法有耳标法、打耳号法、墨刺法和烙角法。

（一）编号时间

编号时间最好在出生一个月以内。

（二）编号的方法

1. 耳标法

舍饲羊群多采用长方形耳标，耳标插于左耳基部。

耳标用金属或塑料制成，形状有圆形、长条形和凸形几种。耳标可在使用前按照规定统一编号，通常的编号方法是：第一、二位数分别取父本和母本品种的第一个汉字或汉语拼音的第一个大写字母；第三位数字表示出生年份，取公历年份的最后一位数字；第四至第六位表示个体编号；尾数为奇数代表公羔，偶数代表母羔，如系双羔，可在编号后加"－"标出1或2。例如：某母羊2007年出生，双羔，其父本为边区莱斯特羊（B表示），母本为青海高原半细毛羊（Q表示），个体编号为828，则该羊完整的编号为BQ7828－1。

佩戴耳标应在出生后15d左右进行，佩戴时用耳号钳在羊耳上缘血管少处穿孔，同时用碘酒在穿孔处消毒，然后将编号的耳标穿入并固定。

2. 打耳号法

可以利用耳号钳在羊耳上打号，每剪一个耳缺，代表一定的数字，把几个数字相加，即得所要的编号。以羊耳的左右而言，一般应采取左大右小，下1上3，公单母双（或连续排列）。右耳下部一个缺口代表1，上部一个缺口代表3，耳尖缺口代表100，耳中圆孔代表400。左耳下部一个缺口代表10，上部一个缺口代表30，耳尖缺口代表200，耳中圆孔代表800。用打号钳打孔时，要避开血管，打号前要用碘酒充分消毒。

3. 墨刺法

此种方法即用特制刺墨钳（上边有针制的字钉，可随意置换排列号码）蘸墨汁把号打在羊耳朵里边。本方法简便经济，且不掉号，缺点是有时字迹模糊，不易辨认。

4. 烙角法

此种方法即用烧红的钢字,把号码烙在角上,一般右角烙个体号,左角烙出生号。本法仅适用于有角的羊,可用来作辅助编号。

二、羔羊断尾

羔羊的断尾主要针对肉用绵羊品种、公羊同本地母绵羊的杂交羔羊、半细毛羊羔羊。这些羊均有一条细长的尾巴,为避免粪尿污染羊毛,及防止夏季苍蝇在母羊阴部产卵而感染疾病,便于母羊配种,必须断尾。

(一)断尾时间

在羔羊出生1周左右进行断尾。

(二)断尾方法(图6-1)

1. 热断法

操作需要两个人配合,一人保定羔羊,即两手分别握住羔羊的前后肢,把羔羊的背贴在保定人的胸前,一人骑在一条长板凳上,正好把羔羊跨坐在两面钉有铁皮的木板上。断尾的人在离尾根4cm处(第三、四尾椎之间),用钉有铁皮并带有半月形缺口的木板,把尾巴紧紧地压住。把灼热的断尾铲取来(最好用两个断尾铲,轮换烧热使用),稍微用力在尾巴上往下压,即将尾巴断下,切的速度不宜过急,否则往往止不住血。断下尾巴后,若仍出血,可再用热铲烫一烫,即可止住。然后用碘酒消毒。热断法的优点是速度快,操作简便,失血少,缺点是伤口愈合慢。

2. 结扎法

原理同去势结扎法。即用橡胶圈在尾巴适当的位置(第三、四尾椎之间)紧紧扎住,断绝血液流通,下端的尾巴约10d自行脱落。

(a)断尾钳断毛法

(b)结扎法

图6-1 断尾方法

三、剪毛和药浴

(一)剪毛

细毛羊、半细毛羊及生产同质毛的杂种羊,一般每年仅在春季剪毛一次。粗毛羊和生产异质毛的杂种羊,可在春、秋季各剪毛一次。剪毛时间应根据当地气候和羊群膘情而定,宜在气温较高且环境条件稳定时进行,细毛羊一般在春季5~6月份剪毛,粗毛羊可在秋季9~10月份再剪1次,一般按羯羊、公羊、育成羊和带羔母羊的顺序来安排剪毛。

1. 剪毛前准备

剪毛前要拟定剪毛计划,包括剪毛的组织领导、剪毛人员及其物品准备,如剪子、磨刀石、席子、秤、碘酊、记录本、剪毛机械等。剪毛应选择晴天上午进行，剪毛时羊只应空腹，剪毛后再饲喂。剪毛场地应视羊群大小而定。羊露天剪毛时，场地要打扫干净，要特别注意防止杂物混入羊毛。羊群大时，可专设一剪毛室，室内光线要好，宽敞、干净。

羊群在剪毛前12h停止放牧、喂料和饮水，以免在剪毛过程中粪尿沾污羊毛和因饱腹在翻转羊体时引起胃肠扭转事故。剪毛前使羊群拥挤在一起，促进羊体油汗溶化，便于剪毛。雨后因羊毛潮湿不应立即剪毛，否则剪下的羊毛包装后易引起霉烂。

2. 剪毛方法

有手工剪毛（图6-2）和机械剪毛（图6-3）两种，手工剪毛是用一种特制的剪毛剪进行剪毛，劳动强度大，一人一天大约能剪20～30只羊；机械剪毛是用一种专用剪毛机进行剪毛，速度快，质量好，效率比手工剪毛可提高3～4倍。

图6-2　手工剪毛

图6-3　机械剪毛

剪毛可从羊毛品质较差的羊开始。在不同品种中，可先剪异质毛羊，后剪基本同质毛羊，最后剪细毛羊和半细毛羊；同一品种中，剪毛顺序为羯羊、试情公羊、育成公羊、母羊和种公羊，这样可利用价值较低的羊只，让剪毛人员熟练技术，减少损失。

剪毛时，先将羊左侧前后肢捆在一起，使羊左侧卧地，先由羊后肋向前肋直线开剪，然后按与此平行方向剪腹部及胸部毛，再剪前后腿毛，最后剪头部毛，一直将羊的半身毛剪至背中线，再用同样方法剪另一侧毛。翻羊时最好以背上位翻转，防止发生胃肠异位等。剪毛时要尽可能避免剪破皮肤，防止皮肤感染，一旦发生剪伤，切不可用土敷伤口，可用5%碘酊涂抹，也可用烟灰敷于伤口上以防感染。剪毛的留茬高度应在0.3～0.5cm左右，剪毛时切忌剪二刀毛。皱褶多的羊只，可拉紧皮肤后剪子平对着皱褶横向开剪防止剪伤皮肤。细毛及其杂种羊剪毛时，应尽量保持套毛的完整，以利于工厂选毛。

剪完一只羊后，须仔细检查，若有伤口，应涂上碘酒，以防感染。剪毛后防止羊暴食。牧区气候变化大，羊剪毛后，几天内应防止雨淋和烈日暴晒，以免引起疾病。

（二）药浴

剪毛后要进行2次药浴，否则羊群春秋两季最容易暴发疥癣，很难处理。

1. 药浴使用的药剂

药浴使用的药剂有0.05%的锌硫磷水溶液、石硫合剂。石硫合剂的配制方法为，生石灰15kg，硫黄粉25kg，用水搅成糊状，加水300kg，用铁锅煮沸，边煮边用棒搅拌，到呈浓茶色时停止，然后倒入木桶或水缸里，沉淀后取上清液加入温水，就可进行药浴。

2. 药浴时应注意事项

① 在药浴前 8h 停止喂料，在入浴前 2～3h 给羊饮足水，以免羊进入药浴池后，吞饮药液。

② 先让健康的羊药浴，有疥癣的羊放在最后药浴。

③ 药液一般深度为 70cm，可根据羊的体高增减，以没及羊体为原则。入浴时羊群鱼贯而行。药浴池出口处设有滴流台，羊在滴流台上停留 20min，使羊体的药液滴下来，流回药浴池。

④ 工作人员手持带钩的木棒，在药池两边控制羊群前进，不让羊头进入药液中。但是，当羊走近出口时，故意将羊头迅速按进药液内一两次，为的是防止羊的头部发生疥癣。

⑤ 离开滴流台后，将羊收容在凉棚或宽敞的厩舍内，避免日光照射。药浴后 6～8h，可以喂羊饲料或放牧。

⑥ 药浴时间在剪毛后 7～10d 进行比较好，过迟过早都不好。剪毛时留下的伤口痊愈后才能药浴。第 1 次药浴后，隔 8～14d 再重复药浴 1 次。

四、修蹄

在生产中因不注意修蹄而使蹄尖上卷、蹄壁裂折、蹄叉腐烂、四肢变形、跪下采食者经常可见。种用公羊蹄子有问题，轻者运动困难，影响品质，重者因此而不能配种失去种用价值，所以在养羊生产中要随时注意检查，经常修蹄。

（一）修蹄时间

修蹄工作最好在雨后或雪后进行，因此时蹄较软，易于操作。

（二）修蹄方法

修蹄（图 6-4）时要将羊保定好，一人将羊臀部坐在地上，四肢朝外，人在羊后面握住羊两前肢，控制住羊。一人左手握住需要修整的那个羊腿系部，右手握住修趾剪，剪去角质过长的部分，然后用蹄剪将过长的蹄壳剪掉，再用修蹄刀将蹄部削平呈方圆形，削至看见淡红色血管即可，不可修剪过度。如果修剪造成出血，可以涂上碘酒消毒，或撒上高锰酸钾粉末。要注意修整后要将羊放到干燥地面上饲养几天。

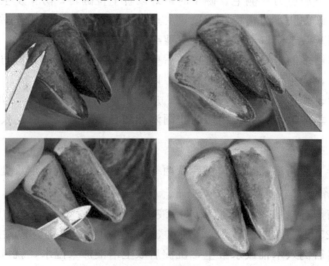

图 6-4 修蹄

拓展阅读

肉用羊和奶用羊在日常管理上的区别

1. 饲养目的与营养需求

肉用羊：以增重、提高屠宰率产肉为目的。育肥期需高能量饲料（如玉米），能量比维持期高 $30\%\sim50\%$，前期粗蛋白 $16\%\sim18\%$，后期调整比例促脂肪沉积。

奶用羊：为获优质羊奶，关注乳腺和乳汁分泌。能量供应要稳，粗蛋白 $17\%\sim19\%$，需优质青贮、谷物及适量动物性蛋白，钙磷比 $(1.5\sim2)$：1，对维生素 A、维生素 D、维生素 E 要求高。

2. 繁殖管理

肉用羊：依市场需求安排繁殖周期，追求高效繁殖，种公羊侧重生长、体型、繁殖性能，配种合理安排频率，自然交配 1 配 $20\sim30$ 只母羊，人工授精可提高利用率。

奶用羊：一年一胎保证繁殖健康，发情鉴定要准，种公羊重繁殖与遗传，配种后关注孕期，产羔后确保母仔健康。

3. 日常饲养管理

肉用羊：育肥可选舍饲或放牧。舍饲要控饲养密度（每平 $3\sim4$ 只），定时定量供料，前期粗精 6：4，后期调整；放牧选好牧场，控制时间距离。后期少运动促脂肪沉积。

奶用羊：挤奶前温水清洁、按摩乳房 $2\sim3\,min$，设备常消毒，每天挤奶 $2\sim3$ 次，挤后消毒乳头防乳房炎；保证每天 $2\sim3\,h$ 运动。

4. 疾病防控

肉用羊：易患代谢、呼吸道、肠道疾病。防代谢病要控精料，查体况和生化指标；防呼吸道和肠道病要通风、控密度、保证饲料饮水卫生。

奶用羊：常见乳房炎，要注意乳房清洁护理，规范挤奶，发病及时隔离治疗。还易有营养代谢病，需定期检测营养状况调配方。

? 复习思考

一、选择题

1. 结扎法断尾是用橡皮圈在（　　）尾椎之间紧紧扎住。
A. 第三，第四　　　　B. 第一，第二　　　　C. 第二，第三　　　　D. 第四，第五

2. 羔羊断尾一般应在羔羊出生后几周左右进行？（　　）
A. 4 周　　　　　　　B. 3 周　　　　　　　C. 2 周　　　　　　　D. 1 周

3. 羊断尾目的是防止粪便污染羊后躯，提高羊毛品质，并且断尾后有利于配种，下列羊中哪类需要断尾？（　　）
A. 肉用羊　　　　　　B. 细毛羊　　　　　　C. 乳用羊　　　　　　D. 皮用羊

4. 秋季剪毛大多在几月份进行？（　　）
A. 9 月　　　　　　　B. 10 月　　　　　　　C. 11 月　　　　　　　D. 4 月

5. 剪毛应从什么羊开始？（　　）
A. 高价值羊　　　　　B. 低价值羊　　　　　C. 无所谓　　　　　　D. 中等价值羊

6. 剪毛前，绵羊应空腹（　　）小时才能避免在翻动羊体时造成肠扭转。
A. 24　　　　　　　　B. 18　　　　　　　　C. 12　　　　　　　　D. 36

二、填空题

绵羊编号的方法甚多，主要有_____、刺字法和剪耳法等方法。

三、判断题

1. 羔羊编号的目的是选种、选配和科学地饲养管理。   （   ）

2. 用剪耳法进行羔羊编号的缺点是羊数量多了不适用，缺口太多容易识错，耳缘外伤也会造成缺口混淆不清。   （   ）

3. 剪毛翻羊时最好以背上位翻转，防止发生胃肠异位等。   （   ）

参考答案

四、简答题

绵羊剪毛时万一剪破皮肤，怎么处理？

项目七　羊产品的分类与评定

学习目标

知识目标: 1. 了解羊肉的营养价值;掌握羊屠宰、胴体分割分级方法。
2. 了解羊奶的营养价值;掌握羊奶收集、运输、储藏、卫生检查要求。
3. 了解羊毛、羊绒、羊皮组织结构及鉴定标准。
4. 了解羊毛、羊绒、羊皮采收和初步加工方法。

技能目标: 1. 能分割羊胴体;
2. 能够检测羊肉、羊奶营养组分、含量及卫生指标。
3. 能够进行羊毛、羊绒、羊皮分级分类。
4. 能够以恰当的方法对羊肉、羊奶、羊皮、羊绒进行贮存、运输。

素质目标: 1. 具有严谨认真的职业素养。
2. 具备诚实劳动、食品安全意识。
3. 培养学生善思考、勤动手的习惯。
4. 培养学生热爱祖国、热爱中华民族传统文化的情怀。

项目说明

羊产品包括羊肉、羊奶、羊毛、羊皮和羊绒等。

羊肉是优质蛋白质来源,肉质细嫩、营养丰富。羊肉的评定主要包括胴体大小、背部膘厚、外观品质、肌肉发育情况、脂肪分布、颜色及肉品质等。羊奶富含营养,易于消化吸收。羊奶的评定主要包括蛋白质含量、脂肪含量、乳糖含量、奶源地、生产工艺等。羊毛可用于纺织,保暖性强。羊绒则以轻薄、柔软、保暖著称,是高档纺织材料,制成衣物温暖又舒适。羊毛与羊绒的评定主要包括纤维细度、长度、光泽、弹性、柔软度以及缩绒性等指标。羊皮可制成皮草、皮具,耐磨美观,质地坚韧。羊皮的评定主要包括皮革的表面光洁度、柔软度、皮纹分布以及耐用性等指标。总之,不同类型的羊产品有不同的评定标准和侧重点,我们需要知道这些产品的结构、营养价值等特点。

单元一　羊肉

一、羊肉的成分及营养价值

羊肉作为一种高蛋白、低脂肪的肉类食材,其营养成分丰富且均衡,具有多种对人体健康有益的营养价值。以下是羊肉的主要营养成分及其对应的营养价值。

（一）蛋白质

羊肉富含高质量蛋白质。蛋白质是构成肌肉、骨骼、皮肤、毛发等组织的基本成分，对于维持人体正常生理功能具有重要作用。适量摄入羊肉，有助于补充人体所需的蛋白质，促进生长发育和修复受损组织。

（二）脂肪

羊肉中的脂肪含量相对较低，且多为不饱和脂肪酸，如亚油酸、亚麻酸和花生四烯酸等。这些不饱和脂肪酸有助于降低血液中的胆固醇和甘油三酯水平，有利于维护心血管健康。同时，羊肉中的脂肪还能提供人体所需的能量，维持正常的生理功能。

（三）矿物质

羊肉含有丰富的矿物质，如铁、锌、硒、磷等。这些矿物质对于维持人体正常生理功能具有重要作用。例如，铁是血红蛋白和肌红蛋白的重要组成成分，有助于预防贫血；锌对于维持免疫系统、促进伤口愈合和维持生殖健康等方面具有重要作用；硒则是一种抗氧化剂，有助于保护细胞免受氧化损伤。

（四）维生素

羊肉还含有多种维生素，如 B 族维生素（包括维生素 B_1、B_2、B_6、B_{12} 等）和维生素 A 等。这些维生素对于维持人体正常生理功能具有重要作用。例如，B 族维生素有助于维持神经系统和心血管系统的健康；维生素 A 则有助于维护视力、皮肤健康和增强免疫功能。

（五）其他营养成分

除了上述主要营养成分外，羊肉还含有肌酸、左旋肉碱等有益成分。肌酸有助于增强肌肉力量和耐力；左旋肉碱则有助于促进脂肪代谢和减轻运动疲劳。

二、肉羊的屠宰

肉羊的屠宰是一个涉及多个步骤和工艺的流程。

（一）屠宰前的准备

1. 禁食

在屠宰前 24h，将肉羊禁食，以便在屠宰时防止胃肠内容物污染肉。

2. 驱赶与保定

肉羊在屠宰前会被驱赶到一个密闭或指定的地方，以免逃脱或造成伤害。同时，为确保屠宰过程的顺利进行，需要对肉羊进行保定，即固定其身体，防止其挣扎。

（二）屠宰方法

目前，肉羊的屠宰方法主要有以下 4 种。

1. 直接屠宰法

步骤：禁食、驱赶、屠宰（割喉和切断主动脉）、后续处理（倒吊排血）。

特点：简单易行且成本低廉，但可能对动物福利造成负面影响。

2. 钩宰法

步骤：在肉羊的下颚和肠管之间穿孔，用钩子将肉羊悬挂起来以便排出血液，之后缝合切喉处。

特点：相比直接屠宰法，动物福利表现较好，但成本较高，更多用于大规模的屠宰工厂。

3. 电击屠宰法

步骤：通过电击使肉羊昏迷，然后割喉放血。

特点：可以减少肉羊的痛苦，但如果电击不够强或持续时间过短，可能导致肉羊意识未完全消失，延长其痛苦。

4. 气体屠宰法

步骤：将肉羊送入气体室进行屠宰，使其昏迷后再进行后续处理。

特点：高效且相对人性化，但需要更复杂的设备，在国内使用还不广泛。

（三）屠宰后的处理（图 7-1）

（1）放血　确保肉羊充分放血，以减少肉中的淤血和异味。

（2）剥皮与去头蹄　剥去羊皮，去掉羊头和四肢蹄部。

（3）开膛摘取内脏　剖腹后摘取内脏，除保留肾及肾脂外，其他内脏及内脏脂肪全部摘除。

（4）胴体处理　将胴体清洗干净，去除多余的脂肪和筋膜。

（5）排酸与冷藏　将胴体放置于 0～4℃ 的环境下进行排酸处理，然后冷藏保存。

图 7-1　羊屠宰后的处理

（四）屠宰检疫与卫生管理

（1）检疫工作　对屠宰后的羊肉进行严格的检疫工作，确保肉品安全卫生。

（2）卫生管理　屠宰场应保持清洁卫生，定期消毒；操作人员应勤洗手、穿戴整洁的工作服；屠宰工具和设备应定期清洗和消毒。

三、羊胴体的分级与分割

羊胴体的分级与分割是羊肉加工中的重要环节，对于提高羊肉的附加值和满足市场需求具有重要意义。胴体指的是羊宰杀、放血后除去皮毛、内脏、头尾及四肢（腕及关节以下）后剩下的躯体部分。

（一）羊胴体的分级

羊胴体的分级主要依据胴体重、外观、肉质、脂肪厚度及大理石花纹等因素进行。在中国，常见的羊胴体分级标准包括大羊肉胴体分级标准、羔羊肉胴体分级标准和肥羔羊肉胴体分级标准。这些标准通常分为特等级、优等级、良好级和可用级四个级别（表 7-1）。

表 7-1 各类羊肉依据胴体重分级情况

类别	特等级	优等级	良好级	可用级
大羊肉胴体	25～30kg	22～25kg	19～22kg	16～19kg
羔羊肉胴	>18kg	15～18kg	12～15kg	9～12kg
肥羔羊肉胴体	>16kg	13～16kg	10～13kg	7～10kg

注：肥羔肉指的是 4～6 月龄，经快速育肥获得的羔羊肉。

1. 大羊肉胴体分级标准

（1）特等级 胴体重 25～30kg，肉质好，脂肪含量适中，大理石花纹丰富，脂肪和肌肉硬实，肌肉颜色深红，脂肪乳白色。

（2）优等级 胴体重 22～25kg，背部脂肪厚度 0.5cm，大理石花纹明显，脂肪和肌肉硬实，肌肉颜色深红，脂肪白色。

（3）良好级 胴体重 19～22kg，背部脂肪厚度 0.3cm，大理石花纹略现，脂肪和肌肉略软，肌肉颜色深红，脂肪浅黄色。

（4）可用级 胴体重 16～19kg，背部脂肪厚度 0.3cm 以下，无大理石花纹，脂肪和肌肉软，肌肉颜色深红，脂肪黄色。

2. 羔羊肉胴体分级标准

（1）特等级 胴体重大于 18kg，背部脂肪厚度 0.5～0.8cm，大理石花纹明显，脂肪和肌肉硬实，肌肉颜色深红，脂肪乳白色。

（2）优等级 胴体重 15～18kg，背部脂肪厚度 0.3cm，大理石花纹略显，脂肪和肌肉较硬实，肌肉颜色深红，脂肪白色。

（3）良好级 胴体重 12～15kg，背部脂肪厚度 0.3cm 以下，无大理石花纹，脂肪和肌肉较软，肌肉颜色深红，脂肪浅黄色。

（4）可用级 胴体重 9～12kg，背部脂肪厚度 0.3cm 以下，无大理石花纹，脂肪和肌肉较软，肌肉颜色深红，脂肪黄色。

3. 肥羔羊肉胴体分级标准

（1）特等级 胴体重大于 16kg，眼肌大理石花纹略显，脂肪和肌肉硬实，肌肉深红，脂肪乳白色。

（2）优等级 胴体重 13～16kg，无大理石花纹，脂肪和肌肉较硬实，肌肉颜色深红，脂肪白色。

（3）良好级 胴体重 10～13kg，无大理石花纹，脂肪和肌肉略软，肌肉颜色深红，脂肪浅黄色。

（4）可用级 胴体重 7～10kg，无大理石花纹，脂肪和肌肉软，肌肉颜色深红，脂肪黄色。

羊胴体的分级可参考一些行业标准，如 NY/T 630—2002《羊肉质量分级》，该标准规定了羊肉质量等级、评定分级方法、检测方法等，适用于羊肉生产、加工、营销企业产品分类分级。

（二）羊胴体的分割（图 7-2）

羊胴体的分割是将整只羊胴体按照不同的部位进行切割，以便更好地满足市场需求和消费者偏好。常见的羊胴体分割方法包括后腿肉、腰肉、肋肉、肩胛肉、胸下肉、颈肉等部位的分割。

（1）后腿肉　从最后腰椎处横切下的后腿部分；肉质较好，适合多种烹饪方式。

（2）腰肉　从最后腰椎处至最后一对肋骨间横切，去掉胸下肉；肉质细嫩，适合涮、煎、烤等烹饪方式。

（3）肋肉　从最后一对肋骨间至第 4 与第 5 对肋骨间横切，去掉胸下肉；肥瘦互夹而无筋，适合涮、烤、炒等多种烹饪方式。

（4）肩胛肉　从肩胛骨前缘至第 4 肋骨，去掉颈肉和胸下肉；肉质较硬，适合炖、烤等烹饪方式。

图 7-2　羊胴体的分割

（5）胸下肉　从肩端到胸骨，以及腹下无肋骨部分，包括前腿腕骨以上部分；肉质较嫩，适合炖、煮汤等烹饪方式。

（6）颈肉　从最后颈椎与第 1 胸椎间切开的整个颈部肉；肉质较粗，但富含胶原蛋白，适合制作肉馅及丸子等。

此外，还有上脑、里脊、外脊肉、肋脊排、羊肚腩肉、尾龙扒、磨裆肉、黄瓜条、羊霖、羊腱等部位的分割，这些部位的肉质和烹饪方式也各不相同。羊肉的分割可参考遵循一些行业标准，如 NY/T 1564—2021《畜禽肉分割技术规程 羊肉》。

四、羊肉的安全质量检测

羊肉的安全质量检测是对羊肉品质、安全性及营养成分进行全面评估的过程，以确保其符合食品安全标准和消费者的要求。通过严格的检测流程和标准，可以及时发现和处理不合格的羊肉产品，保障消费者的健康和权益。

（一）检测样品

羊肉检测的样品通常包括不同部位的生鲜羊肉、冷冻羊肉、加工羊肉制品。这些样品可能来自不同品种的羊，甚至可能经过不同的饲养方式和屠宰加工方法，因此检测项目也会根据具体样品有所调整。

（二）检测项目

1. 感官质量检测

（1）颜色　确保羊肉的色泽符合正常标准，如红色或淡粉红色，表面有光泽，肌肉纹理清晰。若肉色发暗、发灰或发绿，则可能表示羊肉已经不新鲜或存在质量问题。

（2）气味　排除异味或腐败气味。新鲜的羊肉应具有一种特有的微弱膻味，但不会有刺鼻的异味。恶臭、酸臭或腥臭等属于异常气味。

（3）组织状态　评估羊肉的紧实度和弹性。新鲜羊肉应有弹性，当用手指轻轻按压时，能够迅速恢复原状。若肉质松软、按压后无法恢复或有黏稠感，则可能表示羊肉的品质不佳。

（4）鲜度　通过观察肉的光泽和切面判断其新鲜程度。

2. 理化指标检测

（1）水分含量　评估羊肉的含水率，水分含量过高或过低都可能影响其口感和保鲜性。

（2）蛋白质含量　是衡量羊肉营养价值的重要指标之一。最常用的方法是通过测定样品中的氮含量来推算蛋白质含量。

（3）脂肪含量　也是衡量羊肉营养价值的重要指标，同时影响口感。通常通过测定羊背膘厚度的方法来进行羊肉脂肪的测量。

（4）pH值　反映羊肉的酸碱度，影响其品质和保鲜时间。

（5）灰分含量　主要用于评估羊肉中的矿物质含量。

3. 微生物指标检测

（1）菌落总数　评估羊肉的卫生状况。

（2）大肠菌群　同样用于评估羊肉的卫生状况。

（3）沙门氏菌　常见的食源性致病菌，检测其是否存在可以有效预防食物中毒等问题。

（4）金黄色葡萄球菌　也是常见的食源性致病菌，需要严格检测。

4. 安全性评估

（1）农药残留　确保羊肉在生产过程中未受到过量的化学物质污染。

（2）兽药残留　同样需要检测，以确保羊肉的安全性。

（3）重金属含量　评估羊肉是否受到环境污染，如铅、镉、汞等重金属的检测。

（4）添加剂检测　检查是否有非法添加物（如瘦肉精）的存在，以确保羊肉的食用安全性。

5. 营养成分检测

除了蛋白质和脂肪含量外，还包括羊肉中的维生素、矿物质（如铁、锌、钙等）和氨基酸含量。这些营养成分的检测有助于评估羊肉的营养价值，特别是在市场推广和标签标识方面提供科学依据。

（三）检测标准

羊肉的安全质量检测需要遵循一系列国家标准，如 GB/T 13214—2021《牛肉类、羊肉类罐头质量通则》、GB/T 42120—2022《冻卷羊肉》、GB/T 9961—2008《鲜、冻胴体羊肉》等。这些标准规定了羊肉的质量要求、检测方法、抽样规则等，为羊肉的安全质量检测提供了依据。

　拓展阅读

"瘦肉精"羊肉事件

2021 年的"3·15"晚会上，央视曝光了河北沧州青县存在部分经销商贩售瘦肉精羊肉的问题。羊肉"瘦肉精"事件让人很气愤，但是很多人却不知道瘦肉精的危害到底是什么。"瘦肉精"并不是一种药物，而是一类药物的统称，简单来说，任何能够抑制动物脂肪生成、促进瘦肉生长的物质都可以称为"瘦肉精"。饲喂添加这类物质的饲料后，动物不仅长得快而且体形健美、毛色鲜亮，屠宰后的畜产品瘦肉鲜红、深厚，皮下脂肪层薄、紧贴皮肤，因卖相好，适合人们低脂高蛋白的营养需求而养殖效益提高，受到养殖户的欢迎。使用含有"瘦肉精"的饲料可以提前肉制品上市时间，降低生产成本，但食用含有"瘦肉精"的肉类食品，则会给人体带来严重危害，甚至危及生命。因此，"瘦肉精"这种东西，世界上任何一个国家也没有批准可以在动物养殖中使用。

参考答案

? 复习思考

一、选择题

1. 下面属于羊肉品质评定指标的是（　　）。

A. 肉色　　　　　B. 大理石纹　　　　C. pH 值　　　　D. 膻味

2. 胴体不包括（　　）。

A. 皮毛　　　　　B. 内脏　　　　　　C. 头　　　　　D. 蹄

二、判断题

1. 新鲜羊肉的酸碱度在 5.9～6.5 之间。　　　　　　　　　　　（　　）

2. 羊屠宰之前不需要禁食。　　　　　　　　　　　　　　　　（　　）

三、简答题

1. 简述羊的屠宰流程。

2. 羊胴体如何分割？

单元二　羊奶

一、羊奶的营养价值

　　羊奶营养丰富，其干物质中，蛋白质、脂肪、矿物质含量均高于人奶和牛奶，乳糖含量低于人奶和牛奶。

　　山羊奶中蛋白质不仅含量高，而且品质好，易消化，10 种必需氨基酸中除蛋氨酸外的其余 9 种氨基酸含量均高于牛奶，山羊奶中易于消化的游离氨基酸含量也高于牛奶。羊奶中酪蛋白含量较牛奶低，而有重要作用的易消化的清蛋白、球蛋白含量较牛奶高。其凝乳表面张力较小，食入后，乳蛋白在胃内形成絮状凝块，其结构细小松软，易于消化吸收，所以，羊奶蛋白质有较高的消化率。

　　山羊奶的脂肪主要由甘油三酯类组成，也有少量的磷脂类、胆固醇、脂溶性维生素类、游离脂肪酸和单油酸甘油酯类，其中对人体有重要作用的磷脂含量较高。除含有多种饱和脂肪酸外，尚含有较多的不饱和脂肪酸，色泽呈乳白色，熔点较牛奶乳脂低，夏天气温高时呈半固体状态。用山羊乳脂制成的奶油，经发酵后味美醇香，无不良气味，可与牛奶的奶油相媲美。羊奶的脂肪球直径比牛奶脂肪球小得多，且大小均匀。由于脂肪球的表面积大，可与消化液充分接触，容易被消化吸收，而且在保存过程中不易上浮结成奶皮。羊奶中富含短链脂肪酸，山羊奶中这类低级脂肪酸比牛奶中高 4～6 倍，这也是羊奶消化率高的主要原因之一。

　　山羊奶矿物质含量较高，维生素较丰富，羊奶中的矿物质含量远高于人奶，也高于牛奶，特别是钙和磷。山羊奶中的钙主要以酪蛋白钙的形式存在，很容易被人体吸收，它是供给老年人、婴儿钙的最好食品。山羊奶中的铁含量，高于人奶，和牛奶接近。山羊奶中维生素 A、硫胺素、核黄素、烟酸、泛酸、维生素 B_6、叶酸、生物素、维生素 B_{12} 和维生素 C 等 10 种主要维生素的总含量比牛奶高。特别是维生素 C 的含量是牛奶的 10 倍，烟酸含量是牛奶的 2.5 倍，维生素 D 的含量也比牛奶高。由于山羊把胡萝卜素转变成无色的维生素 A 的能力强，而使奶中胡萝卜素含量甚微，故奶油呈白色。山羊奶中的维生素 B_{12} 和叶酸，前者低于牛奶，后者低于牛奶和人奶，人们担心如果这两种维生素的含量和利用不当，会引起儿童的贫血，而这两种维生素从食物中，特别是从蔬菜中很容易获得，只要注意补充，就不

会引起贫血病发生。

山羊奶和牛奶的 pH 比较接近，均呈弱酸性，山羊奶 pH 为 6.4～6.8，牛奶 pH 为 6.5～6.7，奶中含有多种有机酸和有机酸盐，为优良的缓冲剂，可以中和胃酸，对于胃酸过多者或胃溃疡病患者，是一种有食疗作用的保健食品。

二、山羊奶的物理特性

（一）色泽及气味

新鲜的山羊奶为白色不透明液体。奶的色泽是由奶的成分决定的，如白色是由脂肪球膜蛋白、酪蛋白酸钙、磷酸钙等对光的反射和折射所产生的，白色以外的颜色是由核黄素、胡萝卜素等物质决定的。

山羊奶含有一种特殊的气味——膻味。羊奶的膻味比羊肉的膻味要淡得多，在通常情况下不易闻出，一般在加热或饮食时可感觉出来，这种气味在持续保存之后就更加强烈，这也是有些消费者不喜欢饮用山羊奶的重要原因，但通过脱膻处理，可以消除这种气味。

山羊奶脂肪的含量高于牛奶，其氯化物和钾的含量也高于牛奶，乳糖含量低于牛奶，所以其味道浓厚油香，没有牛奶甜。

（二）密度与比重

羊奶的密度是指羊奶在 20℃时的质量与同体积水在 4℃时的质量比。羊奶的比重是在 15℃时，一定体积羊奶的质量与同体积水的质量之比。

羊奶的比重和密度在同一温度下的绝对值差异很小，仅为 0.002，也就是说乳的密度较比重小 0.002。如正常羊奶的密度平均为 1.029，牛奶的密度平均为 1.030，而其比重则分别为 1.031 和 1.032。

乳的密度随着乳成分和温度的改变而变化。乳脂肪增加时密度就降低，乳中掺水时密度也降低，每加 10%的水，密度约降低 0.003（即降低 3 度），在 10～25℃下，温度每变化 1℃，乳的密度就相差 0.0002（即 0.2 度）。

（三）表面张力

测量表面张力的目的是鉴别奶中是否混有其他添加物。在 20℃下，牛奶的表面张力为 0.04～0.06N/m，羊奶的表面张力为 0.02～0.04N/m。表面张力受温度、乳脂率的影响较大。表面张力小，乳块细软，容易消化。

（四）电导率

奶的电导率与其成分，特别是与氯离子和乳糖含量有关，当乳中氯离子含量升高或乳糖含量减少时，电导率增大。

正常山羊奶的电导率在 25℃时为 0.0062S/m，在 5～70℃时，温度与电导率呈直线相关。电导率超出正常值，则认为是患乳腺炎的病羊乳。

（五）冰点

奶的冰点比较稳定，变动范围也很小。羊奶的冰点平均为 -0.58℃，范围在 -0.664～-0.573℃。而牛奶的冰点平均为 -0.55℃，范围在 -0.565～-0.525℃。

奶中掺水，冰点升高。所以，冰点是检验鲜奶中掺水的重要指标。一般情况下，奶中加 1%的水时，冰点约上升 0.0054℃。乳腺炎乳、酸败乳冰点降低。

三、山羊奶的膻味及其控制方法

（一）山羊奶膻味的来源

膻味是山羊本身所固有的一种特殊气味，它是山羊代谢的产物。

山羊的奶和肉都有膻味。母山羊皮脂腺的分泌物有膻味，繁殖季节公羊身体、尿液的气味以及国外一些学者认为公山羊两角基部的分泌物都有膻味。

挪威农业大学从选择实验的山羊中，收集了404个奶样，按膻味大小分为两组，对奶样进行脂肪酸含量分析和膻味强度评定，发现两组羊奶的膻味值与游离脂肪酸含量有关，膻味随游离脂肪酸含量的增加而增强。

羊奶的吸附性很强，特别是在刚挤出的奶温度下降时，会大量吸收外界的不良气味。公羊的气味，不良的圈舍环境，特殊气味饲料的存在，都会使山羊奶的气味更加多样。

（二）膻味的化学基础和遗传基础

山羊奶中的短链脂肪酸（$C_4 \sim C_{10}$）含量较高，其含量占所有脂肪酸的15％，而牛奶仅占9％。山羊奶中游离脂肪酸的含量也远高于牛奶。在山羊奶及其制品中，短链脂肪酸及游离脂肪酸的含量与膻味强度之间呈明显的正相关。

相关的研究结果表明，己酸、辛酸和癸酸与膻味有关，但是它们单独存在并不产生膻味，必须按一定的比例，结合成一种较稳定的络合物或者通过氢键以相互缔合形式存在，才能产生膻味。挪威科学家的研究表明，膻味经长期选种可以发生变化，膻味也可以遗传，其遗传力为0.25。

（三）影响膻味的因素

人们对山羊奶膻味的喜好依饮食习惯、饮食心理以及民族、味感等不同而有差异。在挪威、法国等地人们特别喜欢吃由山羊奶制成的奶酪，因此，在这些国家，山羊奶的价格高于牛奶。

山羊奶膻味的强度受到很多因素的影响，如品种、年龄、季节、遗传、产奶量、泌乳期、饲料及乳脂蛋白脂肪酶（LPL）的活性大小等。一般来说，高产品种羊奶的膻味较小，地方品种羊奶膻味较大；不同季节羊奶膻味也有差异，3月份最高，以后逐渐减小，6～7月份最小；青年羊比老年羊的羊奶膻味大，2岁羊最大，3岁以后逐渐减小；泌乳中期羊奶膻味最小；刚挤出来的羊奶膻味较小，放置42h以后膻味浓烈；保存于低温状态下（−20℃）的羊奶膻味较小；饲喂青贮饲料的比饲喂干草的羊奶膻味小；放牧饲养比舍饲饲养的羊奶膻味小；另外，羊奶脂肪球吸附能力强，容易吸附外界异味而使羊奶膻味更大。

（四）膻味的控制

1. 遗传学方法

由于膻味能够遗传，所以通过对低膻味或乳中低级脂肪酸含量少的个体的连续选择，可建立膻味强度低的品系。

2. 微生物学方法

利用某些微生物（如乳酸菌）的作用，使乳中产生芳香物质，来掩盖膻味；或通过使乳中产生乳酸，降低pH，抑制解脂酶的活性，减少再生性游离脂肪酸等来减轻膻味。

3. 物理方法

产生膻味的化学物质具有挥发性，可通过某种方式的高温处理，如通过蒸汽直接喷射法、超高温杀菌及脱臭等，使膻味的主要成分挥发出去，从而降低膻味强度。目前，国内外已生产出奶的脱臭机器。

4. 化学方法

利用鞣酸、杏仁酸进行脱膻，可中和或除去羊奶中产生膻味的化学物质。如在煮奶时放入一小撮茉莉花茶，或放入少许杏仁，待奶煮开后，将花茶或杏仁撤除，即可脱去羊奶膻味。这是因为茶叶中含有鞣酸，杏仁中含有杏仁酸，可除掉羊奶中的致膻物质，我国在1986年研制成功的环醚型脱膻剂，可对奶中产生膻味的低级脂肪酸进行中和酯化，使其变为不具有膻味的酯类化合物，从而除去膻味。但这种方法常受到食品法的限制。

四、羊奶的收集、运输和贮藏

（一）羊奶的收集

在我国，奶山羊生产目前多为个体经营、小规模分散饲养，原料奶产自千家万户，然后通过收奶员汇集起来。所以，羊奶从挤奶至收集到乳品加工厂，需要较长的时间和经过较多的环节。鲜奶每经过一个环节，都容易受到微生物的污染。其污染源有饲料（如黄曲霉菌、农药、汞等）、圈舍、垫草、羊体、空气、挤奶用具、昆虫和挤奶员等。因此，要保证鲜奶的质量，就必须从饲料、畜舍、畜体、挤奶人员和挤奶、运奶设施等方面的卫生工作抓起。

为了保证乳制品的质量，病羊的奶和健康羊的奶不能混在一起交给乳品厂，用过抗生素的羊奶也要与正常奶分开，因为这样的奶不能用于生产发酵的乳制品。

（二）羊奶的运输

鲜奶的运输是乳品生产的一个重要环节，特别是在小规模分散经营的条件下，更应该引起注意。

（1）要防止羊奶温度在运输途中升高。特别是在高温的夏季，应尽量减少日晒时间，为此，运输的时间必须安排在每天的早、晚，如在白天运输，应用篷布遮盖奶桶，有条件者最好用有冷却装置的奶罐车运输。

（2）运送奶的容器，应为表面光滑的不锈钢容器，忌用塑料桶和铜容器。容器必须清洁卫生，严格消毒，封闭严密，以防进入空气。

（3）盛奶用的奶桶或奶罐，要求装满，运输车中速行驶，以减少震荡。

（4）尽可能地缩短途中停留时间，以保证原料奶的新鲜度。

（三）鲜奶的贮藏

运进乳品厂的奶，经过验收、过滤、净化后应及时冷却并贮藏在带搅拌器的储奶罐中，国际乳品联合会认为，鲜奶在4.4℃低温下冷藏，是保存鲜奶质量的最佳温度。鲜奶在10℃低温下保存稍差，若温度超过15℃，其质量就会受到影响，我国国家标准规定，验收合格的鲜奶，应迅速冷却到4～6℃，贮藏期间温度不应超过10℃。需引起注意的是，奶虽然能够在低温下保存，但保存的时间不宜过长，因为嗜冷菌在冷藏条件下繁殖很快，它会引起奶的其他变化而使奶变质。另外，羊奶蛋白质稳定性不如牛奶，游离脂肪酸较高，易引起奶的变化而不利于保存。

五、原料奶的处理

鲜奶的处理是保证所收集的乳汁纯净卫生的关键技术措施。其处理方法有过滤、净化、冷却、灭菌和保存。

（一）过滤

过滤是乳汁处理的第一个重要环节，因为挤奶时挤奶员无论如何小心，也难免有一部分来自羊体的皮垢、羊毛和来自挤奶场所的饲料屑、尘埃等污染物落入奶中。过滤的方法很简单，一般用细密的棉布或 8 层纱布罩于奶桶口上，将羊奶缓慢地倒入奶桶中，利用乳汁本身的重力作用完成过滤。比较好一点的则用特制的过滤器过滤，将清洁灭菌的脱脂棉夹于过滤器内部两层铜丝或金属的细网中，并有铁镀锡的漏斗支持。乳汁通过过滤器，即可将尘埃等污物去除，此法的缺点是速度太慢。

（二）净化

为了生产高度清洁纯净的乳汁，在有条件的地方可配备乳汁净化器，应用离心的原理，分离乳汁中肉眼所不能看到的尘埃、微生物等。用此法净化过的羊奶，装入奶瓶后即使长时间静置，也绝不会产生沉淀。采用离心净化器处理，速度快、质量高，适于奶山羊生产比较集中的地区和乳品加工厂使用。

（三）冷却

尽快对羊奶进行冷却，有利于鲜奶的保存和加工，已经过滤或净化的羊奶，应立即用特制的冷却器或直接贮藏在冷藏罐中进行冷却，以抑制奶中细菌繁殖，延长鲜奶保存时间。冷却的温度越低，则保存的时间越长。一般将鲜奶降温到 8~10℃，可使鲜奶保存 6~12h；降温到 6~8℃，可保存 12~18h，降温到 5~6℃，可保存 18~24h；降温 4~5℃，可保存 24~36h。

（四）灭菌

羊奶中含有许多微生物，其中有一部分是羊奶加工中不可缺少的有益微生物，但也有一些有害微生物。如果不是特殊需要，羊奶在饮用前都应进行灭菌处理。因为羊奶是一种营养丰富的食品，微生物容易繁殖，即使经过冷却，但若保存不当，微生物仍易繁殖。尤其在夏季，乳汁更易酸败。因此，为了延长乳汁的保存时间，过滤后最好先进行灭菌处理，然后迅速加以冷却。奶的灭菌，一般多采用巴氏灭菌法。此法能消灭羊奶中生长的微生物，提高羊奶在保存和运输中的稳定性。根据其所用的温度不同，可以分为以下 4 种类型。

（1）超高温瞬时灭菌法加热温度为 130℃左右，3~10s。

（2）高温瞬时巴氏灭菌法热温度为 85~87℃，历时数秒钟。

（3）短时间巴氏灭菌法加热温度为 72~74℃，历时 5min。

（4）长时间低温巴氏灭菌法加热温度为 63~65℃，历时 30min。

除了高温和超高温灭菌外，目前也有采用超高压灭菌，以及各种特殊射线灭菌，均可取得良好的灭菌效果。为了长期保存羊奶，可采用超高温和超高压灭菌工艺，采用这种灭菌方法，可在常温下保存鲜奶达 3 个月以上。

（五）保存

鲜奶的保存方法较多，可采用低温贮藏，即放入冷槽或冷库，也可采用冷冻贮藏，但这需要一定的设备。

六、防止鲜奶污染的措施

（1）定期检疫、淘汰病羊　兽医人员应定期对每只奶羊进行检疫，发现患有影响公共卫生、危害人们健康的某些疾病，如结核病、布鲁氏菌病、口蹄疫等，应按要求及时处理。

（2）刷拭羊体，确保清洁 经常刷拭羊体，清洗腹、乳房等部位，要求在挤奶前 1h 做好这些工作。

（3）重视挤奶人员的清洁卫生 挤奶人员应勤洗衣服，挤奶前应洗手，戴口罩和卫生帽，穿工作服等，以防挤奶时脏物混入奶中，挤奶员应定期进行健康检查，患传染病者（如结核病、乙型肝炎等）不能从事挤奶工作。

（4）清洗挤奶用具 挤奶时最好利用圆形小口挤奶桶，这样的桶不易使细菌、杂物落入鲜奶中。用具用过后应洗净，蒸汽消毒，放在无灰尘处备用。

（5）培训收奶员，建好收奶点 收奶员应熟练掌握奶假的几个项目的检查以及奶是否新鲜的检查。为了及时收集鲜奶，应在奶羊饲养比较集中的地方建立收奶点，收奶点应有一定的检验、消毒及冷藏条件。

（6）尽量缩短交奶时间鲜奶在室温下存放的时间越长，越容易受细菌的污染而腐败变质。因此，应尽量缩短挤奶到交奶的时间。

 拓展阅读

羊奶的中医保健功效

羊奶对人体来说益处多多，传统中医认为，山羊或绵羊乳味甘，性温，入肝、胃、心、肾经，有温润补虚养血的良好功效。《本草纲目》中记载，羊乳能"补寒冷虚乏；润心肺，治消渴；疗虚劳，益精气……利大肠"。总之，羊奶可以补人体上、中、下焦的一身之阴液。对于上焦来讲，很多人出现口干舌燥，主要表现为肺阴虚。还有些人出现了口疮，羊奶可以改善这些人的临床症状。对于中焦脾胃失和，将羊乳煮沸后，每次饮 1～2 杯，一日两次，有很好的养胃阴的作用，尤其对于脾胃虚弱，服食辛辣刺激的食物之后出现胃痛的患者都有很好的治疗作用。对于下焦的肝肾不足，很多人出现了腰膝酸软、乏力，也有些人出现了畏寒肢冷的症状，服用羊奶对这些人也有效。专家研究认为，羊乳还含有某些防癌物质和一种特殊的天然抗生素，对肺炎和其他呼吸道疾病有一定作用。

羊乳外用也有特殊的功效。例如《千金要方》中将羊乳与羊胰、甘草配成膏剂涂脸，能使黝黑的面部皮肤滑润细腻，白皙倍增。羊乳还可与白附子、密陀僧、牡蛎、茯苓、川芎等组方外用，使面部皱纹减少。此外，口腔溃疡疼痛，也可用羊乳外涂治疗。

 复习思考

一、选择题

1. 属于膻味的化学基础的是（ ）。

A. 氨基酸   B. 乳糖   C. 短链脂肪酸   D. 维生素

2. 属于羊奶的灭菌方法的是（ ）。

A. 超声波灭菌法   B. 冷冻法   C. 巴氏灭菌法   D. 紫外线灭菌法

3. 羊奶营养丰富，其干物质中，（ ）含量均高于人奶和牛奶。

A. 蛋白质   B. 脂肪   C. 矿物质   D. 益生菌

二、判断题

1. 羊奶是世界鲜奶和奶品加工的第二个源泉，全世界一半以上的人口饮用羊奶。（ ）

2. 羊奶营养丰富，其干物质中，蛋白质、脂肪、矿物质含量均高于人奶和牛奶，乳糖

含量低于人奶和牛奶。　　　　　　　　　　　　　　　　　　　　　　（　　）

　　3. 鞣酸、杏仁酸不能中和或除去羊奶中产生膻味的化学物质。　　　（　　）

　　4. 饲喂青贮饲料的比饲喂干草的羊奶膻味小。　　　　　　　　　　（　　）

三、简答题

　　1. 山羊奶的物理特性指标主要有哪些？

　　2. 列举羊奶膻味的控制方法。

　　3. 原料奶的处理方法有哪些？

　　4. 简述原料奶处理方法及防止鲜奶污染的措施。

参考答案

单元三　羊毛

一、羊毛的形态结构

（一）羊毛的形态学结构

　　生长出的羊毛包括裸露在皮肤表面和皮肤内的部分，它的构造从形态上看是由毛干、毛根、毛球这三个部分组成的。

　　（1）毛干　长出皮肤表面的部分，通常也称毛纤维。

　　（2）毛根　是毛干向下延伸的部分，位于皮肤内部，上接毛干，下连毛球。

　　（3）毛球　毛根最下端的部分，与毛乳头紧密相接，外形膨大成球状，故称为毛球，它依靠从毛乳头中吸收的养分使毛球中的细胞不断增殖，从而使得毛纤维不断生长。

（二）羊毛的附属组织

　　（1）毛乳头　由结缔组织构成，位于毛球的中央。毛乳头中分布了密集的微血管和神经末梢，以吸收羊毛生长所需的营养。

　　（2）毛鞘　由数层表皮细胞围绕着毛根所形成的圆管状组织结构，分为内毛鞘和外毛鞘。毛鞘是表皮层向下延续形成的，其中生发层延续形成外毛鞘，颗粒层和角质层延续形成内毛鞘。

　　（3）毛囊　外毛鞘外包围着一层薄膜，该薄膜形如囊状，称为毛囊。

　　（4）脂腺　位于毛鞘的两侧，分泌管开口在毛鞘中，分泌物通过毛根渗出到毛干上，滋润和保护毛纤维。

　　（5）汗腺　位于皮肤深处，分泌管直接开口在皮肤表面，有的靠近毛孔。汗腺分泌的汗液与脂腺分泌的油脂共同组成了羊毛的油汗。

　　（6）竖毛肌　竖毛肌是位于皮肤内层的很小的肌纤维束。一端附着在脂腺附近的毛鞘上，另一端和表皮相连，它的收缩和松弛调节脂腺、汗腺的分泌及血液、淋巴液的循环以及毛干的起竖和倒伏。

二、羊毛的组织结构

　　羊毛是由包覆在外部的鳞片层，组成羊毛实体的皮质层，和毛干中心不透明的髓质层三部分组成，髓质层只存在于粗羊毛中，细羊毛中没有。

（一）鳞片层

　　鳞片层是毛纤维独具的表面结构，生长有一定的方向，毛根指向毛尖，各鳞片在毛根的一端与皮质层相互连接，另一端向外支撑，一片片覆盖连接。鳞片在羊毛上的覆盖密度因羊品种而异，使羊毛品质有很大差异。鳞片结构坚韧，使羊毛具有抗磨损性和抗污染性。鳞片层具有保护毛纤维的作用，可以避免羊毛受日光和化学药品的侵蚀，降低机械损伤。鳞片的形态和排列密度对羊毛的光泽和表面性质有很大的影响。例如，粗羊毛上鳞片较稀，易紧贴于毛干上，使纤维表面光滑、光泽强；而细羊毛的鳞片呈环状覆盖，排列紧密，对外来光线反射小，因而光泽柔和。

（二）皮质层

皮质层是羊毛纤维的主要组成部分，由许多蛋白细胞组成，其组成物质叫作角朊或角蛋白质。皮质层是决定羊毛纤维物理、机械和化学性质的主要部分。根据皮质细胞中大分子的排列形态和密度，可以分为正皮质细胞、偏皮质细胞和间皮质细胞。这些细胞在羊毛中的分布情况随羊品种而异。

（三）髓质层

髓质层（图 7-3）位于羊毛纤维的中心部分，是不透明的疏松物质。一般来说，细羊毛没有髓质层，粗羊毛有一定程度的髓质层。髓质越多，羊毛的形状越平坦，越硬，质量越差。

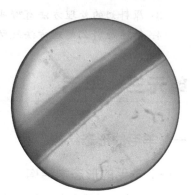

图 7-3　显微镜下羊毛髓质层
（中间黑色部分）

三、羊毛的纤维类型

羊毛的纤维类型包括刺毛、有髓毛、无髓毛和两型毛。这些类型反映了羊毛在结构和特性上的不同。

（1）刺毛　分布在羊的颜面、四肢下端或尾端的一种硬、直、光泽较强的短毛，长约1.5～4cm。这种羊毛有尖锐的毛尖，适合用于制作刷子等工具。

（2）有髓毛　由鳞片层、皮质层和髓质层组成的羊毛，其髓质层较为发达，保暖性能较好，适合制作冬季服装。粗羊毛属于有髓毛。死毛就是主要由髓质层组成的毛，该类纤维粗、硬、脆，难染色，不用作纺织原料（图 7-4）。

（3）无髓毛　由鳞片层、皮质层组成，缺乏髓质层。细羊毛属于无髓毛。无髓毛纤维较细，适合制作精细纺织品（图 7-5）。

图 7-4　显微镜下有髓毛组织结构

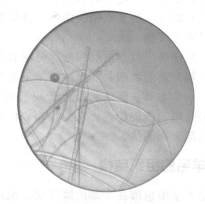

图 7-5　显微镜下无髓毛组织结构

（4）两型毛　含有鳞片层和皮质层，毛干中心部有间断的髓质层毛。结合了有髓毛和无髓毛的特点，适用于多种纺织用途。半细羊毛，或称两型毛，其内部有间断的髓质层。

四、羊毛的理化特性

（一）羊毛的化学特性

羊毛是一种主要由蛋白质组成的天然动物毛纤维，其化学成分主要包括角蛋白，含有 C、H、O、N、S 等元素，其中 S 元素是羊毛纤维所特有的元素。

1. 酸对羊毛的作用

羊毛具有一定的耐酸能力。这主要是其结构中含有碱基之故。硫酸对羊毛的影响，主要取决于处理时间和温度。羊毛在稀硫酸中，即使温度升高到沸点煮沸数小时，也并无损害。因而利用这一性能，在羊毛染色时，加入羊毛重量 3% 的稀硫酸，以增加染色牢度。

2. 碱对羊毛的作用

羊毛对碱的抗力较弱，易与碱作用。这是毛纤维的一个重要化学特性。碱对羊毛的破坏作用，取决于碱液的浓度、温度和时间。一般弱碱，如碳酸钠、肥皂等，当温度、浓度和处理时间都比较合适时，对羊毛没有大的损害，所以可用作洗毛溶液。但洗毛液温度不宜超过52℃，且处理后应立即用清水漂洗，将残留碱液用水洗净。

（二）羊毛的物理特性

羊毛的物理特性包括细度、长度、弯曲、强度、伸度、弹性、毡合性、吸湿性和光泽等。

（1）**细度** 是衡量羊毛品质的重要指标，细度越小，纺出的毛纱越细，羊毛的档次越高。通常用纤维的直径（以微米为单位）或品质支数（表示一磅净梳毛能纺成 560 码长度的毛纱数）来表示。

（2）**长度** 包括自然长度和伸直长度，自然长度是指毛束两端的直线距离，而伸直长度是将纤维拉直测得的长度。细毛的延伸率较高，20% 以上，半细毛为 10%～20% 左右。在细度相同的情况下，羊毛愈长，纺纱性能愈高，成品的品质愈好。

（3）**弯曲** 形状整齐一致的羊毛纺成的毛纱手感松软，弹性和保暖性好。细毛的弯曲数多而密度大，粗毛的发毛呈波形或平展无弯。

（4）**强度和伸度** 强度指羊毛对断裂的应力，伸度指由于断裂力的作用而增加的长度。强伸度对成品的结实性有直接影响。同型毛的细度与其绝对强度成正比，毛愈粗其强度愈大。有髓毛的髓质愈发达，其抗断能力愈差。

（5）**弹性** 羊毛由于其纤维内部结构的特点，具有良好的弹性，能够抵抗变形并恢复原状。这是地毯和毛毯用毛不可缺少的特性。

（6）**羊毛毡合性** 在一定湿度、温度和压力下毛纤维相互毡合，形成不可恢复的杂乱交织，达到擀毡或缩绒的目的。毡合性越高，毛毡越密实，越有利于产业用毛毡产品的开发和应用。

（7）**羊毛的吸湿性** 在自然状态下，羊毛有从空气中吸收水分和向空气中排出水分的能力。毛纤维吸湿性，取决于毛纤维本身的结构，并受大气条件的影响。羊毛结构中有很多亲水基团，亲水基团越多，毛纤维吸湿能力就越高。其次羊毛鳞片结构形成的多孔性使表面积扩大，增加了羊毛吸附水分的能力。细羊毛吸收与保持水分的能力都大于粗毛，远超出棉花与化学纤维。

（8）**光泽** 常与纤维表面的鳞片覆盖状态有关，细毛对光线的反射能力较弱，光泽较柔和；粗毛的光泽强而发亮。弱光泽常因鳞片层受损所致。

知识拓展

羊毛脱换的原因?

羊毛毛球与毛乳头的营养联系中断,使毛球细胞分裂增殖过程受到影响,毛根变形,毛纤维在毛鞘内处于分离状态,而最终脱落出来。在旧毛脱落以前,其下面的毛球细胞又重新得到营养物质重新增殖,形成新的毛纤维而产生羊毛的脱换现象。

羊毛的脱换有着明显的季节性,一般在春末夏初季节脱毛,到了秋季又重新长出新毛,以增强御寒能力。除了季节因素,还与羊的年龄、健康状况、营养水平有密切相关。

？ 复习思考

一、选择题

1. 细毛纤维的组织学构造里没有的是（　　）。
A. 鳞片层　　　　B. 皮质层　　　　C. 髓质层　　　　D. 以上都没有
2. （多选）羊毛纤维组织学构造有髓毛分为哪三层?（　　）
A. 鳞片层　　　　B. 皮质层　　　　C. 角质层　　　　D. 髓质层
3. 羊毛越细（　　）所占比例越大。
A. 鳞片层　　　　B. 皮质层　　　　C. 髓质层　　　　D. 以上都不对
4. 以下羊毛分类中不属于按纤维类型分的是（　　）。
A. 有髓毛　　　　B. 无髓毛　　　　C. 两型毛　　　　D. 同质毛
5. 羊毛的光泽主要取决于它的（　　）。
A. 鳞片层　　　　B. 皮质层　　　　C. 髓质层　　　　D. 以上都对
6. 羊毛细度测定中所用到的材料错误的是（　　）。
A. 显微镜　　　　B. 载玻片　　　　C. 甘油　　　　D. 二甲苯

二、判断题

1. 羊毛在形态学上可分为3个基本部分,即毛干、毛根、毛球。（　　）
2. 同质毛由三种纤维类型组成。（　　）
3. 剌毛是指着生于绵羊的面部、四肢下部和尾端的毛。（　　）
4. 羊毛在酸性溶液当中,有耐弱酸不耐强酸的特点。（　　）

参考答案

三、简答题

1. 列出羊毛的形态结构和组织结构。
2. 羊毛纤维类型有哪些?

单元四　羊皮、羊绒

一、羔皮

流产羔羊或出生后1~3d内羔羊所剥取的毛皮,称为羔皮。羔皮一般露毛在外,用以制作皮帽、皮领和翻毛大衣等之用,因此要求花案毛卷奇特,光亮美观。由于不同品种宰杀剥皮的时期不同又将其分为:胎羔皮（即流产羔皮）、湖羊羔皮、济宁青猾子皮和卡拉库尔羔皮（三北羔皮）等。

商业羔皮是由专门化羔皮羊品种所产，其他绵、山羊品种所产羔皮，只能做一般用途，不能制作上等衣料。

衡量羔皮质量的指标主要有以下几点。

（一）毛色

（1）湖羊羔皮　纯白色（图 7-6）。

（2）济宁青山羊猾子皮　以青色（灰色）为主，根据皮面黑白毛色相间生长程度的不同分为：青猾皮、黑猾皮、白猾皮和杂色猾皮。其中，黑毛和白毛各占半数时，羔皮呈现天然的正青色（中灰色）；黑毛多于白毛为铁青色（暗灰色）；白毛多于黑毛者为粉青色（浅灰色）。其中正青色猾子（图 7-7）皮经济价值最高。

（3）策勒黑羊羔皮　黑色。

（4）卡拉库尔羔皮　以黑色为主，尚有灰色、彩色（又称"苏尔"色）、棕色、粉红色和白色数种（图 7-8）。

图 7-6　湖羊羔皮

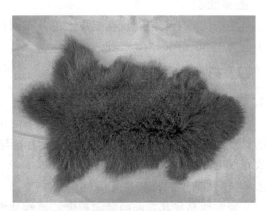

图 7-7　猾子皮

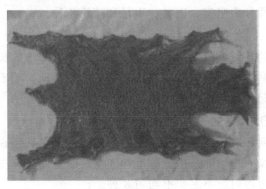

图 7-8　卡拉库尔羔皮

（二）毛卷和花纹类型

羔皮的被毛根据其弯曲形状和结构分为毛卷和花纹两大类。前者被毛卷曲成立体的各种形状，后者被毛弯曲在一个平面上，紧贴皮肤，形成各种美丽的花纹。但两者在羔皮的一定发育阶段并无绝对的界限。如卡拉库尔羔皮毛卷的发育始于花纹，而湖羊羔皮成熟的花纹向前发育，即变为立体的半环状、环状弯曲。

（1）毛卷类型　主要有形卷（卧蚕形卷）、豆形卷、肋形卷、鬏形卷、环形卷、半环形卷、豌豆形卷、杯形卷、平毛和变形卷等。

（2）花纹类型　一般分为波浪花、片花、半环花、弯曲毛、平毛（直毛）和小环形花6种。

（三）面积和图案面积

1. 羔皮面积

是决定羔皮价值的重要指标之一。在其他质量指标相同的情况下，羔皮面积越大，利用价值越高。

测定羔皮面积的方法有两种：第一种在羔皮收购分级中应用，只测定羔皮的主要使用面积，即由颈中部到尾根部的长度乘以羔皮中部的宽度求出的面积；第二种测定方法须用羔皮求积仪，求得羔皮的总面积。应当注意的是，羔皮面积的大小与皮板厚度、毛卷质量和晾晒方法也有一定关系。

2. 图案面积

是指优等毛卷或花纹在羔皮上的分布面积，是评定羔皮品质的主要指标之一，其面积大小分为 1/3、2/3、3/3 三种。

（四）花案、毛卷和花纹

1. 花案清晰（明显）度

花案清晰度是指毛卷和花纹在羔皮上的明显程度，一般分为清晰（明显）、欠清晰（欠明显）和不清晰（不明显）3 种。对于毛卷与花纹的清晰与否，决定于毛卷卷隙的宽度和组成花纹毛纤维的弯曲度和长度。

2. 毛卷、花纹的紧实性和弹性

紧实性是指其卷曲的紧实程度；弹性是指毛卷、花纹受外力机械作用之后，恢复原来的形状的能力。毛卷、花纹的弹性越大，则保持形状的性能越强，制成的毛皮成品越经久耐用。毛卷、花纹的紧实性分为坚实、正常、不足和疏松 4 种。

3. 花纹紧贴度

是指组成羔皮花纹的毛纤维紧贴皮板的程度。决定于毛纤维的长度和细度。花纹紧贴度分紧贴、欠紧贴和不紧贴三种。优质羔皮花纹紧贴，用手抖动，毛不竖，花不乱；次等羔皮加以抖动，则毛稍皆翘起，花纹也因之松散。

4. 毛色和毛卷、花纹的均匀度

毛色均匀度是指色度和饰色在整个羔皮上的均匀程度，它直接影响彩色羔皮的美观程度和使用价值。毛卷、花纹的均匀度是指优等毛卷和花纹的宽度在羔皮上的一致程度。毛色和毛卷、花纹的均匀度分为均匀、不足和不均匀 3 种。

（五）被毛特性

被毛特性是鉴定羔皮的重要指标之一，包括以下几方面：

1. 被毛光泽

被毛光泽是羊毛纤维对于光线的反射能力，主要决定于羊毛的鳞片层。分为正常光泽（亮而不刺眼）、光泽不足（发暗、发乌）、碎玻璃状光泽（反射出点点闪光，如阳光照在碎玻璃上反射出一种刺眼的闪光）、毛玻璃状光泽、强烈光泽等几种。

2. 被毛丝性

以手的感觉来进行鉴定，好的羔皮被毛较柔软，有丝绸般光滑的感觉。被毛丝性主要决定于粗毛和细毛间的比例、粗毛的细度、毛卷和花纹的类型以及被毛的密度和长度。分为优良、正常、不足和过软4种。一般粗毛多丝性差，两型毛多丝性好，绒毛多丝性柔软，绒毛少丝性粗糙；毛密的丝性好，毛稀的则丝性差。

3. 被毛长度

被毛长度对羔皮质量影响很大，羔皮许多性状的优劣都取决于被毛的长度。在卡拉库尔羔皮中，不论羔皮为何种毛色，质量好的毛卷的毛纤维（粗毛和细毛）平均长度比次等或劣等毛卷纤维要短。由于近年来花纹羔皮在国际市场上很受欢迎，使得羔皮羊育种工作越来越重视向毛短方向进行选育。在湖羊羔皮划分等级时，其被毛的长短也是重要的决定性指标，一般只有小毛和中小毛的羔皮才能列入一等。

4. 被毛细度

毛细、毛卷的紧实性差，弹性差，毛卷的保持性也差。但过于粗的被毛也影响羔皮品质。

二、裘皮

裘皮是1月龄以上的羊只所剥取的毛皮。特点是毛长绒多，皮板厚实，保暖性好，主要用作御寒衣物。裘皮要求保暖、结实、美观、轻便。我国的裘皮羊品种主要有滩羊、中卫山羊、贵德黑裘皮羊和岷县黑裘皮羊。

1. 毛色

中国的裘皮毛色有两种，即白色和黑色。滩羊二毛皮（出生30d左右羔羊宰剥的皮）体躯部为洁白色（图7-9），多数头部有褐、黑、黄色斑块。中卫山羊二毛皮（沙毛皮）大多为纯白色（图7-10），极少数为纯黑色。贵德黑皮羊的二毛皮主要为黑色，少数为黑褐色。

黑色裘皮羊的羔羊出生时，部分个体被毛基部为黑褐色和灰褐色。随着日龄的增长，这种毛色逐渐由毛纤维根部向上扩展，最终使整个被毛的毛色发生变化。优质的黑二毛皮要求全身被毛从毛梢到毛根均为纯黑色，且维持的时期越长越好。

图 7-9 滩羊二毛皮

图 7-10 中卫沙毛皮

2. 花穗类型

裘皮羊二毛皮根据毛股弯曲形状和排列的不同，分成不同类型的花穗。一般分为理想型花穗和不理想型花穗或不规则花穗。

理想型花穗包括串字花、软大花。不理想型花穗包括卧花、核桃花、钉字花、头顶一枝花、蒜瓣花等，这些花穗形状多不规则，毛股短、粗大且松散，弯曲数少，弧度不均匀，毛根部绒毛含量多，易于毡结，欠美观，品质较差。

3. 面积

面积决定裘皮的使用价值。滩羊冬羔二毛皮的面积 1404～2904cm^2（平均 2160.04cm^2），春羔二毛皮为 2303～2905cm^2（平均 2364.83cm^2），中卫山羊二毛皮平均 1753.11cm^2。

4. 毛股性状

主要包括毛股弯曲数、弯曲的弧度和深度、毛股的粗细、坚实度和毛股长度 5 个性状。

（1）毛股弯曲数决定裘皮的美观程度和经济价值，弯曲数越多，所占据毛股的长度越大，裘皮的质量越高。

（2）毛股弯曲是形成花穗的基础，弯曲数量及弧度、深度的大小决定花穗的类型，所以弯曲是评定裘皮品质的关键性指标。

（3）毛股的粗细是指毛股上 1/3 处的直径，毛股越细，被毛密度越小，单位面积上花穗越多。

（4）毛股越紧密坚实，散毛越少，花案越清晰，越不易毡结，裘皮越美观。

（5）毛股长度是评定裘皮品质的重要指标之一，分自然长度和伸直长度。二毛皮毛股的自然长度要求达 7cm 以上，但过长则毛股将逐渐变松。因此根据毛股的长度来决定羔羊适时屠宰的日龄。滩羊、中卫山羊够毛日龄（屠宰期）一般为 30d 左右；贵德黑裘皮羊冬羔为 30～60d，春羔为 20～30d；岷县黑裘皮羊则需 2 个月左右。

三、板皮

板皮是羊皮的总称。不论是绵羊还是山羊，板皮均属制轻革皮的好原料，特别是山羊板皮经鞣制成革后，轻柔细致，薄而富弹性，染色和保型性能良好。板皮是我国传统的出口动物性产品，板皮经脱毛鞣制后，制成的皮夹克、皮鞋、皮箱、包袋、手套等各种皮革制品，是国际皮革市场上的重要商品。我国的宜昌白山羊、黄淮山羊、建昌黑山羊等品种就以生产板皮而驰名中外。

（一）生皮的构造

山羊和绵羊生皮由表皮、真皮和皮下组织构成。表皮层的厚度一般占皮肤总厚度的 1%～3%，真皮层的厚度和重量占生皮的 90%。真皮层可分为乳头层和网状层，乳头层在上部。在绵羊皮中，乳头层占整个皮肤厚度的 50%～70%，山羊皮则占 40%～65%。乳头层的表面形成很多乳头状突起，组织坚实细致，制革上称"粒面"，是制革的主要部分。乳头层的下部为真皮中最紧密、最结实的网状层，皮革制品的强度是由本层决定的。真皮层与肌肉连接的部分称皮下层，富于脂肪，由疏松结缔组织构成，可作为制胶的原料。

（二）板皮的分路

我国山羊板皮产量以华东区最多，其次为中南区和华北区。绵羊板皮产量以西北区最多，其次是华北区和华东区。根据山羊板皮的产地和特征，我国将山羊板皮分为五大路。

1. 四川路板皮

主要产于川、黔两省的地方山羊，如成都麻羊、板角山羊等。在各路山羊板皮中，四川路的品质最好，特点是被毛短、光泽好、张幅大、厚薄均匀、板质坚韧，板面细致光滑、胶原纤维细而编织较紧密，皮形为全头全腿的方圆形（图7-11）。

2. 汉口路板皮

汉口路产区较广，主要产于豫、皖、鲁、江、浙、沪、鄂、湘、粤、冀、闽、赣、陕等省（区）的山羊，如黄淮山羊、马头山羊等，特点是被毛较粗短。多为白色，黑色的很少，张幅略小，板皮细致油润，柔韧，弹性好，多蜡黄色，皮形为全头全腿的方形（图7-12）。

3. 华北路板皮

主要产于晋、津、蒙、辽、吉、黑、宁、甘、青、新、藏等省（区）的山羊，如太行山羊、新疆和内蒙古山羊等。其特点是被毛有黑、白、青等色，被毛较长多底绒，颜色杂，张幅大，皮板厚而重，皮层纤维较粗，板面粗糙，皮形为不带头腿的长方形（图7-13）。

4. 云贵路板皮

主要产于滇及相连的黔、川地区的山羊，如隆林山羊、贵州白山羊等，其特点是被毛粗短，黑、白、花色均有，白色较多，张幅较大，板质特薄，板面较粗，油性较差，皮形成方形，其中羊痘及烟熏板较多（图7-14）。

5. 济宁路板皮

主要产于鲁西南的济宁青山羊产区，被毛为灰色（青色），少数为黑、白色；毛较短细，皮板稍薄，细致，有油性，张幅较小，皮形为全头全腿的近似长方形（图7-15）。

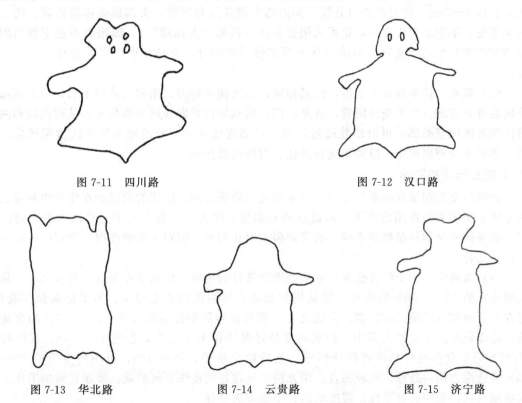

图7-11 四川路　　　　　　　　　　图7-12 汉口路

图7-13 华北路　　　　　图7-14 云贵路　　　　　图7-15 济宁路

（三）影响羊皮品质的因素

1. 品种因素

品种是决定羊皮品质的主要因素。羊皮的特点及性能是由品种遗传性状决定的。因此，要提高羊皮的品质，主要通过品种选育来实现。

2. 地区因素

不同的地区生态差异，对羊皮有着不同的影响。例如，平原地区产的板皮比山区的好，农区产的板皮比牧区的好，圈养羊的板皮比放牧羊的好。

3. 季节因素

南方的秋末冬初季节和北方的秋季，气候适宜，牧草结籽，营养丰富，此时羊所产板皮质量最佳。在秋末冬初产的羔皮、裘为最好。

4. 生理状况因素

不同性别和年龄，其皮张质量也不同。对板皮而言，一般是公羊皮要比母羊皮板大而厚一些。幼龄羊皮板薄弱，壮龄羊皮板厚实，毛绒丰富，色泽光润，而老龄羊皮板厚硬、粗糙、毛绒粗涩，色泽暗淡。

5. 加工管理因素

剥皮、加工和贮藏不当，会造成羊皮伤残等，影响皮张质量。

（四）毛皮及板皮的剥取、贮藏和运输

1. 剥皮技术要点

（1）羊只宰杀　羊只宰杀一般采取颈部放血法，即用细长的屠宰刀纵向切开颈部皮肤，切口长达 6～7cm。将刀从切口处深入颈内割断颈静脉和气管，头部放低排净血液，防止血污染毛皮；不要求全头皮时，也可采用去头法（俗称"大抹脖"），即用尖刀在下颌角附近刺透颈部割断颈动脉血管，再用刀顺下颌把颈下部割开，充分放血后可沿寰枕关节处切掉头部。

（2）剥皮　待羊放血完毕后，使其仰卧，刀刃朝下持刀，用尖刀从颈下切口处沿腹部中线向后挑开皮肤，公羊绕开阴囊，直至肛门；再从切口处向前挑至嘴角处；从两前肢和两后肢内侧各挑线至蹄部，再沿四肢蹄冠环切；尾部皮肤从肛门处沿尾内侧中线挑至尾尖。然后，用拳击法剥离皮张，以防羊皮被撕伤、割伤或被污染。

2. 毛皮及板皮的防腐

剥取的毛皮和板皮在冷却之后，应立即进行防腐处理。防腐的原理是在生皮内外造成一种不适于细菌和酶作用的环境，即通过降低温度，除去或降低生皮中的自由水分。用防腐剂、消毒剂或化学药品处理手段，消灭细菌或阻止酶和细菌对生皮的作用。常用的防腐方法有以下几种。

（1）盐腌法　用干燥食盐或盐水来处理准备好的生皮，借以保存生皮。方法之一：是称取鲜皮重的 35%～50% 的食盐，将其均匀地撒在鲜皮的肉面上即可。为了提高保存效果，可在食盐中加入适量的防腐剂。方法之二：事先在容器中配制浓度为 24%～26% 的食盐溶液，将准备好的生皮置入其中，盐水温度最好保持在 15℃ 左右，浸泡 16～26h，其间每隔6h 添加适量食盐使食盐浓度保持恒定。然后取出皮子，沥水 48h，再用鲜皮重的 20%～25% 食盐按方法一处理。比较而言，用方法二处理过的皮张更耐贮藏。腌制正常的毛皮，其皮板呈灰色，紧密而有弹性，湿度均匀，羊毛湿润良好。

（2）干燥法　将鲜皮晾在温度 20～30℃、湿度 45%～60% 的条件下，晾至水分含量为12%～16% 的状态，而不用食盐或其他防腐剂。该方法操作简单、加工时间短、经济、皮板洁净，便于贮藏和运输等。但该方法处理的皮板僵硬、容易折裂，贮藏时容易受蛾虫损伤，并且温度掌握不好时易发生皮板腐烂或皱缩，干燥过度的生皮，难以浸软，对生产加工有一

定影响。

3. 生皮的贮藏和运输

生皮入库前要进行严格检查，没有晾干的及带有杂质的生皮必须剔除，重新处理后方可入库。生皮贮存期间的管理要点：一是防潮；二是防虫、防鼠。原料皮具有吸湿性，特别是在空气湿度大时，易返潮、发热，甚至霉变。为此，仓库内应有通风、防潮设备，控制和调节空气湿度。

为了防虫，在皮张入库上垛前，应在皮板上洒防虫药剂，如精萘粉等。如发现皮张生虫，必须将生虫的皮张拿到库外，将虫除净后，逐张喷洒杀虫药。预防生虫可用磷化锌熏蒸。熏蒸最好在密闭仓内进行。另外，要采取措施防止鼠害。

羊皮运输时应注意防止潮湿。凡潮湿的毛皮，待干燥后再行运输，以免发热受损。在运输过程中，应使毛向里、皮板向外，用绳子捆好，以便运输。毛皮运到终点，必须按规定堆放，避免折叠。

四、羊绒

（一）山羊绒的理化特性

1. 山羊绒的细度

山羊绒的细度受品种和产地的不同而有差异。我国产的山羊绒细度平均在 $14.5\sim16.5\mu m$ 之间。

2. 山羊绒长度

山羊绒的长度比绵羊毛短，在寒冷地区山羊绒长度为 50mm，温暖地区山羊绒长度只有40mm。依据羊绒的颜色。白绒最长、青绒次之，紫绒最短。

3. 其他特性

山羊绒基本属于正常卷曲，且卷曲深度比羊毛大，所以羊绒制品具有丰满、手感柔软和富有弹性等特点。

4. 山羊绒化学特性

羊绒耐酸程度强于羊毛，对碱的反应比羊毛敏感，贮存羊绒时应远离酸碱环境。

（二）山羊绒的分类和分级

1. 山羊绒的分类

山羊绒通常按颜色可分为白、紫、青、红 4 类，其中白绒易着色，所以最为珍贵，仅占世界羊绒产量的 30%。中国的山羊绒中白绒占 50% 以上，其次是紫绒，最少为青绒和红绒，不到 5%。从物理性状来看，紫绒最细。青绒次之，白绒略粗；白绒最长，青绒比紫绒粗而长，但强力不如紫绒。

2. 山羊绒的分级

山羊绒纤维直径（即细度）是反映其品质的主要指标，是衡量山羊绒价值的重要性状。中国纤维检验局于 2003 年制定了中国山羊绒国家标准 GB 18267—2013，规定的检测项目中列入了商品原绒检测要求，并规定了按纤维直径定型，在纤维直径内校长度定等的具体分类分缴办法，并以品质特点为参考指标，中国山羊原绒等级见表7-2。

总之，对山羊绒总的质量要求是，颜色洁白，绒细而长，富有弹性，强力好、手感柔软细腻，净绒率或含绒率高。

表 7-2　中国山羊原绒等级（范颖，宋连喜，羊生产，2008）

型号	平均直径/μm	等级	手扯度/mm	品质特征
特细型	≤14.5	一	≥40	自然颜色，光泽明亮而柔和，手感光滑细腻；纤维强力和弹性好，含有微量易于脱落的皮屑
		二	<40	
细型	>14.5	一	≥43	自然颜色，光泽明亮，手感柔软；纤维强力和弹性好，含有少量易于脱落的皮屑
	<16.0	二	≥40	
		三	≥33	
		四	<30	
粗型	≥16.0	一	≥45	自然颜色，光泽好，手感好；纤维有弹性，含有少量易于脱落的皮屑
		二	<45	

（三）绒山羊的梳绒

梳绒又称抓绒，指用特制的金属梳将山羊被毛内层的绒毛梳理下来的过程。梳绒技术是保证山羊绒质量和数量的关键。

1. 梳绒时间

纯山羊每年梳绒一次，当绒毛根部与皮肤脱离时（俗称"起浮"），梳绒最为适宜，一般在 4～5 月份进行。绒山羊脱绒有一定的规律：从羊体位上来看，前躯先于后躯脱绒；从羊的年龄和性别来看，年龄大的比年龄小的先脱绒。母羊比公羊先脱绒；从不同生理时期来看，哺乳羊比妊娠羊先脱绒，妊娠羊比空怀羊先脱绒；从营养状况来看，膘情好的比膘情差的先脱绒；个别病羊由于用药也容易早脱绒。总之，个体之间由于饲养水平、个体差异等不同，脱绒时间有所不同，应根据具体情况来定梳绒时间。

2. 梳绒工具

梳绒用的钢丝梳子分 2 种：一种是稀梳，由 5～8 根钢丝组成，钢丝间距为 2～2.5cm；另一种是密梳，由 12～18 根钢丝组成，钢丝间距为 0.5～1.0cm。钢丝直径均为 0.3cm，梳子前端弯成钩状，将尖端磨秃磨圆，顶端要整齐，钢丝之间由一个中间一排均匀的略大于钢丝直径圆与整钢片连接，钢片可平行滑动，使之梳绒时保持钢丝平行（图 7-16）。

图 7-16　抓绒梳子

3. 梳绒方法

梳绒前 1 周要培训好梳绒人员，检修梳绒工具，准备好梳绒场所，清扫、消毒、备好梳绒记录。梳绒时先用剪子将羊毛打梢（不要剪掉绒尖），然后将羊角（如有）用绳子拴住，随之将羊侧卧在干净地方，其贴地面的前肢和后肢绑在一起，梳绒者将脚插入其中（以防羊只翻身，发生肠扭转）。首先用稀梳顺毛方向，轻轻地由上至下把羊身上沾带的碎草、粪块及污垢清理掉。然后用梳子从头部梳起，一只手在梳子上面稍下压帮助另一只手梳绒，手劲要均匀，并轻快有力地弹扣在绒丛上，不要平梳，以免梳顺耙不挂绒。一股梳子与羊体表面呈 30°～45°，距离要短，顺毛沿颈、肩、背、腰、股、腹等部位依次进行梳绒。梳子上的绒积存到一定数量后，将羊绒从梳子上取下来，放入干净的桶中。这样，羊绒紧缩成片，易包装不丢失。稀梳抓梳完后，再用密梳逆毛抓梳一梳至梳净为止，一侧梳好后再梳另一侧，并做好梳绒记录。因起伏程度不同，有的羊只一次很难梳净，过 1 周左右再梳绒 1 次。对羔羊、育成羊和个别比较难梳绒的个体采取剪绒，剪绒的方法有手工剪和机械剪 2 种。剪绒时将羊保定，一般从尾根部或四肢开始剪，这样利于操作，每只羊每次梳绒后要及时填写梳绒记录。

4. 注意事项

　　要选晴天梳绒。梳绒前后避免雨淋，预防感冒。羊只梳绒前要禁食12~18h。梳绒时要轻而稳，近皮肤，快而均匀，切忌过猛，以防损伤皮肤、肌肉和毛囊，伤后将不再生长绒毛。注意保定羊的头部，避免机械性创伤。对妊娠羊动作要轻，以防流产。对患有皮肤病的羊只要单独梳绒，耙子用后要消毒，以防传染。对体弱羊只也应单独梳绒，梳绒时要注意羊只的面部、耳部安全，还应保护好乳房、包皮等器官，扯坏的地方，要涂碘酒消毒，必要时做缝合处理。放倒羊时要按一个方向，即从哪侧放倒，要从哪侧立起，以防羊只大翻身出现肠扭转、臌气而导致猝死。梳绒以后，要注意羊舍温度，以防羊只感冒。

 拓展阅读

羊皮的鞣制

　　羊皮的鞣制是一种重要的皮革加工技术，羊皮经鞣制后，羊皮质地变柔软，其可塑性、耐用性、防水性增强，也提升了美观性。提升了皮革的性能和品质，使其在多个领域具有广泛的应用价值。羊皮的鞣制方法有多种，以下是一些常见的鞣制方法。

　　1. 传统方法（小米稀粥鞣制法）

　　熬制小米稀粥，并加入适量的硝，将稀粥均匀涂抹在皮板上，形成半指厚的涂层。将羊皮折成叠被状放置阴凉处，每天翻弄一次，待粥干结后进行下一步。用热水浸软涂了粥的板面，刮去残渣后晾干。使用"皮钩"工具自上而下地反复刮皮，再用皮铲铲过，直到皮板洁白柔软，最后进行裁剪缝合。

　　2. 转鼓鞣制法

　　将生羊皮、鞣剂和水放入转鼓中，加入适当浓度的酸溶液和鞣剂，多次转动并进行pH值调节，完成鞣制。

　　3. 植鞣法

　　羊皮经去毛、发酵、清洗、排酸，将皮革浸泡在鞣制剂中，使其变得柔软、干燥、脱油和整理，最后进行上色和精加工。

　　4. 明矾鞣制法

　　将羊皮软化后清除皮下组织和脂肪，进行浸水、削皮、脱脂等预处理。配制鞣制液，将羊皮浸泡在鞣制液中，搅拌并浸泡一段时间。取出羊皮，漂洗后沥尽脏水，再洗第二次，除绒毛中的皂沫。

　　5. 化学鞣法

　　包括铬鞣、铝鞣、铬铝结合鞣等鞣制法，这些方法通常涉及使用化学药品，如甲醛、明矾等，使生皮充水、回软，除去油膜和污物，分散皮内胶原纤维。

　　选择合适的鞣制方法取决于所需的皮革类型、用途以及环保要求。传统方法如小米稀粥鞣制适合小规模或特定类型的皮革制品，而转鼓鞣制法和植鞣法则更适合工业化生产，能够处理大量羊皮并保证产品质量。明矾鞣制法虽然历史悠久，但可能不适用于所有类型的羊皮。化学鞣法虽然效率高，但需注意环保标准和潜在的健康风险。

？ 复习思考

一、选择题

1. 下列不属于毛皮的是（　　）。

A. 卡拉库尔羔皮   B. 湖羊羔皮   C. 滩羊二毛裘皮   D. 板皮

2. 在各路山羊板皮中，（   ）路的品质最好。

A. 四川   B. 汉口   C. 华北   D. 云贵

3. 下列不属于山羊原绒等级的是（   ）。

A. 特细型   B. 细型   C. 粗型   D. 特粗型

4. 常用的羊皮防腐方法有（   ）。

A. 蒸煮法   B. 盐腌法   C. 干燥法   D. 冷藏法

5. 山羊绒通常按颜色可分为（   ）类。

A. 2   B. 3   C. 4   D. 5

二、判断题

1. 羊皮按生产类型可分为羔皮、裘皮和板皮三种。   （   ）

2. 山羊绒中，紫绒的长度最长。   （   ）

3. 梳绒不宜在春季 4～5 月份进行。   （   ）

4. 毛皮分为羔皮和裘皮两大类。   （   ）

▲
参考答案

三、简答题

1. 裘皮的毛股性状包括哪几方面？

2. 我国的山羊板皮根据产地和特征分为哪几路？

3. 影响羊皮品质的因素有哪些？

项目八　羊常见疾病防治

学习目标

知识目标： 1. 掌握羊舍和养殖场区消毒方法、羊群免疫接种方法、羊群驱虫方法。
2. 了解羊常见传染病、寄生虫病的基本概念。
3. 掌握羊常见传染病、寄生虫病的病原、流行病学、生活史（寄生虫病）、症状、诊断和防治。
4. 了解羊常见羊内科疾病、外产科疾病的基本概念、病因。
5. 掌握常见羊内科疾病、外产科疾病的诊断方法和治疗方法。

技能目标： 1. 能对羊舍和养殖场区进行消毒，对羊群进行有效的免疫接种和驱虫。
2. 能对羊主要传染病进行诊断及及时采取防治措施。
3. 能对羊常见的寄生虫病进行诊断、治疗和防治。
4. 能准确诊断羊常见内科疾病、常见外产科疾病。
5. 能够防治羊常见内科疾病、常见外产科疾病。

素质目标： 1. 羊场（基层）兽医应具备珍惜生命、爱护动物的情感及社会责任感和社会参与意识。
2. 羊场（基层）兽医应具备吃苦耐劳、爱岗敬业的精神。

项目说明

　　本项目包括由羊场兽医卫生保健、羊的常见传染病的预防与控制、羊的常见寄生虫病的预防与控制、羊的常见普通病预防与控制等四个单元。其中，羊场兽医卫生保健贯彻"预防为主，防重于治"的方针，加强饲养管理，建立完善的防疫制度，通过规范消毒、免疫、驱虫、检疫等措施，增强羊只的抵抗力，保证羊群生长发育和提高生产性能。

　　羊的常见传染病的预防与控制涵盖了羊口蹄疫、小反刍兽疫等7种常见传染病。羊常见传染病的预防与控制是一项综合性、系统性的工作，它要求畜牧业管理者采取全方位、多层次的措施来确保羊群健康与安全。羊的常见寄生虫病的预防与控制介绍了脑多头蚴病、羊绦虫病等常见寄生虫病；在羊寄生虫病的预防与控制中，需要加强饲养管、定期驱虫。同时通过思政教育普及健康教育知识，了解寄生虫病对人体健康的危害以及预防措施。羊的常见普通病预防与控制主要介绍羊前胃迟缓、羔羊消化不良等养羊工作中较常见的普通病，内容收纳兽医临床常用的诊断方法和治疗方法，在短时间内掌握羊病防治的实用技术，提高对羊病的准确诊断和综合防治能力，从而做好羊群保健工作，促进养羊业的健康发展。

单元一　羊场兽医卫生保健

一、加强饲养管理

　　科学的饲养管理是预防疾病的基础，能够保持羊群的抗病力和理想的生产性能。饲养方法不当，羊舍内饲喂密度过大，通风状况不佳，温度、湿度不适，有害气体超标，饲喂发霉变质饲草饲料，饮用污水或冰冻水等都可能导致疾病发生。饲养中，保证营养物质、微量元素均衡合理，使羊膘肥体壮，提高羊只的抗病力。饲养人员应每天观察羊只的精神状态、采食和饮水情况，发现异常及时报告，病羊及时隔离治疗，病死羊只进行无害化处理。

二、搞好环境卫生与消毒工作

　　羊生活环境卫生条件与疾病发生有密切关系。每天打扫羊舍，保持圈舍、场地和用具的清洁卫生，对粪便和污物应集中堆积发酵处理，以减少病原菌的滋生。羊舍周围的垃圾、杂物杂草等及时清除，做好防鼠灭鼠工作。

　　羊场根据实际情况制定消毒制度，定期对羊舍、用具、地面、粪便、污水等进行消毒。消毒剂的选择应根据消毒对象和目的来确定，确保消毒效果。对于羊场抓好消毒的三道关，大门口、生活区和生产区。

　　① 养殖场大门设消毒池，可以用4%氢氧化钠溶液或3%过氧乙酸等。

　　② 生产区入口设置更衣室和消毒室，更衣室内安装消毒设备，消毒室内设置消毒池、消毒雾化器和紫外线消毒。进场人员也需要经过严格的消毒程序，包括洗澡、消毒室消毒、更衣等。

　　③ 羊舍消毒，应设有消毒室，消毒室内两侧和顶壁分别安装紫外线灯，地面设消毒池，用麻袋片或草垫浸入4%氢氧化钠溶液中。进场人员要更换水鞋，穿专用工作服，做好登记。羊舍内是羊只活动最多的地方，所以对地面、墙壁和顶棚必须保持清洁卫生。饲养员每天必须至少清扫一次，地面可以用清水进行冲洗，将粪尿、污物以及杂物等冲洗干净。然后每周用2%氢氧化钠水溶液进行喷洒消毒一次。如果带羊消毒，可用0.1%过氧乙酸或0.1%百毒杀溶液等进行喷洒消毒，每周1～2次。

三、免疫接种

　　对羊群进行免疫接种是预防和控制羊疫病的重要措施。要制定科学的免疫程序和技术规范、周密的免疫接种计划及补种计划，按时进行预防接种，并按照国家有关规定建立免疫档案、加施标识，保证可追溯。

　　接种各种疫苗需经过一定时间才能产生免疫力，故应根据各种传染病的发病季节，按照相应的免疫接种计划接种疫苗。接种疫苗注意羊群情况，母源抗体等因素的影响。常接种的包括口蹄疫、炭疽、布鲁氏菌病、羊痘等传染病的疫苗。

▲
视频：羊的免疫接种

　　① 根据羊群免疫接种计划，统计接种对象及数目，确定接种日期，准备足够的疫苗、器材、编订登记表册或卡片，安排及组织接种和保定人员，按免疫程序有计划进行免疫接种。

　　② 免疫接种前，必须对所使用的生物制剂进行仔细检查，不符合要求的一律不能

使用。

③ 接种疫苗前应对羊群进行健康检查，接种后应做好记录。凡体质过于瘦弱的羊、妊娠后期的母羊、未断奶的羔羊、体温升高或者疑似病羊均不应接种疫苗。对这类羊以后应及时补漏接种。

四、定期驱虫

寄生虫一旦寄生于羊体，将对羊的器官、组织带来机械性损伤，夺取营养或产生毒素，轻者身体消瘦、生长缓慢、发育受阻、贫血、营养不良、繁殖力下降、板皮质量受损，重者可致死。因此，定期对羊进行驱虫和药浴。

羊的寄生虫主要包括体内寄生虫和体外寄生虫。体内寄生虫主要包括：球虫、蠕虫、线虫、绦虫、吸虫、血液寄生虫等。体外寄生虫包括：疥、螨、蜱、虱、蝇等。根据寄生虫种类和羊的发育状况选择合适的驱虫药物。驱虫后应对羊群进行观察，及时处理可能出现的异常情况。

五、加强检疫

检疫是切断疫病传播的重要环节，应定期对羊及其产品进行特定疫病检查。羊场的执业兽医或者动物防疫技术人员，应当协助官方兽医实施检疫。

① 坚持自繁自养、严进严出的原则。挑选健康的良种公羊与优质母羊，实行自繁自养，尽量做到严进严出，以确保羊的品质，避免从外引入新羊时带入病原体。

② 不随意从外地引种，以减少病原的传入机会。如需从国外引进种羊，必须执行严格的羊只检疫制度。要从非疫区购入，并经过当地兽医检疫部门的严格检疫。引进的种羊应隔离饲养一个月以上，确认健康无病后，经过驱虫、消毒、补注疫苗等程序，方可混群饲养。从国外引进优良品种时，口岸检疫外，入场前还应隔离检疫，发现病羊立即严格处理。

六、人员管理与培训

定期对养殖人员进行羊场防疫知识的培训和教育，提高防疫意识和技能水平。羊场兽医卫生保健工作涉及多个方面，需要养殖人员全面考虑、各项措施要有效实施，以确保羊群的健康和养殖效益。

 复习思考

选择题

1. 羊场带羊消毒可用（　　）进行喷洒消毒。

A. 0.1%过氧乙酸或0.1%百毒杀溶液　　B. 2%氢氧化钠溶液

C. 4%氢氧化钠溶液　　D. 3%过氧乙酸溶液

参考答案

2. （多选）羊场消毒的三道关包括（　　）。

A. 大门口　　　　B. 生活区　　　　C. 生产区　　　　D. 饲料加工区

3. （　　）是切断疫病传播的重要环节。

A. 消毒　　　　B. 免疫接种　　　　C. 检疫　　　　D. 定期驱虫

单元二　羊的常见传染病的预防与控制

一、羊口蹄疫

（一）概念

羊口蹄疫，是由口蹄疫病毒引起的一种急性、热性、高度接触性传染病。该病主要影响偶蹄类动物，包括羊、牛、猪等，以口腔黏膜、蹄部皮肤及乳房等部位出现水疱、溃疡和结痂为主要特征，对畜牧业造成巨大经济损失。

（二）病原

羊口蹄疫的病原是口蹄疫病毒，属于微核糖核酸病毒科口蹄疫病毒属。该病毒具有多型性和变异性，目前已知口蹄疫病毒在全世界有七个株型，分别为 A 型、O 型、C 型、SAT1、SAT2、SAT3（南非 1、2、3 型）和亚洲 1 型。不同血清型之间无交叉免疫保护。病毒对外界环境的抵抗力较强，能在干燥环境中存活较长时间，但对热、紫外线及多种消毒剂敏感。

（三）流行病学

1. 传染源

病羊及带毒羊是主要的传染源。病毒主要存在于病羊的水疱液、唾液、乳汁、尿液、粪便及呼出的气体中。

2. 传播途径

主要通过直接接触（如相互舔舐、共用饲槽、水源等）或间接接触（如通过被病毒污染的饲料、工具、车辆等）传播。此外，气溶胶传播也是不可忽视的途径。

3. 易感动物

所有偶蹄类动物均易感，不仅成年羊易感染，羔羊也易受侵害。羔羊由于免疫系统尚未发育完全，可能更容易受到病毒的感染。同时，老年羊由于免疫力下降，也可能成为易感群体。

4. 流行特点

本病无明显的季节性，但秋末至春初因气温较低、光照不足，或者饲养管理条件差等因素，易导致疫情暴发。此外，新疫区发病率高，死亡率低；老疫区则常呈散发或隐性感染状态。

（四）症状

病羊初期体温升高，精神沉郁，食欲减退或废绝。随后在口腔黏膜、蹄部及乳房等处出现水疱，水疱破裂后形成溃疡和结痂。病羊因口腔疼痛而流涎，采食和反刍困难。蹄部病变导致跛行或卧地不起。严重病例可能因继发感染或恶病质而死亡。

（五）病理变化

羊口蹄疫的病理变化主要集中在消化道黏膜和蹄部皮肤上。口腔黏膜可出现水疱、溃疡和坏死，严重时影响采食和反刍。蹄部皮肤先出现水疱，后破溃形成烂斑，严重时可能导致蹄壳脱落，影响行走。此外，乳房皮肤也出现水疱和溃疡。恶性口蹄疫在心肌切面上可见到灰白色或淡黄色条纹与正常心肌相伴，如同虎皮状斑纹，俗称"虎斑心"。

（六）诊断

1. 临床诊断

根据流行病学资料、临床症状和体征进行初步诊断。

2. 实验室诊断

采集病羊的水疱液、血清等样本进行病毒分离与鉴定、血清学检测（如补体结合试验、中和试验等）或分子生物学检测（如 PCR）以确诊。

（七）防治措施

1. 疫苗接种

疫苗接种是预防羊口蹄疫最重要的措施。疫苗具有有效预防感染和减轻临床症状的作用。应按照疫苗厂家的指导接种相应的口蹄疫疫苗。

2. 隔离和消毒

一旦发生羊口蹄疫，应及时隔离患病羊，避免与健康羊接触。患病羊所在的场所应进行彻底的消毒，以杀灭病毒和减少传播。

3. 加强饲养管理

羊的饲养环境应保持清洁，定期清理粪便和饲料残渣。定期检查羊的健康状况，及时发现疑似病例并采取措施进行诊断和治疗。

4. 控制传染源

传染源主要包括患病动物和病毒携带者。应定期对羊进行检查，发现病例立即进行隔离，控制传染源。

二、小反刍兽疫

（一）概念

小反刍兽疫，也被称为羊瘟，是一种由小反刍兽疫病毒（PPRV）引起的急性、接触性传染病。该病是 OIE（世界动物卫生组织）法定报告动物疫病，也被我国列为一类动物疫病。

（二）病原

小反刍兽疫属于副黏病毒科，麻疹病毒属成员。与牛瘟病毒、犬瘟热病毒等同属于副黏病毒科麻疹病毒属。病毒颗粒通常呈粗糙的球形，较牛瘟病毒大，核衣壳为螺旋中空杆状，并具有特征性的亚单位，外面包裹有囊膜。病毒粒子对酒精、乙醚敏感，2%的氢氧化钠溶液等可在 24h 内灭活病毒。

（三）流行病学

该病全年任何季节都能发生，但干燥寒冷季节和多雨季节更易发生。主要的自然宿主是绵羊和山羊，其中山羊的易感性高于绵羊，并表现出更为严重的临床症状。不同品种的羊对该病的易感性也有所不同。此外，野山羊、瞪羚羊、东方盘羊等野生动物也能感染发病。病毒主要通过呼吸道和消化道感染，也可通过污染的饲料、饮水、用具等间接传播。

（四）症状

小反刍兽疫的典型症状包括：

① 发热：病初体温升高，可达 40～42℃，持续 3d 左右。

② 厌食：出现食欲减退或废绝。

③ 口炎：口腔黏膜发炎，出现水疱、溃疡，伴有口臭。

④ 腹泻：发热后 2～3d 开始腹泻，伴随严重脱水、消瘦、虚脱。

⑤ 其他症状：眼、鼻排出大量分泌物，初为水样，后变为脓性。呼吸急促，呼吸困难，咳嗽，有时出现流产。

（五）病变

① 口腔和鼻腔黏膜糜烂坏死。

② 支气管肺炎。

③ 坏死或出血性肠炎，盲肠、结肠近端和直肠出现特征性条状充血、出血，呈斑马状条纹。

④ 淋巴结水肿，特别是肠系膜淋巴结，脾脏肿大并可能出现坏死病变。

（六）诊断

小反刍兽疫的诊断主要包括临床诊断和实验室诊断。

1. 临床诊断

发热、眼鼻分泌物增多、呼吸困难、腹泻等症状。

口腔黏膜出现坏死点，坏死组织脱落后形成浅糜烂斑。

2. 实验室诊断

病原学检测：采集病畜的结膜、鼻黏膜、颊部黏膜棉拭子，血液和组织样品，接种细胞培养，观察细胞病变效应。

核酸检测：采用 RT-PCR 或荧光定量 RT-PCR 方法。

血清学检测：通过竞争 ELISA、间接 ELISA 等方法检测血清中的抗体。

（七）防治措施

1. 疫情监测与报告

① 加强疫情监测：定期对羊群进行健康监测，观察羊只的临床症状，如咳嗽、呼吸异常等，及时发现并报告疑似病例。

② 及时报告疫情：一旦发现疑似小反刍兽疫疫情，应立即向当地兽医部门或动物疫病预防控制机构报告，并按照相关规定进行处置。

2. 隔离与封锁

① 隔离病羊：将疑似或确诊的病羊立即隔离，防止疫情扩散。

② 封锁疫区：根据疫情情况，对疫区进行严密封锁，禁止无关人员和车辆出入，防止病毒随人员、车辆等传播。

3. 紧急免疫接种

对疫区、受威胁区和高风险区的羊群进行紧急免疫接种，使用小反刍兽弱毒疫苗等有效疫苗，建立免疫隔离带，防止疫情扩散。

4. 消毒工作

对患病动物及其分泌物、排泄物，污染的草料、用具和饮水等，进行全面的消毒。可选用氯制剂、强酸强碱、醛类的消毒药品。羊舍周围应使用碘制剂消毒药每天消毒两次，提高环境控制水平，减少病毒存活和传播的机会。

5. 饲养管理

提高饲养管理水平，保证家畜处于最佳的生长状态并具备良好的抗病能力。尽量避免羊群与野生易感动物接触，减少感染风险。确保饲料来源可靠，质量符合卫生标准，避免使用受污染的饲料。

三、羊痘

（一）概念

羊痘是由羊痘病毒引起的一种急性、热性、接触性传染病，主要通过皮肤或黏膜损伤处感染。病羊初期体温升高，眼鼻黏膜充血，皮肤上出现特异性痘疹，严重时导致羊死亡或影响生长性能。

（二）病原

羊痘的病原主要为绵羊痘病毒（SPPV）和山羊痘病毒（GTPV），两者具有共同的抗原性，且与羊口疮病毒存在交叉反应。这些病毒对干燥环境具有较强的抵抗力，能在干燥痂皮内存活 3～6 个月，但对热的抵抗力较低，55℃下 30min 即可灭活。但该病毒对常见的消毒剂敏感，如 2％石炭酸和福尔马林经 15min 可灭活，55℃经 30min 也能灭活，常用的碱溶液或酒精 10min 即可将其杀死。

（三）流行病学

羊痘主要通过呼吸道感染，也可通过损伤的皮肤或黏膜侵入机体。污染的草场、水源、厩舍和饲养用具均可成为传播媒介。该病一年四季均可发生，但以冬末春初、气候严寒、饲养管理不善时更易发病。细毛羊和改良羊的发病率较高，病情也较重；羔羊比成年羊敏感，死亡率较高。此外，部分妊娠母羊可能流产。

（四）症状

羊痘的潜伏期一般为 5～6d，最长可达 2 周。主要表现为病羊体温升高，精神不振，食欲减退，眼肿流泪，鼻孔有黏性分泌物，呼吸加快，伴有咳嗽和寒战。在无毛或少毛的皮肤区域（如嘴唇、面部、鼻部、外生殖器、乳房、腿内侧等）会出现绿豆大的红色斑疹和丘疹，随后形成水疱和脓疱，最终结痂脱落，留下红斑或疤痕。当水疱被细菌感染时，会转为脓疱，导致体温再次回升，形成结痂和脱落过程变得困难。

（五）病理变化

病羊的尸体可能极度消瘦，头部肿胀，体表触摸有大小不等的结节或成片的硬块。皮肤无毛处可见各期痘疹，肺水肿，支气管内有较多的血色泡沫状液体。心脏肿大，心肌变性，心耳有出血点。肠系膜淋巴结肿大，小肠黏膜充血或出血。瘤胃黏膜上有扁豆至黄豆粒大的乳白色斑点或结节，内含少量白色脓液，有的糜烂或溃疡。肾脏表面也有许多小米粒乃至扁豆大的白色斑点。

（六）诊断

羊痘的诊断主要依据流行病学、临床症状和病理变化做出诊断。实验室诊断可通过病原分离培养、病理组织学检查、免疫学试验等方法进行确诊。

（七）防治措施

1. 加强卫生管理

加强圈舍日常内外卫生管理，保持圈舍清洁、干燥、通风，减少病毒滋生的环境。定期做好消毒工作，使用有效的消毒剂（如 2％烧碱、3％漂白粉、20％石灰乳等）对圈舍、工具及周围环境进行彻底消毒。严格执行门禁制度，严禁陌生人进入到生产区，以防止交叉传染。

2. 病羊处理

① 隔离病羊：如发生疑似羊痘疫情，应尽早隔离病羊，防止病毒进一步扩散。

② 无害化处理：对病死羊及剩余饲草饲料及污染物采用焚烧、深埋等方式进行无害化处理，以减少病毒的传播。

③ 粪便处理：羊粪应堆积发酵，以杀灭其中的病原体。

3. 紧急接种与预防

① 紧急接种：在发生疫情后，立即对受威胁区的健康羊群和疫区内的假定健康羊群全部接种羊痘弱毒疫苗，以控制疫情的蔓延。

② 定期预防接种：在羊痘常发地区，每年定期预防接种羊痘鸡胚化弱毒疫苗，提高羊群的免疫力。

4. 饲养管理

合理饲喂，提供营养均衡的饲料，增强羊只的体质和抗病能力。保持圈舍内温度适宜，避免潮湿和寒冷环境对羊只的影响。饲养人员应做好个人防护，避免与病羊直接接触，减少感染风险。

四、蓝舌病

（一）概念

蓝舌病是一种由蓝舌病病毒引起的，主要影响反刍动物（如绵羊、山羊等）的严重传染性疾病。该病以患病动物口唇黏膜发蓝而得名，其特征是高热、口腔及蹄部病变、跛行以及严重时可导致死亡。

（二）病原

蓝舌病的病原体是蓝舌病病毒（BTV），属于呼肠孤病毒科、环状病毒属。该病毒具有多种血清型，目前已知的有超过 26 种血清型，不同血清型之间存在一定的交叉免疫保护力，但并非完全交叉保护。BTV 主要通过蚊虫等吸血昆虫叮咬传播，也可通过胎盘垂直感染。

（三）流行病学

1. 传染源

患病动物及带毒动物是主要的传染源。

2. 传播途径

主要通过吸血昆虫（如库蚊、伊蚊等）叮咬传播，也可通过污染的饲料、水源及直接接触传播。

3. 易感动物

多种反刍动物易感，尤其是绵羊和山羊，不同品种和年龄的动物均可发病，但幼龄动物和首次接触病毒的动物病情往往较重。

4. 流行特点

蓝舌病的发生与流行具有明显的季节性，通常与媒介昆虫的活动高峰相吻合，夏季和秋季是高发期。此外，气候、地形、饲养管理条件等也会影响疾病的流行。

（四）症状

蓝舌病的临床症状因动物种类、年龄、病毒株及环境条件而异，但一般表现为高热，体温可达 41℃ 以上。

口腔黏膜充血、水肿，严重者发蓝或发紫。蹄部病变，如跛行、蹄冠肿胀、蹄壳脱落。流涎，食欲不振，精神沉郁。呼吸加快，心率增加，严重者可能出现心力衰竭。

（五）病理变化

蓝舌病的病理变化主要集中在口、舌、唇、蹄部及皮下结缔组织等处。口腔黏膜充血、水肿，有时出现水泡或溃疡，病初唇及舌黏膜呈蓝紫色，随病程发展逐渐变为灰色或黑色。蹄部可出现充血、水肿、糜烂及溃疡，严重者蹄壳脱落。此外，心脏、肺脏、肝脏、肾脏等内脏器官也可能出现不同程度的病理变化。

（六）诊断

蓝舌病的诊断综合临床表现、流行病学调查、病理学检查和实验室检测等多方面进行。实验室检测主要包括病毒分离、血清学检测（如 ELISA、中和试验）及分子生物学方法（如 PCR、RT-PCR）等，其中病毒分离和 PCR 检测是确诊的重要依据。

（七）防治措施

1. 加强管理和检疫

① 严格检疫：严禁从爆发蓝舌病的国家、地区引进羊只，加强冷冻精液的管理，严禁用带毒精液进行人工授精。

② 控制传染源：一旦发现疫情，立即扑杀所有感染动物，并对疫区及受威胁区的动物进行紧急预防接种。

2. 切断传播途径

① 防虫灭虫：根据库蠓活动的季节性特点，在库蠓繁殖月份的晨昏时段，组织大量人力物力进行灭蠓工作，防止媒介昆虫对易感动物的侵袭。

② 高地放牧：在邻近疫区地带，避免在媒介昆虫活跃的时间内放牧，提倡在高地放牧和驱赶畜群回圈舍过夜。

3. 消毒措施

① 定期消毒：采用对蓝舌病病毒有特效的消毒药（如 2％氢氧化钠、4％甲醛等）进行定期消毒，确保圈舍、用具、运动场等环境的卫生。

② 建立健全消毒制度：种畜场每周消毒 1 次，重点疫区每周消毒 1 次，血检阳性养殖场每 2 周消毒 1 次。

4. 免疫接种

① 疫苗选择：根据当地流行的病毒血清型选用相应种类的疫苗，如弱毒疫苗、灭活疫苗等。我国常用的是 BHK-1、16 双价鸡胚弱毒疫苗，保护率大于 80％，免疫期一年以上。

② 接种时间：在流行地区，每年发病季节前 1 个月接种相应血清型的疫苗。

5. 加强饲养管理

通过加强饲养管理，搞好环境卫生，减少各种应激因素，提高易感动物的抵抗力。提供充足的营养，特别是注意维生素、矿物质等微量元素的补充。

五、羊传染性脓疱病

（一）概念

羊传染性脓疱病，又称"羊口疮"，是由羊口疮病毒引起的一种急性、接触性传染病。该病主要感染绵羊和山羊，偶见于其他反刍动物，特征是在口唇、鼻镜、口腔黏膜、舌面及蹄部等处形成水疱、脓疱和溃疡，严重时可导致动物采食困难、消瘦甚至死亡。

（二）病原

羊传染性脓疱病的病原是羊口疮病毒，属于副痘病毒属。该病毒对外界环境的抵抗力较强，能在羊毛、土壤等环境中存活较长时间。病毒主要通过直接接触或间接接触（如共用饲槽、饮水器具等）传播。

（三）流行病学

1. 传染源

患病羊及带毒羊是主要的传染源。

2. 传播途径

主要通过接触传播，包括直接接触病羊的唾液、脓液等分泌物，以及间接接触被病毒污染的饲料、水源、用具等。

3. 易感动物

绵羊和山羊高度易感，各年龄段的羊均可发病，但以幼龄羊发病率最高，病情也最为严重。

4. 流行特点

该病一年四季均可发生，但通常在春秋季发病较多，可能与气候变化和饲养管理条件有关。羊只密集饲养、通风不良、营养不足等因素会增加发病风险。

（四）症状

① 口唇症状：最初表现为口唇黏膜潮红、肿胀，随后出现大小不等的水疱，水疱破溃后形成溃疡，边缘不整齐，表面覆盖黄白色渗出物。

② 采食困难：由于口唇疼痛，病羊采食时表现出明显的痛苦表情，食欲下降，体重减轻。

③ 蹄部症状：部分病羊蹄部也出现类似口唇的病变，导致行走困难。

④ 全身症状：严重病例可出现体温升高、精神沉郁等全身症状。

（五）病理变化

病理变化主要集中在口、鼻、蹄等部位。初期，病变部位出现红斑，随后形成水疱，水疱破溃后形成黄色或棕色的结痂。严重者，口腔黏膜广泛性溃疡，影响采食和饮水。蹄部病变可导致跛行或站立困难。

（六）诊断

根据临床症状、流行病学调查和病理变化可做出初步诊断。确诊需进行实验室检测，如病毒分离、PCR检测或血清学试验等。

（七）防治措施

① 疫苗接种，此病一旦发生，传播非常迅速，隔离方法往往收不到理想效果，因此最好在常出现该病的羊群中进行疫苗接种。羔羊在15日龄以上进行第1次接种，1～2个月后加强免疫1次。接种时一般在每只羊的口腔黏膜内注射，并以注射处出现一个透明发亮的小水泡为准。怀孕母羊可在产前30d左右接种，新生羔羊可从母体初乳中获得较高水平的抗体。

② 保持环境清洁，清除饲料或垫草中的芒刺和异物，防止皮肤黏膜受损。

③ 对新引进的羊只做好检疫，同时应隔离观察，并对其蹄部、体表进行消毒处理。

④ 发现病羊及时隔离治疗。被污染的草饲应烧毁。圈舍、用具可用2%氢氧化钠或10%石灰乳或20%热草木灰水消毒。

六、羊布鲁氏菌病

（一）概念

羊布鲁氏菌病，简称"羊布病"，是由布鲁氏菌引起的一种人畜共患的传染病。该病在全球范围内广泛分布，对畜牧业和人类健康构成严重威胁。羊作为主要的易感动物之一，感染后常表现为隐性感染或慢性经过，但可长期带菌并排出病原体，成为重要的传染源。

（二）病原

布鲁氏菌属于革兰氏阴性短小杆菌，无鞭毛，不形成芽孢，部分菌种有荚膜。该菌对环境有一定的抵抗力，能在土壤、水、皮毛及乳制品中存活较长时间。布鲁氏菌对热、消毒剂和紫外线敏感，可通过加热、巴氏消毒等方法有效灭活。

（三）流行病学

1.传染源

病羊及带菌羊是主要的传染源，其排泄物、分泌物及流产物中均含有大量布鲁氏菌。

2.传播途径

主要通过消化道、呼吸道、皮肤及黏膜等途径传播。羊只间可通过直接接触或间接接触（如共用饲槽、水源等）感染。此外，人类也可通过接触病羊或其产品（如未经消毒的乳制品、皮毛等）而感染。

3.易感动物

羊、牛、猪等多种家畜及野生动物均可感染，人类也易感。

4.流行特点

本病无明显的季节性，但在牧区或养殖密集区，由于饲养管理条件差、环境卫生不良等因素，易导致疫情暴发。

（四）症状

羊布鲁氏菌病的临床症状因病程长短和感染程度而异。急性病例可出现发热、寒战、出汗、乏力、食欲减退、精神沉郁等症状，但较少见。慢性病例常表现为关节炎、睾丸炎、乳房炎、淋巴结炎等症状，母羊可发生流产、不孕或产死胎。

（五）病理变化

羊布鲁氏菌病的病理变化主要发生在生殖系统、淋巴结及内脏器官。病羊的子宫、胎膜、胎盘及胎儿常发生化脓性炎症，伴有坏死和肉芽肿形成。淋巴结（特别是睾丸、乳房附近的淋巴结）常肿大，切面多汁，有灰黄色坏死灶或肉芽肿。肝脏、脾脏等内脏器官也可能出现坏死灶或肉芽肿。

（六）诊断

1. 临床诊断

根据流行病学资料、临床症状（如流产、睾丸炎、关节炎等）及体征进行初步判断。

2. 实验室诊断

包括细菌学检查（分离培养布鲁氏菌）、血清学试验（如虎红平板凝集试验、试管凝集试验等）及分子生物学检测等。其中，血清学试验因其操作简便、结果可靠而被广泛应用。

（七）防治措施

1. 加强饲养管理

① 保持环境清洁：定期清理羊舍，保持干燥、通风，减少病原体的滋生环境。

② 合理饲养：避免过度拥挤和应激，提供充足的营养和清洁的饮水，增强羊的体质和免疫力。

③ 消毒措施：定期对羊舍、用具、环境等进行消毒，可以使用10％石灰水、20％草木灰水、2％烧碱水、2％福尔马林等消毒液。

2. 实施疫苗接种

对羊群进行布病疫苗的免疫接种是预防该病的重要手段。通过疫苗接种可以显著提高羊只的免疫力，降低布病的发病率。免疫程序应根据疫苗说明和当地疫情情况制定，确保每只羊都能得到有效的免疫保护。

3. 加强检疫和监测

定期对羊群进行布病的检疫和监测工作，及时发现并处理病羊和带菌羊。对病死羊进行无害化处理，防止病原体的扩散。

七、羊的梭菌性疾病

（一）概念

羊的梭菌性疾病是由梭状芽孢杆菌属中的细菌引起的一类急性致死性传染病，包括羔羊痢疾、羊肠毒血症、羊猝狙、羊快疫、羊黑疫（传染性坏死性肝炎）等，俗称"突死病"。该病以突然发病、腹痛和迅速死亡为特征，对养羊业危害很大。

（二）流行病学

1. 羊肠毒血症

由D型魏氏梭菌引起，育肥羊群对病原体比较敏感，绵羊发病率较高。该病具有季节性，春夏交接之际和秋冬季节温差大时多发，病程短且死亡率高。

2. 羊快疫

以6个月至2年的膘情好的羊多发，病原菌主要存在于低洼草地、熟耕地、污水或粪便中。潜伏期短，病羊突然发病，基本无临床症状，突然死亡于圈舍中。

3. 羊猝狙

主要危害1～2岁的羊群，绵羊的发病率较高。病原体能够在低洼和沼泽地等湿度较高的条件下大量繁殖，并且具有较强的感染力。病程也短，病情严重的病羊没有表现任何临床症状就会死亡。

4. 羔羊痢疾

刚出生的羔羊极易感染，带菌母羊和病羔羊是主要传染源。潜伏期稍长，病羊出现体温升高、精神萎靡、食欲下降、腹泻等症状，病情严重时粪便中携带血液，致死率高。

5. 羊黑疫

绵羊易感，2~4年多发，借助于肝片吸虫作用发病。通常为急性，与羊快疫、羊肠毒血症症状相似。

（三）症状及病变

不同类型的羊梭菌性疾病具有不同的症状和病变：

1. 羊快疫

是由腐败梭菌引起的一种急性、致病性传染病。病程极短，病羊往往来不及表现临床症状即突然死亡。病程稍长者表现为不愿行走，运动失调，腹痛、腹泻，磨牙抽搐，最后衰弱昏迷，口流带血泡沫，多于数分钟或几小时内死亡。剖检可见真胃出血性炎症，胃底部及幽门部黏膜可见大小不等的出血斑点及坏死区，肠道内充满气体，常有充血、出血、坏死或溃疡。

2. 羊猝狙

是由C型产气荚膜梭菌引起的成年绵羊的一种非接触传染性疾病。病程短促，常未见到症状即突然死亡。有时发现病羊掉群、卧地、表现不安、衰弱和痉挛。病变主要见于消化道和循环系统，胸腹腔和心包大量积液，小肠严重充血、糜烂，可见大小不等的溃疡及腹膜炎等。

3. 羊肠毒血症

由D型魏氏梭菌感染所致。病羊死亡前眼球转动，口角流出大量液体，出现抽搐症状。初期发病时病羊运动失调，之后昏迷，部分病羊会腹泻，一般在4h内死亡。剖检可见小肠黏膜点状出血、肾脏有明显积液。

4. 羊黑疫

由B型诺维氏梭菌感染所致。病羊突然远离羊群，体温升高、采食量减少、呼吸困难、昏迷或死亡。剖检可见皮下静脉显著充血，皮肤呈暗黑色外观；肝坏死性变化明显，有界限清晰的不整圆形坏死灶。

5. 羔羊痢疾

是由B型魏氏梭菌引起羔羊的一种急性毒血症。刚出生的羔羊极易感染。病羊体温升高、精神萎靡、食欲下降、躺卧在地、发生腹泻和腹胀等症状，有的呼吸困难、四肢无力、不愿行走，病情严重时粪便带血，经过2h就会死亡。

（四）诊断

羊梭菌性疾病的诊断主要依据流行病学、临床症状、剖检变化和实验室检测。快速检测羊梭菌病是养羊业中预防和控制该病的重要手段，包括现场诊断、微生物学检查等。

（五）防治措施

① 加强养殖环境卫生消毒：根据羊场情况制定合理的消毒制度，定期清理羊舍粪便、垫料和尿液等，并运输到远离厂区的地方进行生物发酵处理。对圈舍内外可以使用氢氧化钠溶液消毒处理，在疫区需要增加消毒次数。

② 改善养殖环境：保证圈舍内温度相对恒定，减少贼风或冷风入侵。随时添加水槽中

的饮水，对饮水系统进行维护和保养，避免饮水外溢或发生漏水现象而引起圈舍积水。

③ 提高饲料营养水平：保证羊群饲养营养充足且平衡，合理搭配日粮。在春季和夏季尽量增加青绿饲草的饲喂量，使机体获取充足的维生素类营养成分，并且饲草中的粗纤维能更好地刺激肠道蠕动，提高羊的抗病能力。

④ 药物预防或保健：在羊群容易感染羊梭菌病的年龄或季节，可以在饲料中添加磺胺类、恩诺沙星、环丙沙星等抗生素药物，能有效杀灭侵入机体的病原菌，起到预防作用。日常管理中还可以在饲料中添加黄芪多糖、益生菌等添加剂，提高机体免疫力，调节肠道菌群平衡，抑制肠道致病菌的繁殖和生长。

⑤ 疫苗接种：每年定期预防接种羊梭菌病多联干粉灭活疫苗，用于预防绵羊或山羊的羊快疫、羔羊痢疾、羊猝狙、肠毒血症等疾病。一般在每年3月和9月免疫两次，怀孕母羊产前1个月免疫一次。不论年龄大小，每只肌肉或皮下接种1.0mL。

 复习思考

一、选择题

1. 羊痘病主要是通过什么途径传播的？（　　）

A. 消化道　　　　　B. 呼吸道　　　　　C. 饲料　　　　　D. 饮水

2. 羊痘的典型病理过程是什么？（　　）

A. 丘疹-水疱-脓疱-结痂　　　　　B. 丘疹-脓疱-结痂

C. 丘疹-水疱-结痂　　　　　D. 丘疹-脓疱-水疱-结痂

3. 羊布鲁氏菌病的主要传播途径是（　　）。

A. 空气传播　　　　　B. 直接接触病畜或其排泄物

C. 食物链中的间接传播　　　　　D. 昆虫叮咬

4. 预防羊布鲁氏菌病时，对家畜的饲养管理应采取的措施不包括（　　）。

A. 定期检疫和免疫接种　　　　　B. 保持畜舍卫生，及时清理排泄物

C. 禁止与病人接触　　　　　D. 加强病畜的隔离和治疗

5. 羊口蹄疫的典型症状不包括以下哪一项？（　　）

A. 蹄部出现水泡　　　　　B. 呼吸困难

C. 口腔黏膜溃疡　　　　　D. 跛行

6. 当发现羊群中有一只羊疑似感染口蹄疫时，首先应采取的行动是（　　）。

A. 立即屠宰并销售　　　　　B. 将其与健康羊只隔离

C. 使用抗生素治疗　　　　　D. 观察几天看是否自愈

7. 蓝舌病主要通过哪种方式传播？（　　）

A. 直接接触　　　　　B. 空气传播　　　　　C. 吸血昆虫叮咬　　　　D. 食物污染

8. 预防蓝舌病最有效的方法是什么？（　　）

A. 使用抗生素　　　　　B. 接种疫苗

C. 改变饲料配方　　　　　D. 频繁使用消毒剂

9. 羊肠毒血症的病理特征中，哪个器官的变化最具特征性？（　　）

A. 肝脏肿大　　　　　B. 肾脏软化（软肾病）

C. 脾脏充血　　　　　D. 肺脏水肿

10. 关于羊肠毒血症的死亡速度，以下描述正确的是？（　　）

A. 病程长，死亡慢　　　　　B. 病程短，死亡快

C. 死亡率低，易治疗 D. 发病初期即有明显临床症状

11. 羊快疫的病原体主要是哪种细菌？（ ）

A. 炭疽杆菌 B. 腐败梭菌 C. 布鲁氏菌 D. 羊痘病毒

12. 羊猝狙主要侵害羊的哪个部位？（ ）

A. 心脏 B. 消化道 C. 肺部 D. 神经系统

13. 预防羔羊痢疾的有效措施之一是？（ ）

A. 定期给羔羊接种病毒性疫苗 B. 饲养过程中大量使用抗生素

C. 羔羊出生后尽快吃到初乳 D. 减少羔羊的运动量，避免体力消耗

14. 下列哪项不是小反刍兽疫的典型症状？（ ）

A. 发热 B. 流泪 C. 呼吸困难 D. 瘫痪

二、判断题

1. 羊痘病毒在自然界中存活能力很强，可以长期存在于环境中。 （ ）

2. 羊痘病毒对所有年龄和品种的羊都具有相同的致病性。 （ ）

3. 羊布鲁氏菌病感染初期，家畜常表现出高热、多汗、性关节疼痛等症状。 （ ）

4. 对于确诊的羊布鲁氏菌病病例，应立即扑杀病畜并进行无害化处理。 （ ）

5. 羊口蹄疫的死亡率极高，对养殖业构成严重威胁。 （ ）

6. 羊口蹄疫的水泡主要出现在蹄部和口腔，其他部位不会出现。 （ ）

7. 蓝舌病有特效药可以快速治愈。 （ ）

8. 加强饲养管理，保持羊舍及用具的卫生，是预防羊传染性脓疱病的关键。 （ ）

9. 定期对羊舍进行彻底消毒是预防羊坏死杆菌病的有效措施之一。 （ ）

10. 所有感染羊肠毒血症的羊都会表现出明显的临床症状。 （ ）

11. 羊肠毒血症主要发生在夏季和秋季。 （ ）

12. 羊快疫的病原体在土壤中可长期存活，成为主要的传染源之一。 （ ）

13. 羊快疫和羊猝狙都可在羊群中迅速传播，造成严重经济损失。 （ ）

14. 羔羊痢疾只影响羔羊的消化系统，对其他器官无影响。 （ ）

三、简答题

1. 介绍诊断羊痘的主要方法。

2. 描述羊布鲁氏菌病的流行特点。

3. 简述羊口蹄疫的诊断方法。

4. 为防止羊坏死杆菌病的发生和传播，应采取哪些预防措施？

5. 简述羔羊痢疾的发病原因。

6. 小反刍兽疫的流行对养羊业有哪些影响？

参考答案

单元三 羊的常见寄生虫病的预防与控制

一、脑多头蚴病

（一）概念

脑多头蚴病，又称羊脑包虫病，是由多头绦虫（如多头带绦虫）的幼虫——多头蚴寄生于羊的脑及脊髓中引起的一种寄生虫病。该病以病羊出现转圈、共济失调、头颈歪斜等神经症状为特征，对羊只的健康和生命构成严重威胁，同时也给养羊业带来经济损失。

（二）病原

脑多头蚴病是由多头绦虫的幼虫——脑多头蚴寄生在牛、羊等动物的脑或脊髓中引起的一种寄生虫病。脑多头蚴呈囊泡状，囊体大小可从豌豆大到鸡蛋大，囊内充满透明的液体。囊壁由两层膜组成，外膜为角质层，内膜为生发层，其上有许多原头蚴，直径约为 2～3mm，数量约为 100～250 个。多头绦虫主要寄生于犬、狼、狐狸等肉食动物的小肠内，体长可达数米，由许多节片组成，每个节片内含大量虫卵。多头蚴呈囊泡状，内含透明液体和许多头节，这些头节具有强大的吸附和钻入宿主组织的能力，一旦侵入羊的脑或脊髓，便迅速发育并造成损害。

（三）生活史

多头绦虫的成虫寄生于犬、狼等肉食兽的小肠内，孕节片随粪便排出体外，污染草场、饲草料和饮水。当牛、羊等中间宿主吞食了被污染的饲草料或饮水后，虫卵内的六钩蚴逸出，穿透肠黏膜进入血流，随血液循环到达脑脊髓中。在脑脊髓中，六钩蚴经过 2～3 个月的发育，成为具有感染性的脑多头蚴。

当犬、狼等肉食动物吞食了含有脑多头蚴的牛、羊等动物的脑或脊髓后，脑多头蚴的头节便吸附于这些动物的小肠壁上，经过 1～2 个月的发育，变为成熟的多头绦虫。

（四）流行病学

1. 传染源

主要是携带多头绦虫成虫的犬、狼等肉食动物。

2. 传播途径

① 消化道感染：多头绦虫的孕卵节片随粪便排出体外后，污染了草场、饲草料和饮水等环境。牛、羊等中间宿主在采食或饮水时，吞食了被污染的饲草料或饮水，从而感染了虫卵。虫卵内的六钩蚴在宿主体内经过一系列复杂的发育过程，最终成为具有感染性的脑多头蚴，寄生于宿主的脑或脊髓中。

② 间接传播：除了直接的消化道感染外，脑多头蚴病还可能通过其他途径间接传播。例如，通过接触感染多头绦虫的动物或其排泄物，再经过手口途径传播给人类或其他动物。但在自然条件下，人类感染脑多头蚴病的病例较为罕见，主要发生在长期接触家畜且防护措施不当的人群中。

3. 易感动物

绵羊和山羊均易感，且各年龄段均可发病，但以幼龄羊发病率较高。

4. 流行特点

该病的发生与流行与饲养环境、放牧条件、犬的管理等密切相关。在多头绦虫成虫广泛存在的地区，羊脑多头蚴病的发病率较高。

（五）病理变化

病理变化主要发生在羊的脑及脊髓中。多头蚴寄生部位脑组织发生炎症、坏死和液化，形成囊泡状病灶。在病变或虫体相接的颅骨处，骨质会变得松软、变薄，甚至穿孔。颅骨的变化是由于虫体对周围组织的压迫和破坏所致。随着多头蚴的生长和移动，病灶可逐渐扩大并压迫周围脑组织，导致神经功能障碍。严重时，可引起颅内压升高、脑疝等严重后果。

（六）症状

羊脑多头蚴病的临床症状因多头蚴寄生部位和数量不同而有所差异。但一般表现为精神沉郁、食欲减退或废绝、体温升高。随着病情发展，病羊出现转圈、共济失调、头颈歪斜等神经症状。

初期病羊表现为精神沉郁，食欲减退，行动迟缓。中期出现典型的神经症状，如转圈运动、头抵地、视力障碍、步态蹒跚，甚至倒地不起。后期病羊高度消瘦，严重者可因脑内压升高导致死亡。

（七）诊断

根据临床症状、流行病学调查和病理变化可做出初步诊断。剖检脑内发现寄生虫，结合流行病学资料综合诊断实验室检测可通过采集病羊脑脊液或脑组织进行多头蚴的分离和鉴定。

（八）治疗

羊脑多头蚴病的治疗难度较大，且效果往往不佳。

① 手术摘除：手术需在严格消毒和麻醉条件下进行，通过开颅暴露虫体位置小心分离并完整摘除多头蚴，避免损伤脑组织。术后需进行抗感染治疗，加强护理。

② 药物治疗：药物治疗是羊脑多头蚴病的重要治疗手段之一，常用药物包括吡喹酮、硫苯咪唑、甲苯咪唑和阿苯达唑等。

（九）预防与控制

① 加强饲养管理：合理搭配饲料，提高羊只抵抗力。定期清理圈舍和牧场环境，减少寄生虫滋生和传播的机会。

② 定期驱虫：对羊只进行定期驱虫处理，特别是春秋季节，是驱虫的关键时期。

③ 加强犬的管理：对饲养的犬进行定期驱虫和粪便管理，防止多头绦虫成虫的传播。同时避免犬与羊直接接触。

④ 提高养殖者意识：加强养殖者对羊脑多头蚴病的认识和了解，提高防控意识和能力。一旦发现病羊应及时隔离治疗。

二、羊棘球蚴病

（一）概念

羊棘球蚴病，又称羊包虫病，是由棘球绦虫的幼虫（棘球蚴）寄生在羊体内所引起的一种寄生虫病。该病主要侵害羊的肝脏和肺脏，导致器官功能受损，严重影响羊的健康和生产性能，甚至引发死亡。

（二）病原特征

羊棘球蚴病的病原是棘球绦虫的幼虫（细粒棘球蚴），其成虫寄生于犬、狼等肉食动物的小肠内，而幼虫（细粒棘球蚴）则寄生于牛羊等草食动物的肝脏、肺脏等器官内。细粒棘球蚴呈圆形或椭圆形，具有坚韧的囊壁，内含大量液体和原头蚴（即感染性幼虫）。棘球绦虫的虫卵随肉食动物的粪便排出体外，成为感染草食动物的源头。

（三）生活史

棘球绦虫的生活史包括成虫、虫卵、中间宿主（如羊）和终末宿主（如犬）等阶段。成虫在终末宿主的小肠内产卵，虫卵随粪便排出体外后，被中间宿主（如羊）吞食。在羊体内，虫卵孵化出六钩蚴，穿透肠壁进入血液循环，最终到达肝脏或肺脏等器官内发育为棘球蚴。当终末宿主（如犬）吞食了含有棘球蚴的羊内脏时，棘球蚴在其小肠内破裂，释放出原头蚴，发育为新的成虫，从而完成生活史。

（四）流行病学

羊棘球蚴病的流行与饲养方式、饲养环境、中间宿主和终末宿主的分布等因素密切相关。在放牧条件下，羊只易接触到被污染的草场和水源，从而增加感染风险。此外，饲养场周围存在犬、狼等肉食动物也是该病流行的重要因素。

（五）主要症状

羊感染棘球蚴病后，初期可能无明显症状。随着病情的发展，病羊逐渐出现食欲减退、消瘦、贫血、呼吸困难等症状。当棘球蚴压迫胆管或支气管时，可引起黄疸或咳嗽等症状。严重时，病羊可出现腹水、胸腔积液等体征，甚至死亡。

（六）剖检病变

剖检病羊时，可见肝脏或肺脏表面有大小不等的圆形或椭圆形囊肿，即棘球蚴。囊肿内充满无色或淡黄色液体，囊壁坚韧而厚。此外，由于棘球蚴的压迫和破坏作用，肝脏或肺脏组织常出现萎缩、坏死等病变。

（七）诊断

羊棘球蚴病的诊断主要依据临床症状、剖检病变和实验室检测。实验室检测包括血清学检测（检测特异性抗体）和分子生物学检测（如 PCR）等。

（八）治疗

羊棘球蚴病的治疗较为困难，因为棘球蚴的囊壁坚韧且难以穿透。目前主要采用手术治疗和药物治疗相结合的方法。手术治疗适用于囊肿较大且位置表浅的病例，通过手术切除囊肿来消除病原。药物治疗则采用具有杀虫作用的药物（如吡喹酮等），但效果有限且易产生副作用。

（九）预防

预防羊棘球蚴病的关键在于切断传播途径和减少感染源。加强饲养管理，保持圈舍和放牧环境的清洁卫生；定期驱虫，对羊群进行预防性投药；防止羊只接触犬、狼等肉食动物及其粪便；对病死羊进行无害化处理等。此外，还应加强宣传教育，提高养殖户对羊棘球蚴病的认识和防控意识。

三、羊绦虫病

（一）概念

羊绦虫病是由绦虫寄生在羊小肠内所引起的一种寄生虫病。这些寄生虫通过吸取宿主的营养来生存，导致羊只消瘦、生长迟缓，严重时甚至可能引发死亡。

（二）病原特征

羊绦虫的病原主要包括莫尼茨绦虫、贝氏绦虫等多种种类。这些绦虫体型较长，由头节、颈节和多个体节组成，体节内含有生殖器官和虫卵。成虫主要寄生在羊的小肠内，通过其吸盘和钩子附着在肠壁上。虫卵随粪便排出体外，成为感染其他羊只或中间宿主的源头。

（三）生活史

羊绦虫的生活史包括成虫、孕节、虫卵、中绦期幼虫和囊尾蚴等阶段。成虫在羊小肠内产卵，孕节脱落后随粪便排出体外。虫卵被中间宿主（如地螨）吞食后，在其体内发育成中绦期幼虫（似囊尾蚴）。当羊吞食含有囊尾蚴的中间宿主时，幼虫在小肠内逸出并附着在肠壁上，逐渐发育为成虫。

（四）流行病学

羊绦虫病的流行与多种因素有关，包括饲养环境、饲养管理、气候条件以及中间宿主的分布等。放牧条件下，羊易接触到被污染的草场和水源，从而增加感染风险。此外，不同品种的羊对绦虫的抵抗力也存在差异。

（五）症状

羊感染绦虫病后，初期可能无明显症状。随着病情的发展，病羊逐渐出现食欲减退、消瘦、贫血、精神不振等症状。严重时，病羊可出现腹泻、脱水甚至死亡。幼龄羊和体质较弱的羊更易受到绦虫病的侵害。

（六）剖检病变

剖检病羊时，可见小肠内有大量绦虫成虫寄生，导致肠壁增厚、黏膜充血或出血。有时可在肠腔内发现脱落的孕节和虫卵。此外，由于绦虫吸收大量营养，病羊的肝脏、脾脏等器官可能出现营养不良性萎缩。

（七）诊断

羊绦虫病的诊断主要依据临床症状、剖检病变和实验室检测。实验室检测包括粪便检查血清学检测（检测特异性抗体）等。对于疑似病例，应结合多种诊断方法进行综合判断。

（八）治疗

羊绦虫病的治疗主要采用药物驱虫的方法。常用的驱虫药物包括吡喹酮、丙硫咪唑等。这些药物能够破坏绦虫体内的代谢过程或使其神经系统麻痹而死亡。治疗时应根据病羊的体重和病情确定用药剂量和疗程，并注意药物的副作用和残留问题。

（九）预防

加强饲养管理，尽量圈养，避免在低湿地放牧，特别是在清晨、黄昏和雨天，减少羊与地螨等中间宿主的接触。其次，定期驱虫是关键，根据羊的年龄、放牧时间和季节制定驱虫计划，使用丙硫咪唑、氯硝柳胺等药物。同时，注意粪便管理，驱虫后的粪便要集中堆积发酵处理，杀灭虫卵。最后，保持牧场和羊舍的环境卫生，定期消毒，杀灭环境中的寄生虫和虫卵。此外，驱虫后的羊群应及时转移到安全的牧场放牧，避免再次感染。这些综合措施的实施，能有效预防羊绦虫病的发生。

四、羊肝片吸虫

（一）概念

羊肝片吸虫病是由肝片吸虫寄生在羊的肝脏胆管内所引起的疾病。该病会导致肝脏和胆管发炎或硬化，并伴有全身性中毒和代谢紊乱。

（二）病原特征

① 病原体：肝片吸虫，扁平叶状，长 20～25mm，宽 8～13mm。其口吸盘位于体前端，腹吸盘位于前端腹面，口孔开口于口吸盘。

② 生活习性：肝片吸虫成虫寄生在终末宿主牛羊胆管内，产卵随胆汁进入肠腔，经粪便排出体外。在适宜条件下，卵孵化出毛蚴，钻入中间宿主淡水螺内，经过胞蚴、雷蚴、尾蚴等阶段发育成囊蚴，最终附着于水生植物上或保持游离状态。

（三）生活史

① 成虫寄生：成虫寄生在羊肝胆管内，产卵随胆汁进入肠腔。

② 卵的排出与孵化：虫卵随粪便排出体外，在适宜条件下孵化出毛蚴。

③ 中间宿主：毛蚴钻入中间宿主淡水螺体内，经过胞蚴、雷蚴、尾蚴等阶段发育成囊蚴。

④ 感染途径：羊饮水或吃草时吞入囊蚴而被感染，囊蚴在肠内破壳而出，穿过肠壁经体腔而达肝脏。

（四）流行病学

① 季节性：该病多发生在夏秋两季，6～9月份为高发季节。

② 地区性：常呈地方性流行，在低洼和沼泽地带放牧的羊群发病较严重。

③ 宿主范围：除侵害牛、羊外，尚可感染狗、猫、猪、兔、鹿以及多种野生动物和人。

（五）症状

羊肝片吸虫病的症状可分为急性和慢性两种。

① 急性型：多因短期感染大量囊蚴所致。病羊初期发热，不食，精神委顿，衰弱易疲劳，离群独居。肝区压痛明显，腹水，排黏液性血便，全身颤抖。

② 慢性型：主要表现消瘦，贫血，低蛋白血症。病羊黏膜苍白黄染，食欲不振，异嗜，被毛粗乱无光，步态缓慢。在眼睑、颌下、胸腹下出现水肿，便秘与下痢常交替发生，最后可因极度衰竭死亡。

（六）剖检病变

剖检时病理变化主要在肝脏，可见急性肝炎和慢性增生性肝炎的变化。急性型病症的羊，其肝脏渐渐肿大、出血、胆囊肿胀、胆管扩大，并且其胆汁呈现异常。慢性型病症具体表现为肝脏表面呈现灰白色、表面不整齐、发硬，肝脏内组织增生，胆管扩张、内膜粗糙、胆液呈污浊棕褐色等。

（七）诊断

① 临床症状：根据病羊的临床表现，如精神沉郁、食欲减退、贫血、黄疸、水肿等症状进行初步判断。

② 粪便检查：从病羊粪便中检出肝片吸虫卵，虫卵呈长卵圆形，金黄色，大小为$(116～132)\mu m \times (66～82)\mu m$。

③ 剖检诊断：切开肝脏水中挤压，若出现大量虫体可确诊。

（八）治疗

1. 药物治疗

① 选用针对性强的驱虫药：如硝氯酚、丙硫咪唑、氯氰碘柳胺钠等。这些药物对肝片吸虫有较好的杀灭作用。

② 合理用药：根据病羊的体重和病情严重程度，按照药物说明书或兽医建议的剂量进行给药。通常需要连续用药数天，以确保彻底清除体内的寄生虫。

③ 辅助用药：在治疗期间，可以配合使用健胃、补充营养的药物，如安胃太保、多维太保等，以促进病羊的身体恢复和康复。

2. 饲养管理

① 加强饲养管理：提供营养均衡的饲料，增强病羊的体质和免疫力。

② 保持环境清洁：定期对羊舍和放牧区域进行清扫和消毒，减少病原体的滋生和传播。

③ 观察病情：在治疗过程中，密切观察病羊的病情变化和反应，及时调整治疗方案。

（九）预防

1. 定期驱虫

① 制定驱虫计划：根据当地寄生虫流行情况和羊群健康状况，制定科学合理的驱虫计划。通常每年在春秋两季进行定期驱虫。

② 选用有效驱虫药：选用对肝片吸虫有良好杀灭效果的驱虫药进行预防性投药。

2. 粪便处理

① 及时清除粪便：每天清除圈舍内的粪便，并进行堆积发酵处理。利用粪便发酵产生的高温杀死虫卵和幼虫，减少病原体的传播。

② 严格管理驱虫后排出的粪便：对驱虫后排出的粪便进行集中处理，防止污染羊舍和草场。

3. 饮水卫生

确保羊只饮用的水源清洁卫生，避免饮用低湿、沼泽地带的积水或污水。

五、羊消化道线虫病

（一）概念

羊消化道线虫病是一类由多种线虫寄生在羊的消化道内所引起的寄生虫病。这些线虫主要寄生于羊的小肠、大肠或胃中，通过吸取宿主的血液或消化液中的营养物质为生，对羊的健康构成严重威胁，影响羊的生长发育、生产性能乃至生命。

（二）病原特征

羊消化道线虫的病原种类繁多，常见的有捻转血矛线虫、食道口线虫、仰口线虫等。这些线虫体型细长，呈圆柱状或螺旋状，体表多被有角质层，具有口囊及特化的食道结构以便于吸取宿主营养。成虫通过产卵排出宿主体外，虫卵在外界环境中发育至感染性幼虫阶段，再次感染宿主。

（三）生活史

羊消化道线虫的生活史复杂，一般经历卵、幼虫、成虫三个阶段。成虫在羊消化道内产卵，卵随粪便排出体外，在适宜的温湿度条件下孵化为幼虫。幼虫经历一次或多次蜕皮，发育为感染性幼虫。感染性幼虫可通过污染的水、草料或直接接触羊只皮肤、口腔等途径进入新宿主体内，继续发育为成虫。

（四）流行病学

羊消化道线虫病的流行与季节、饲养管理条件、环境卫生及羊只营养状况密切相关。温暖潮湿的季节有利于虫卵孵化和幼虫发育，增加感染机会。放牧于污染严重的草场、饮用不洁水源、饲养密度大、营养不良等因素均可促进本病的发生和流行。

（五）主要症状

感染初期症状不明显，随病情加重，病羊可出现贫血、消瘦、被毛粗乱、食欲减退、反刍减弱或停止、腹泻与便秘交替等症状。严重时，病羊精神沉郁，眼结膜苍白，甚至卧地不起，最终因衰竭而死亡。

（六）剖检病变

剖检可见消化道黏膜苍白、水肿、出血或有溃疡灶，肠壁增厚，内容物中混有大量虫体及虫卵。严重感染时，肠道内充满虫体形成的结节或堵塞物，影响消化液的正常分泌和食物的消化吸收。

（七）诊断

根据临床症状、流行病学资料及粪便检查进行综合诊断。粪便检查可采用漂浮法，发现虫卵或幼虫即可确诊。必要时可进行剖检，观察消化道病变及虫体特征。

（八）治疗

治疗原则为驱除体内成虫及幼虫，恢复羊只健康。可选用广谱、高效、低毒的驱虫药物，如伊维菌素、阿苯达唑等。治疗期间应注意羊只的饲养管理和环境卫生，防止再感染。

（九）预防

预防羊消化道线虫病的关键在于加强饲养管理、改善环境卫生和定期驱虫。具体措施包括：

① 定期清扫圈舍，保持环境干燥、清洁，减少病原滋生。
② 保证饮水清洁，避免饮用被污染的水源。
③ 加强饲养管理，提高抵抗力。
④ 定期进行预防性驱虫，根据当地流行情况和羊只健康状况制定驱虫计划。

六、羊肺丝虫病

（一）概念

羊肺丝虫病，又称羊肺线虫病，是由多种肺线虫寄生于羊的支气管和细支气管内引起的一种寄生虫病。这些寄生虫以吸食宿主血液和组织液为生，导致肺部组织损伤，影响羊的呼吸功能。

（二）病原特征

羊肺丝虫病的病原体主要包括丝状网尾线虫和大型肺线虫等。这些线虫成虫体细长，呈乳白色或淡黄色，体表具有角质层保护。雌虫较大，产卵于支气管内，虫卵随痰液排至口腔，经吞咽进入消化道，随粪便排出体外。幼虫在外界环境中发育至感染性阶段后，通过被污染的水源、饲料或空气进入宿主体内。

（三）生活史

羊肺丝虫的生活史包括卵、幼虫、成虫三个阶段。虫卵随宿主粪便排出体外后，在适宜的温湿度条件下孵化出幼虫。幼虫经历一系列蜕皮和发育过程后，成为具有感染性的第三期幼虫。这些幼虫被羊吸入肺内后，钻入支气管和细支气管的黏膜层内发育为成虫。成虫继续产卵并重复上述循环。

（四）流行病学

羊肺丝虫病的流行与多种因素有关，包括气候、土壤、水源、饲养管理等。温暖潮湿的气候条件有利于虫卵和幼虫的发育及存活。土壤和水源中的幼虫是疾病传播的主要途径。饲养管理不善、羊群密度过大、卫生条件差等因素均可增加疾病发生的风险。

（五）主要症状

羊肺丝虫病的主要症状包括咳嗽、呼吸困难、食欲减退、消瘦及贫血等。病羊常表现为干咳或湿咳，严重时可见咳出黏液团块甚至血液。由于呼吸困难，病羊常张口呼吸，并伴有明显的腹式呼吸。随着病情的发展，病羊逐渐消瘦，被毛粗乱，生长发育受阻。

（六）剖检病变

剖检病死羊时，可见肺脏肿大、颜色苍白或充血，肺表面有结节或瘢痕形成。支气管和细支气管内充满黏液和虫体，有时可见虫体缠绕成团。肺组织呈不同程度的纤维化和硬化改变，严重影响肺功能。

（七）诊断

羊肺丝虫病的诊断主要依据临床症状、流行病学资料及实验室检查结果。实验室诊断方法包括粪便检查（寻找虫卵）、痰液检查（发现幼虫）及剖检病变观察等。其中，痰液检查是较为直接的诊断方法，能够发现具有特征性的幼虫形态。

（八）治疗

羊肺丝虫病的治疗主要采用驱虫药物进行。常用的驱虫药物包括左旋咪唑、丙硫咪唑、氟苯咪唑等。这些药物对多种寄生虫具有良好的杀灭作用。在治疗过程中，应根据病情严重程度和病原体种类选择合适的药物剂量和用药方式。同时，应加强饲养管理，促进病羊恢复健康。

（九）预防

预防羊肺丝虫病的关键在于加强饲养管理和环境卫生。首先，应定期对羊群进行驱虫处理，减少体内寄生虫数量。其次，应保持饲养环境的清洁卫生，及时清理粪便和垃圾等污染物。此外，还应加强水源管理，防止水源被污染。最后，应合理调整羊群密度和饲养密度，避免过度拥挤导致疾病传播。通过以上综合防控措施可有效降低羊肺丝虫病的发病率和死亡率。

七、羊鼻蝇蛆病

（一）概念

羊鼻蝇蛆病，又称羊狂蝇蛆病，是由羊狂蝇（也称羊鼻蝇）的幼虫寄生在羊的鼻腔及其附近的腔窦内所引起的一种寄生虫病。这种病主要危害绵羊，对山羊的危害相对较轻。羊鼻蝇蛆病会导致羊出现一系列临床症状，严重影响其健康和生产性能。

（二）病原特征

① 病原：羊鼻蝇，属于双翅目狂蝇科狂蝇属昆虫。

② 形态特征：成虫体型较大，比家蝇大，长 10～12mm，为深灰黑色。头大眼小，翅透明，腹部有黑色斑块，口器退化，不会咬羊。

③ 生活习性：成虫野居，不寄生，不采食。交配后雄蝇很快死亡，雌蝇生活至体内幼虫形成后，择晴朗天气，冲向羊鼻，产出幼虫。

（三）生活史

羊鼻蝇蛆的生活史包括幼虫、蛹和成虫三个阶段。

① 幼虫阶段：雌蝇在羊鼻孔内产下幼虫，幼虫爬入鼻腔并蜕化两次，变为第三期幼虫。幼虫在鼻腔寄生的时间由 1~10 个月不等，寄生数亦多少不定。

② 蛹阶段：第三期幼虫成熟后，随羊打喷嚏而落到地上，钻入土中或羊粪堆内化为蛹。在土中约经三周到两个月（随温度而变异），蜕化为成虫。

③ 成虫阶段：成虫出现于炎热季节，交配后雄蝇很快死去，雌蝇体内幼虫发育成熟后，再次飞向羊群产幼虫。

（四）流行病学

① 季节性：羊鼻蝇蛆病具有明显的季节性，冬春季节很少发生，夏秋季节是该种疾病的发病高峰期。

② 地域性：在我国北方，如东北、华北、西北和内蒙古等，羊鼻蝇蛆病的发病率较高。

③ 易感动物：任何年龄和品种的羊都可以患病，但羔羊的发病率通常比成年羊高。

（五）症状

患羊表现为精神不振，可视黏膜淡红，鼻孔有分泌物，初期为浆液性，后期变为脓性。病羊常出现摇头、打喷嚏、运动失调、头弯向一侧旋转或发生痉挛、麻痹等症状。听力和视力降低，后肢举步困难，有时站立不稳，甚至跌倒而死亡。此外，病羊还可能出现眼睑浮肿、流泪增多、食欲减退、日渐消瘦等症状。

（六）剖检病变

剖检病死羊时，可在鼻腔、鼻窦或额窦内发现长 20~30mm 的虫体。这些虫体的存在会导致鼻腔和鼻窦的炎症和损伤，严重时可能引发鼻窦炎或脑膜炎。

（七）诊断

根据流行病学调查、临床症状及剖检病变（见到虫体）结果，可综合诊断为羊鼻蝇蛆病。在诊断过程中，还应注意与其他呼吸道疾病的鉴别诊断。

（八）治疗

① 药物治疗：如使用阿维菌素、伊维菌素或氯氰柳胺等药物进行皮下注射或口服。

② 局部治疗：如使用气雾法或涂药法，将药液雾化后喷入羊的鼻腔周围，或涂擦敌敌畏软膏以杀死幼虫。

（九）预防

应保持羊舍及周围环境的清洁卫生，定期清扫处理粪便。在羊鼻蝇成虫活跃季节，可使用 1% 敌敌畏溶液或 10% 敌百虫软膏涂抹在羊鼻孔周围，以预防和驱避成蝇产幼虫。此外，每年 11 月份可进行药物预防，给羊群皮下注射或口服阿维菌素、伊维菌素等药物，杀死一二期幼虫。要加强饲养管理，提高羊只的抵抗力，避免疾病的发生。这些预防措施的实施，可有效降低羊鼻蝇蛆病的发病率，保障羊群的健康。

八、羊螨病

（一）概念

羊螨病，也被称为疥癣或疥虫病，是由螨类（主要是疥螨和痒螨）侵袭羊的皮肤而引起的一种慢性接触性寄生虫病。该病以皮炎、剧痒、脱毛、结痂为主要特征，并且具有高度的传染性，对羊的毛皮危害严重，甚至可导致死亡。

（二）病原特征

① 病原种类：疥螨和痒螨。疥螨多寄生于山羊，痒螨多寄生于绵羊。

② 形态：螨的虫体为圆形或椭圆形，呈灰白色或黄色，不分节，由假头部与体部组成，其腹面有足 4 对。

③ 生活习性：螨的终生都生活在羊的身上，依赖羊体存活，一旦离开羊体，其生命即受到威胁。

（三）生活史

螨的生活史包括卵、幼虫、若虫和成虫四个阶段。

① 卵：雌虫在羊毛之间或皮下隧道中产卵，数量可达 20～100 个不等。

② 幼虫：卵孵化出幼虫，幼虫吸血一次后变为若虫。

③ 若虫：若虫蜕皮数次后变为成虫。疥螨若虫蜕皮 2 次，痒螨若虫蜕皮次数可能有所不同。

④ 成虫：成虫继续寄生在羊体上，以角质层组织、淋巴液或渗出液为食，不断发育和繁殖。

（四）流行病学

① 传播方式：羊螨病主要通过健羊与病羊的直接接触传播，也可通过被螨及其虫卵污染的厩舍、用具等间接接触传播。

② 季节性：该病一年四季均可发生，但多发生在秋末、冬季及初春，因为这些季节光照不足、羊只被毛厚密且皮肤湿度大，利于螨的生长繁殖和传播蔓延。

（五）症状

① 皮肤病变：皮肤发红、肿胀、结痂和脱毛。

② 瘙痒：患部瘙痒剧烈，导致羊频繁摩擦患处。

③ 全身症状：食欲减退、体重下降，可能出现精神不振和活动减少。严重时可导致贫血、营养不良和死亡。

（六）剖检病变

剖检病变主要表现在皮肤及其附属组织上。

① 皮肤：可见皮肤增厚、皱缩，有大量的痂皮和皮屑。

② 毛囊：毛囊受损，导致毛发脱落。

③ 皮下组织：可能有淋巴液渗出和炎症细胞浸润。

（七）诊断

诊断主要依据临床症状、发病季节和病原检查。

① 临床症状：观察是否有瘙痒、脱毛、结痂等症状。

② 病原检查：从病健交界处刮取皮屑，进行显微镜观察或培养，以查找螨虫或虫卵。

（八）治疗

治疗羊螨病的方法主要包括局部治疗和全身治疗。

① 局部治疗：使用杀虫药如伊维菌素、除癞灵等涂抹患处，或进行药浴。

② 全身治疗：对于严重病例，可采用注射治疗，如使用碘硝酚注射液、螨净等药物。

（九）预防

预防羊螨病的关键在于加强饲养管理和环境卫生。

① 饲养管理：保持羊舍清洁干燥、通风透光，合理饲养密度，避免过度拥挤。

② 环境卫生：定期对羊舍和用具进行消毒，清除粪便和废弃物。

③ 检疫隔离：引进新羊时要严格检疫，隔离观察一段时间无异常后再合群饲养。

④ 药浴预防：定期对羊群进行药浴，以杀灭体表寄生虫。

九、羊泰勒虫病

（一）概念

羊泰勒虫病是由泰勒科泰勒属的原虫寄生在羊的红细胞内或网状内皮系统中引起的一种血液原虫病。该病以高热、贫血、黄疸和全身衰弱为主要特征。

（二）病原特征

羊泰勒虫病的病原体主要为环形泰勒虫和瑟氏泰勒虫，它们属于孢子虫纲、泰勒科、泰勒属。这些寄生虫在红细胞内寄生时，可造成红细胞破裂，释放出的虫体进入血液循环，继续感染新的红细胞，形成恶性循环。病原体的形态多样，包括裂殖体、配子体和孢子体等阶段，不同阶段的形态差异显著。

（三）生活史

羊泰勒虫的生活史包括在蜱体内的增殖阶段和在羊体内的寄生阶段。在蜱体内，病原体经过卵传播、幼虫增殖、若虫增殖等过程，最终感染成蜱的唾液腺。当蜱叮咬羊时，病原体随唾液进入羊体内，侵入红细胞开始寄生生活。在红细胞内，病原体经过裂殖生殖和配子生殖等阶段，最终产生孢子体，部分孢子体随血液循环进入蜱体内继续其生活史。

（四）流行病学

羊泰勒虫病具有明显的季节性，通常在温暖潮湿的季节发病率较高。该病主要通过蜱传播，因此蜱的活动和分布直接影响疾病的流行。此外，该病的流行还受到羊只的年龄、性别、品种以及饲养管理条件等因素的影响。幼龄羊和初胎母羊易感性较高，病情往往较重。

（五）症状

羊泰勒虫病的主要症状包括高热、贫血、黄疸和全身症状。病羊体温升高至 $40\sim42℃$，呈稽留热或不规则热；贫血表现为结膜苍白、皮肤及黏膜黄染；黄疸导致尿液呈黄褐色或深红色；全身衰弱表现为精神沉郁、食欲下降、反刍停止、消瘦等。此外，病羊还可能出现呼吸急促、心跳加快等呼吸系统和循环系统的症状。

（六）剖检病变

剖检病变主要集中在血液和内脏器官。血液稀薄呈水样，凝固不良；肝脏肿大，呈黄棕色或暗红色，表面有散在的出血点或坏死灶；脾脏肿大，边缘钝圆，质地柔软；肾脏肿大，皮质部有散在的小出血点；胆囊膨胀，胆汁浓稠；淋巴结肿大，切面多汁；胸腔和腹腔常有积液。

（七）诊断

羊泰勒虫病的诊断主要依据临床症状、流行病学调查、剖检病变和实验室检测。实验室检测包括血液涂片检查、血清学试验和分子生物学检测等方法。

（八）治疗

羊泰勒虫病的治疗应及早进行，以杀灭病原体、缓解症状和防止并发症为原则。常用的治疗药物包括三氮脒、咪唑苯脲等。这些药物可通过不同的机制抑制病原体的生长和繁殖，从而达到治疗目的。在使用药物时，应注意剂量和疗程的合理性，避免产生副作用和耐药性。

（九）预防

羊泰勒虫病的预防应从消灭传播媒介、加强饲养管理和免疫接种等方面入手。首先，应定期清除圈舍周围的杂草和灌木丛，减少蜱的栖息和繁殖场所；其次，应加强饲养管理，提高抵抗力；最后，可采用疫苗进行免疫接种，降低易感性。

十、羊巴贝斯虫病

（一）概念

羊巴贝斯虫病是一种由巴贝斯科巴贝斯属的寄生虫所引起的血液原虫病，主要寄生于羊的血液红细胞内，又称为焦虫病或红尿病，因其典型症状包括高热、贫血、黄疸和血红蛋白尿等。

（二）病原特征

① 病原种类：引起羊巴贝斯虫病的病原主要包括莫氏巴贝斯虫和绵羊巴贝斯虫等。这些病原具有多形性的特点，如梨形、圆形、卵圆形及不规则形等多种形态。

② 寄生部位：病原主要寄生于羊的红细胞内，进行无性繁殖，导致红细胞破裂和溶血性贫血。

（三）生活史

巴贝斯虫的生活史涉及两个阶段：在羊体内的无性繁殖和在蜱体内的有性繁殖。

① 在羊体内：病原寄生于红细胞内，通过无性繁殖产生新的虫体，不断破坏红细胞，导致贫血和血红蛋白尿。

② 在蜱体内：当蜱吸食感染羊的血液时，病原进入蜱体内进行有性繁殖，产生子孢子。这些子孢子在蜱的唾液腺内积累，当蜱再次吸血时，将病原注入新的宿主体内。

（四）流行病学

① 地区性：羊巴贝斯虫病的发生和流行与蜱的分布密切相关，因此具有一定的地区性。

② 季节性：该病在蜱活动旺盛的季节（如春季和夏季）高发。

③ 易感动物：所有品种、性别的绵羊和山羊均可感染，但 6～12 月龄的羊发病率较高。

④ 传播媒介：蜱是主要的传播者。

（五）症状

① 急性病例：病羊表现为高热稽留（体温可达 41～42℃）、贫血、黄疸、血红蛋白尿。精神沉郁，食欲减退或废绝，呼吸困难，反刍迟缓或停止。

② 慢性病例：症状较轻，但可能出现渐进性消瘦、贫血和皮肤水肿。

（六）剖检病变

剖检可见黏膜与皮下组织贫血、黄染；肝、脾和淋巴结肿大变性，有出血点；胆囊肿大

2～4 倍；心内、外膜及浆膜、黏膜亦有出血点和出血；肾脏充血发炎；膀胱扩张，充满红色尿液。

（七）诊断

① 临床诊断：根据典型症状、流行病史和病损进行初步诊断。

② 实验室诊断：通过染色血片检查红细胞内的虫体进行确诊。血液红细胞的虫体感染率较低时，可先进行集虫再制片检查。

（八）治疗

1. 药物治疗

① 三氮脒（血虫净、贝尼尔）：这是治疗羊巴贝斯虫病的常用药物之一。通常按每千克体重 3.5～5mg 的剂量，配成 5% 或 7% 水溶液进行深部肌内注射。治疗周期一般为 1～2d 注射 1 次，连用 2～3 次。在注射药物时，为防止可能出现的副作用，可以在颈部皮下注射 2～3mg 阿托品。

② 硫酸喹啉脲（阿卡普林）：按每千克体重 2mg，分 2～3 次间隔数小时皮下或肌内注射，连用 2～3d 效果更佳。如果病羊脉搏加快，可将总量分为 3 次注射，每 2h 1 次。

2. 配合用药

对于消除病羊体内的毒素，可配合使用强力解毒敏等药物，每日肌注 2 次，以提高疗效。对于伴有继发感染的病羊，应配合使用青霉素、磺胺类药物治疗。

（九）预防

1. 灭蜱工作

① 环境灭蜱：定期对羊舍及周围环境进行清扫和消毒，使用有效的灭蜱药物或方法，如伊维菌素注射液全群皮下注射，或全群进行药浴，以消灭环境中的蜱虫及其卵。

② 体表灭蜱：对羊群进行定期体表检查，发现蜱虫及时清除。在蜱虫活跃季节，可每间隔 15～20d 使用敌杀死等药物进行体表喷淋，以杀灭附着在羊体表的蜱虫。

2. 药物预防

① 预防性注射：在流行地区，应于每年发病季节前对羊群进行药物预防注射。可选用贝尼尔（血虫净、三氮脒）、咪唑苯脲等药物，按一定剂量配制成溶液后进行深部肌内注射。

② 饲料添加：在饲料中适量添加抗寄生虫药物，如磺胺类药物等，以提高羊群的抵抗力，预防巴贝斯虫病的发生。

3. 加强检疫

① 引入检疫：对引入的羊只进行严格检疫，确保无血液巴贝斯虫和蜱寄生后再合群或调出。

② 隔离观察：新引进的羊群应至少隔离观察 30d，确认无异常后再混群养殖。隔离期间应做好饲养管理和疫病监测工作。

4. 饲养管理

① 科学饲养：加强饲养管理，增强羊的免疫力。避免在蜱虫活跃季节到低洼潮湿、植被茂盛的地方放牧，以减少羊蜱虫的接触机会。

② 定期驱虫：根据当地寄生虫流行情况，制定科学的驱虫计划，定期对羊群进行驱虫处理。驱虫时应选用高效、低毒、广谱的驱虫药物。

拓展阅读

羊粪便虫卵检查法

1. 虫体及虫卵简易检查法

一般为虫体肉眼检查法。该法多用于绦虫病的诊断，也可用于某些胃肠道寄生虫病的驱虫诊断，即用药物驱虫之后检查随粪便排出的虫体。

2. 饱和盐水漂浮法

这是一种更为直观和准确的检查方法。取 5～10g 粪便置于 100～200ml 烧杯（或塑料杯）中，加入少量漂浮液搅拌混合后，继续加入约 20 倍的漂浮液。然后将粪液用金属筛或纱布滤入另一杯中，舍去粪渣。静置滤液。经 40min 左右，用直径 0.5～1cm 的金属圈平着接触滤液面，提起后将粘着在金属圈上的液膜抖落于载玻片上，如此多次蘸取不同部位的液面后，加盖片镜检。

3. 沉淀检查法

取粪便 5～10g 置于烧杯（或塑料杯）中，加 10～20 倍量水充分搅匀，再用金属筛或纱布滤过于另一杯中，滤液静置 20min 后倾去上层液，再加水与沉淀物重新搅和、静置，如此反复水洗沉淀物多次，直至上层液透明为止，最后倾去上清液，用吸管吸取沉淀物滴于载玻片上，加盖片镜检。

 复习思考

一、选择题

1. 脑多头蚴寄生在牛羊脑部的哪个部位可能导致病羊仰头或后退？（　　）

A. 大脑前部　　　　B. 大脑后部　　　　C. 小脑　　　　D. 脊髓

2. 下列哪种症状不是脑多头蚴病的典型表现？（　　）

A. 转圈运动　　　　B. 食欲减退　　　　C. 呼吸急促　　　　D. 身体平衡丧失

3. 日本血吸虫卵是通过哪种方式排出体外的？（　　）

A. 尿液　　　　B. 唾液　　　　C. 粪便　　　　D. 乳汁

4. 下列哪项不是羊绦虫病的中间宿主？（　　）

A. 地螨　　　　B. 蜗牛　　　　C. 跳蚤　　　　D. 昆虫幼虫

5. 羊绦虫病的治疗主要使用哪类药物？（　　）

A. 抗生素　　　　B. 抗病毒药　　　　C. 驱虫药　　　　D. 免疫调节剂

6. 羊棘球蚴病主要侵害的器官是（　　）。

A. 心脏　　　　B. 肝脏　　　　C. 肾脏　　　　D. 脾脏

7. 下列哪项是诊断羊棘球蚴病的直接方法？（　　）

A. 粪便镜检　　　　B. 血清学检测　　　　C. 剖检观察病变　　　　D. PCR 检测

8. 下列哪种药物通常不用于治疗羊消化道线虫病？（　　）

A. 伊维菌素　　　　B. 青霉素　　　　C. 阿苯达唑　　　　D. 左旋咪唑

9. 羊肺丝虫病的诊断主要依靠哪种方法？（　　）

A. 血液检查　　　　　　　　　　B. 粪便检查

C. 尿液检查　　　　　　　　　　D. 临床症状与实验室检测结合

10. 下列哪种情况会增加羊肺丝虫病的发生风险？（　　）

A. 干燥炎热的气候　　　　　　　　B. 合理的饲养密度

C. 饲料营养均衡　　　　　　　　　D. 潮湿多雨的季节

11. 羊泰勒虫病在哪类羊中发病率较高？（　　　）

A. 成年公羊　　　　B. 成年母羊　　　　C. 2～6 月龄幼羊　　　D. 新生羔羊

12. 羊泰勒虫病引起的主要症状不包括以下哪一项？（　　　）

A. 高热　　　　　　B. 腹泻　　　　　　C. 贫血　　　　　　D. 黄疸

13. 羊肝片吸虫主要寄生在羊的哪个器官？（　　　）

A. 心脏　　　　　　B. 肝脏　　　　　　C. 肺脏　　　　　　D. 肾脏

14. 羊肝片吸虫病的中间宿主通常是哪种生物？（　　　）

A. 蚯蚓　　　　　　B. 蜗牛　　　　　　C. 螺类　　　　　　D. 昆虫

15. 羊螨病的主要临床症状不包括哪一项？（　　　）

A. 皮肤瘙痒　　　　B. 脱毛　　　　　　C. 腹泻　　　　　　D. 结痂

二、判断题

1. 脑多头蚴病仅感染牛和羊，对其他动物无影响。　　　　　　　　　　　（　　　）

2. 脑多头蚴寄生在宿主的脑或脊髓内，会导致严重的炎症反应和组织坏死。（　　　）

3. 钉螺是日本血吸虫的唯一中间宿主，在其体内完成从毛蚴到尾蚴的发育。（　　　）

4. 诊断羊的日本血吸虫病仅需观察粪便中是否存在虫卵即可。　　　　　　（　　　）

5. 羊绦虫病的发病主要集中在寒冷的冬季。　　　　　　　　　　　　　　（　　　）

6. 羊绦虫病的主要临床症状包括急剧腹泻和呕吐。　　　　　　　　　　　（　　　）

7. 羊棘球蚴病主要通过空气传播。　　　　　　　　　　　　　　　　　　（　　　）

8. 羊消化道线虫的虫卵均为圆形，表面光滑无特殊结构。　　　　　　　　（　　　）

9. 羊肺丝虫病的病原体是一种原生动物，而非线虫类寄生虫。　　　　　　（　　　）

10. 环境潮湿、杂草丛生不利于羊泰勒虫病的预防。　　　　　　　　　　（　　　）

11. 羊肝片吸虫可以直接在羊体内完成其生活史，无需中间宿主。　　　　（　　　）

12. 羊鼻蝇蛆病对羊只的健康和生产力影响不大。　　　　　　　　　　　（　　　）

三、简答题

1. 简述脑多头蚴病诊断与检测方法。

2. 简述诊断羊的日本血吸虫病的主要方法有哪些？

3. 请阐述羊棘球蚴病的病理变化及常用的诊断方法。

4. 如何有效预防羊消化道线虫病？

5. 简述羊巴贝斯虫病的传播途径及预防措施。

6. 简述羊鼻蝇蛆病的生活史及其对羊的危害。

参考答案

单元四　羊的常见普通病预防与控制

一、羊食道阻塞

食道阻塞又称"草噎"，是食道某段被食物或其他异物阻塞所引起的不能下咽的急性病症。其临床特征为流涎、吞咽障碍、瘤胃膨胀。

（一）病因

由于羊只过于饥饿，吃得太急，而把饲料块根、马铃薯、萝卜或未经咀嚼的干饲料阻塞在食道里。此外，还可以继发于食道狭窄、食道炎和食道麻痹。

（二）症状

突然发病，停止采食，病羊口涎下滴，头向前伸，表现吞咽动作，精神紧张，苦闷不安。严重时，嘴可伸至地面。由于嗳气受到障碍，瘤胃常发生膨胀。若食道完全发生阻塞，水和唾液完全不能咽下，从鼻孔、口腔流出，在阻塞物上方部位可积存液体，触诊有波动感，多发生迅速增重的臌气。不完全阻塞，液体可以通过食道而食物不能下咽，多伴有轻度臌气。

（三）诊断

根据病史、主要症状和食道检查可以确诊。如果阻塞发生在颈部，形成肿块，可以用手触摸出来，若发生在食道的胸段，用胃管探诊，做出诊断。

（四）治疗

1. 穿刺放气

瘤胃臌气严重、有窒息死亡危险的病羊，应先进行穿刺放气。

2. 除噎法

（1）推送法　如阻塞物位于颈部，可用手沿食道轻轻按压推送，使其上行，以便从咽部取出，必要时可先注射阿托品以消除食道痉挛和逆蠕动。

（2）疏导法　如阻塞物位于胸部食道，可先将2%普鲁卡因溶液5ml和石蜡油30ml，用胃管送至阻塞物位置，然后用硬质胃管推送阻塞物进入瘤胃。

3. 手术法

在无希望取出或下咽时，需要施行外科手术将其取出。

二、羊前胃弛缓

羊前胃弛缓是前胃神经兴奋性降低，收缩力减弱，瘤胃内容物运转迟滞所引起的一种消化障碍综合征，常发生于山羊，绵羊较少。在冬末春初饲料缺乏时最为常见。

（一）病因

1. 原发性前胃弛缓

① 长期采食粮麸、粉料、谷皮、煮熟的马铃薯和马铃薯皮等柔软、刺激性小的饲料。

② 突然更换饲料或改变饲养方式。

③ 长期饲喂难以消化的粗硬饲料或单一饲料，如稻草、麦秸、紫云英等。

④ 天气突然变化。

⑤ 长期采食营养价值不全的饲料。

⑥ 长期用冰冻饲料、变质饲料喂羊。

2. 继发性前胃弛缓

常继发于瘤胃臌气、瘤胃积食、损伤性胃炎、怀孕后期羊水增多、前胃粘连、腹膜炎及其他产科疾病、外科疾病。

（二）症状

急性症状为饮欲减低，食欲减少，反刍缓慢而次数减少，瘤胃蠕动微弱，蠕动次数减少。触诊瘤胃时背囊内容物黏硬，腹囊内容物呈粥状。体温、脉搏、呼吸多无明显变化。

慢性前胃弛缓的表现是，食欲逐渐变少或反常，但并不完全丧失。大多数病羊饮水减少，但亦有口渴加强者。嗳气减少，反刍变弱或停止，腹部呈间歇性臌气，触诊前胃部时，感到坚硬，有时还会引起腹痛。病羊精神不振，体质虚弱，日渐消瘦。

（三）诊断

根据病史、临床症状可以做出诊断。

（四）预防

羊前胃弛缓预防与饲养管理有密切关系。加强日常饲养管理，不突然改变饲料和饲养管理方式，不喂变质饲料和不洁的饮水；建立合理的使役制度，适当运动；避免或减少各种应激因素的影响。

（五）治疗

治疗原则为制止瘤胃内容物的异常发酵，增强瘤胃蠕动，促进内容物的消化。

1. 限制饲喂

病初限制喂量或绝食 1～2d，每日按摩瘤胃数次，每次 5～10min。饲喂适量的优质干草或易消化的青草。症状减轻时最好放牧。

2. 药物治疗

① 缓泻：液体石蜡 100～200ml、硫酸镁（硫酸镁）100～200g、植物油 100～200ml 混合投服。

② 恢复前胃蠕动：静脉注射 10％氯化钠注射液 50～100ml，或皮下注射新斯的明 2～6mg，或氨甲酰胆碱 0.2～0.4mg。

③ 止酵：松节油 5～10ml 一次内服；或灌服鱼石脂。

④ 防治酸中毒：病羊出现自体中毒时静脉注射 5％碳酸氢钠注射液 40～120ml，或灌服碳酸氢钠 10～15g。

三、瘤胃臌气

瘤胃臌气俗称肚胀，气胀，是羊过量地采食易发酵的饲料后在瘤胃微生物的参与下异常发酵，产生大量气体，致瘤胃的容积迅速变大，胃壁发生急性扩张，嗳气和反刍障碍的一种疾病。特点是瘤胃内容物过度发酵产气，导致瘤胃急剧扩张。该病主要发生在夏季和初春放牧的绵羊，山羊少见。

（一）病因

1. 原发性瘤胃臌气

主要短时间采食了大量易发酵的豆科牧草、幼嫩的麦草、紫花苜蓿草，经雨、霜、露的草，冰冻饲料或发霉变质的饲料、多汁易发酵的青贮料，在瘤胃中发酵大量产生气体，造成瘤胃臌气。突然改变饲养方式或更换草料可引起瘤胃臌气的发生。

2. 继发性瘤胃臌气

慢性腹膜炎、食道阻塞、前胃弛缓、瓣胃阻塞、真胃阻塞等疾病可继发瘤胃臌气。

（二）症状

采食过程中或采食后急性发作，病羊烦躁不安，反刍停止，病羊腹围急剧变大、左肷部可见瘤胃膨胀而凸出，叩诊呈鼓音，按压触诊紧张并有弹性，听诊时瘤胃蠕动音消失。严重时，腹部膨胀压迫肺部，引起呼吸困难，脉搏细弱。有的羊站立不稳，不久倒地，口吐白沫，可视黏膜呈紫红色。若抢救不及时，很快窒息而死亡。

发生泡沫性瘤胃臌气时瘤胃穿刺排出少量带小泡沫的气体，泡沫状唾液从口腔中逆出或喷出。

慢性瘤胃臌气发病比较慢，呈间歇性轻度臌气，一般多为反复发作。

（三）诊断

根据主要症状及瘤胃检查，结合病史可以确诊。继发性瘤胃臌气根据原发病的症状做出诊断。

（四）防治

1. 预防

加强饲养管理，不饲喂冰冻，霉变的饲料，防止豆科牧草采食过速、过量；不能突然更换饲养方式或饲料。

2. 治疗

以"排气、泻下、制酵、恢复瘤胃机能"为治疗原则。

灌服松节油或消气灵或来苏儿。对瘤胃臌气严重，呼吸高度困难的病羊，先进行瘤胃穿刺放气，配合用药。注意瘤胃穿刺放气时病羊左肷部的中央部或臌胀的最高点剪毛消毒，用消毒好的套管针或 16 号针头刺破皮肤，向前右侧肘部方向刺入，缓慢放气。放气后可注入鱼石脂 3～8g 加酒精溶解后加水 1000～3000ml 或来苏尔 3～8ml 或福尔马林 2～6ml。

对泡沫性瘤胃臌气，口服二甲基硅油 0.5～1g 加适量水灌服或松节油 3～10ml 加植物油灌服。情况危急的病羊立即进行瘤胃切开术急救。

四、羔羊消化不良

羔羊消化不良是羔羊胃肠道消化功能障碍疾病。主要以腹泻和消化功能障碍为临床症状。本病多发于 1 周内的羔羊，2～3 月龄以后发病率逐渐降低。

（一）病因

① 羔羊饲养、管理和护理不当。圈舍条件差、通风不好、环境卫生不良、阴暗潮湿、保温不好，乳具、母羊乳头等不清洁等。幼羔吃奶不规律，饥饱不均，奶温过低，突然更换饲料。

② 妊娠母羊妊娠后期，饲草营养物质不足，可使出生的幼羔体质弱小，易发病。

③ 妊娠期母羊不全价饲养，严重影响母乳数量及质量；或母羊患乳房炎以及其他疾病，乳中含有各种病原微生物和病理产物。当羔羊吃不到充足乳汁或乳汁不佳时容易发生消化不良。

（二）症状

幼羔精神不佳，食欲减少或废绝，喜卧，腹泻，体温正常或偏低。头下垂，反应迟钝，被毛粗乱，腹部紧缩，夹尾，羔羊肛门周围附着粪便并污染后躯，带有腥臭味。病羔逐渐消瘦，有时并发瘤胃臌气，步态不稳。1 月龄内幼羔腹泻的粪较干，呈柠檬色，表面附着血丝，或白色水样、腥臭。1 月龄以上的羔羊粪呈血汤样暗红或暗绿或黑褐色。病初肠蠕动音增强，以后减弱。

当病发展到晚期时，严重的粪便中带血液、黏液，特别腥臭。眼窝凹陷，皮肤弹性下降、干燥，消瘦。口干、尿少、血液浓缩。

（三）诊断

根据临床症状、病史初步诊断，必要时进行血液和粪便的实验室检查。

（四）防治

1. 预防

① 加强母羊饲养管理。

② 加强对羔羊的护理、饲养管理。

③ 加强母羊、羔羊的疾病防治。

2. 治疗

治疗原则是加强护理，改善圈舍卫生，促进胃肠功能，抑菌消炎，防止自体中毒。

① 加强饲养管理，保证羔羊饲养在清洁、干燥、通风良好的圈舍中。患病羔羊禁食8～12h，饮充足的温水，或糖盐水。

② 口服胃蛋白酶、人工胃液、人工初乳等。

③ 可选用卡那霉素、氯霉素、链霉素等抗生素抑菌消炎，或选用呋喃类药或磺胺类药。对腹泻严重的羔羊可使用鞣酸蛋白、活性炭、次硝酸铋等。同时注意补水和电解质。

五、感冒

感冒是由于寒冷的刺激而引起的急性发热性全身性疾病。有咳嗽、体温升高、流鼻液等临床特征。

（一）病因

由于寒冷或遭雨淋等都可引起感冒。体质弱、营养不良或长期封闭式饲养的羊，缺乏耐寒训练，引起感冒。

（二）症状

病羊精神沉郁，体温升高，食欲减退，耳尖发冷、眼结膜轻度肿胀或潮红，四肢无力发抖、伴有咳嗽、流鼻液。听诊病羊肺部呼吸音增强，有时可听到啰音。如果治疗不及时羔羊容易继发支气管肺炎。

（三）诊断

根据病史和临床特征可做出诊断。

（四）防治

1. 预防

雨雪天或寒冷季节防止羊只受寒，做好保温工作，平时加强饲养管理。

2. 治疗

复方氨基比林5～10ml或安乃近5～10ml或穿心莲5～10ml或柴胡5～10ml肌内注射。为防止羔羊继发感染，可配合链霉素、青霉素、磺胺类药等同时治疗。

六、支气管肺炎

支气管肺炎是细支气管为中心的个别肺小叶或几个肺小叶的炎症，又称小叶性肺炎。

（一）病因

寒冷，气候突然变化，长途运输，使羊只抵抗力降低，引起支气管肺炎。吸入异物或灌服药物误入支气管和肺，可引起本病发生。此外，感冒或支气管炎不及时治疗，继发支气管肺炎。

（二）症状

病羊表现精神沉郁，体温升高到40℃以上，呼吸率和脉搏数增加，食欲减退。病初短、干、痛咳，以后转为湿而长的咳，流少量浆液性、黏液性或脓液性鼻液。听诊病灶部肺泡呼吸音减弱或消失，出现支气管呼吸音或捻发音，还可以听到湿啰音或干啰音。肺部叩诊，当病灶位于肺的表面时可听到一个或多个局限性小浊音区。

（三）诊断

根据病史、主要临床症状、肺部听诊和叩诊变化做出诊断。

（四）防治

1. 预防

预防感冒，做好保温工作，控制湿度，适当通风，尽量避免应激因素。避免羊吸入异物，灌药时防止进入肺部。

2. 治疗

病初可用青霉素，与链霉素联合用效果更好。青霉素240万～400万单位肌内注射，2次；链霉素200万～400万单位肌内注射，一天2次。同时可配合对症治疗，如镇咳祛痰，可用杏仁水、氯化铵、远志酊等；体温过高，可肌内注射复方氨基比林或安乃近。

七、羊纤维素性肺炎

羊纤维素性肺炎又称大叶性肺炎，肺泡和支气管内以大量纤维蛋白渗出为主的急性炎症。

（一）病因

① 非传染性因素：因羊体受寒感冒、吸入刺激性气体或异物、胸部创伤等，机体抵抗力下降时，许多细菌即可乘机而起，发生病原菌的作用。

② 传染性原因：如巴氏杆菌引起的羊肺炎。

（二）症状

初发病时，病羊精神迟钝，食欲减退或废绝，体温上升高达40～41℃，呈稽留热型，几天后迅速降至常温。呼吸率增加，严重时呈混合性呼吸困难，脉搏加快。肺部叩诊，充血期和溶解期呈浊音。肺部听诊，病初肺泡呼吸音粗糙，并可听到捻发音或湿啰音，肝变期时病变部位肺泡音消失，可听到明显的支气管呼吸音，在溶解期时也可听到捻发音或湿啰音。肝变期鼻孔流出黄红色或铁锈色的鼻液。

（三）诊断

根据病史、主要症状，结合X线检查和实验室检查进行诊断。

（四）治疗

① 加强护理，病羊放在温暖、通风良好、清洁的羊舍内，保持安静，供应清水，喂给

容易消化的饲料。

② 采用抗生素或磺胺类药物治疗，病情严重时可以两种同时应用。即在肌内注射青霉素或链霉素的同时，内服或静脉注射磺胺类药物。采用四环素或卡那霉素，则疗效更为满意。

③ 对症治疗

根据病羊的不同表现，采用相应的对症疗法。如当病羊体温升高时，可肌注复方氨基比林或安乃近。当干咳、有稠鼻液时，可给予氯化铵 2g，分 2~3 次，1 天服完。

当严重呼吸困难时，可用氧气腹腔注射。剂量按 100ml/kg 体重计算。此法简便而安全，能够提高治愈率。

为了强心和增强小循环，可反复注射强心剂。如果便秘，可口服盐类或油类泻剂。

八、佝偻病

由钙、磷代谢障碍及维生素 D 缺乏引起的幼畜（羔羊）疾病。以消化紊乱、异嗜癖、骨骼变形、跛行为特征。

（一）病因

饲料中维生素 D 及钙、磷中任何一种的含量不足或钙、磷比例失调，都能够影响羔羊骨骼的形成。由于妊娠母羊饲料中矿物质（钙、磷）或维生素 D 缺乏，影响胎儿骨组织的正常发育，引发先天性佝偻病。生后可与日光照射不足、运动量少或饲喂时钙、磷比例失衡或缺乏，或维生素 D 缺乏有关。

（二）症状

病羊有异食癖，食欲减退，不愿走动，生长缓慢，病情继续发展时，则前肢一侧或两侧发生跛行。长骨变形，常成为"O"形或"X"形腿，触诊有痛感。骨变形，鼻上颌、肿大和隆起，胸廓变窄，肋骨和肋软骨处形成串珠样肿胀。

（三）诊断

根据异嗜癖、骨骼变形、跛行等症状以及发病年龄进行诊断。

（四）防治

1. 预防

改善饲养，加强母羊营养，给充足的维生素 D，合适比例的钙、磷。保证羔羊日粮中维生素 D、钙和磷含量、比例适当。羔羊得到足够的阳光照射和保证适当的运动。

2. 治疗

补充维生素 D。肌内注射维生素 D 和维生素 AD 注射液。可以在日粮中添加鱼肝油。保证病羊每天有充足的阳光照射。

补充钙制剂。静脉注射葡萄糖酸钙、氯化钙注射液。口服碳酸钙、乳酸钙等钙制剂。也可以在日粮中添加骨粉。

九、白肌病

白肌病是因饲料中缺乏硒和维生素 E 而引起的一种代谢性疾病，在绵羊羔及仔山羊都可发生，其特征是心肌和骨骼肌发生变性，发病严重的骨骼肌呈灰白色，病羊步态僵硬。

（一）病因

① 牧草、饲料中硒的含量低于 0.1mg/kg，与土壤中可利用的硒水平有关。

② 长期饲喂秸秆、块茎类植物，缺乏精料，可导致维生素 E 缺乏。谷物被浸渍、暴晒、发酵或霉烂时，使维生素 E 损失。

③ 饲料中含干扰硒吸收和利用的金属，如镉、汞、钼、铜等。饲料含过多的不饱和脂肪酸，提高羊体对硒的需求量。

（二）症状

病羔羊表现运动障碍，尤其是后躯运动不灵活，心力衰竭等症状。根据病程，分急性、亚急性、慢性三种类型。

① 急性型，羔羊常于放牧及采食时突然倒地死亡，或者在症状出现 1~2d 后死亡。出现的主要症状为兴奋不安、心跳加速、呼吸困难、体温正常。

② 亚急性型，多见于 1.5~3 月龄羔羊，出现运动障碍、心力衰竭、呼吸困难和消化紊乱，腰背、臀部肌肉僵硬、疼痛。

③ 慢性型，多见于 4~6 月龄的羔羊，生长发育受阻，羔羊表现运动障碍，心功能不全，伴有顽固性下痢。

（三）剖检变化

主要的病变部位在病羊的骨骼肌、心肌和肝，其次为肾和脑。

① 病羊骨骼肌色淡，病变部呈白色或灰色，呈煮肉状或鱼肉状，双侧对称，肩胛部、胸背部、腰部及臀部肌肉变化为最明显。心室扩张、壁变薄，心内膜下肌肉层呈黄白色或灰白色的条纹或斑块（虎斑心）。镜检病变部位可见肌纤维颗粒变性、透明变性或蜡样坏死并钙化和再生。

② 病羊肝肿大，切面有槟榔样的花纹，也称槟榔肝。

③ 病羊肾肿胀、充血，肾实质有出血点和灰色斑状灶。

（四）诊断

1. 剖检变化

病羊死后的剖检所见，可作为重要的诊断依据。最明显者为肌肉中有黄白色或灰白色条纹存在。显微镜下最清楚，在尸僵之前亦可在镜下观察其变化。

2. 临床症状

后躯运动不灵活、心力衰竭、神经机能紊乱。

3. 实验室诊断

饲料中的微量元素硒和维生素 E 进行检测。病羊血液和肝脏中维生素 E 含量的测定，血液 AST、CPK、GSH-Px 的活性检测。

4. 诊断性治疗

选用硒制剂治疗，疗效良好，可作出诊断。

（五）预防

加强饲养管理，用富含微量元素硒和维生素 E 的草料饲喂羊群。

妊娠中后期母羊注射亚硒酸钠 1~2 次。

饲料中添加硒，或将选用含硒舔砖让羊自由舔食。

（六）治疗

可将病羊放于宽敞通风的畜舍中，限制活动，然后按照以下方法治疗：

① 给日粮中增加大麦芽或燕麦，补给磷酸钙，亦可拌入富含维生素 E 的植物油，如菜油、棉籽油等。

② 一次皮下注射 0.2％的亚硒酸钠溶液，效果良好。用量为 1.5～2ml。

③ 皮下或肌内注射维生素 E，剂量为 10～15mg，每天 1 次，连续应用，直到痊愈为止。

十、中毒性疾病

（一）有机磷中毒

因羊接触、食入或吸入某种有机磷化合物，引起的中毒。主要以腹泻、流涎和肌肉强制性痉挛为主要特征。

1. 病因

有机磷农药用于农作物杀虫剂、灭鼠、环卫灭蝇及动物驱虫。当有机磷农药的使用和管理方法不当造成饲料、饮水或环境污染时，引起羊的中毒。羊误食被有机磷农药喷洒过的青草、农作物或者水等引起中毒。也有可能是兽医临床用敌百虫等驱虫药时剂量过大或使用不当而引起中毒。

2. 症状

病羊骚动不安，腹痛，食欲减少，流涎，口吐白沫，反刍停止，腹泻，小便失禁，体温一般正常。严重中毒时，全身发抖，出汗，倒地，呼吸急促，痉挛，大小便失禁，因呼吸肌麻痹而窒息死亡。怀孕母羊发生流产。

3. 诊断

根据羊接触有机磷农药的病史，结合临床症状和病理特征作出初步诊断。确诊则进行实验室诊断。

4. 防治

① 预防

提高羊群的饲养管理，防止羊偷吃或误食喷洒有机磷农药的蔬菜或农作物，禁止在喷洒过农药的地方附近放羊。同时加强农药的保管。

② 治疗

应立即停止病羊吃可疑饲料和饮水，用 0.1％的高锰酸钾溶液或生理盐水洗胃，促进毒物排出，阻止毒物的吸收。可灌服硫酸钠、硫酸镁等盐类泻剂，清除胃肠内毒物。应用特效解毒剂，如解磷定、硫酸阿托品等，也可以根据症状对症治疗。

（二）黄曲霉毒素中毒

黄曲霉毒素中毒是人畜共患并且危害极其严重的一种霉败饲料中毒性疾病。

1. 病因

羊采食被黄曲霉毒素污染的饲料，如污染的花生、玉米、酒糟、麦类及其他农副产品。

2. 症状

羊对黄曲霉毒素的耐受性较强，一般为慢性中毒。成年羊精神沉郁，食欲减退，前胃弛缓，黄疸，母羊流产。羔羊的生长发育缓慢，食欲不振，腹泻，消瘦，无目的徘徊或转圈。哺乳羔羊通过母羊奶中含有的黄曲霉毒素引起中毒。

3. 诊断

根据饲喂发霉饲料情况和饲料样品检测结果，结合临床特征，可进行初步诊断。

4. 防治

① 预防

加强饲料的保管，禁止喂腐败变质的饲料或牧草。玉米、花生等收获时保证晒干，饲料勿使淋雨、受潮，应保存在干燥仓库。饲料库也要定期地进行晾晒和清理消毒，保证通风换气。

② 治疗

对于轻微中毒病羊，立即停止喂养霉变饲料，不需用药，自行恢复；重症病羊，灌服硫酸钠、人工盐等泻剂尽快排出胃肠道内有毒物。静脉注射 20％～50％葡萄糖注射液、维生素 C、氯化钙或葡萄糖酸钙等，同时用强心剂防止心脏衰弱。

（三）尿素中毒

羊误食、突然采食大量尿素或补饲尿素的方法不当所引起的中毒。

1. 病因

喂羊时添加的尿素同饲料混合不均，浓度过高，添加过量，饲喂方法不当或者食用后马上饮水容易出现中毒现象。尿素管理不严，羊偷食或误食。

2. 症状

羊食入中毒量尿素后发病快，表现不安，反刍停止，呻吟，瘤胃急性臌胀，呼吸急促，出气时有氨味，口流泡沫性液体，四肢无力，卧地不起，大小便失禁，全身肌肉痉挛，眼球震颤，瞳孔散大，最后死亡。

3. 防治

① 预防 妥善保管尿素添加剂和化肥，防止羊误食。补饲尿素时不可让羊采食大量的尿素，也不可把含有尿素的饲料放入水中饮服，一定要逐渐增量，与饲料搅拌均匀。

② 治疗 立即停喂尿素，初期可灌服大量食醋或稀醋酸，若加上食糖加水灌服效果更好。可进行静脉注射硫代硫酸钠溶液、葡萄糖酸钙注射液或葡萄糖注射液等。

十一、难产

难产是指母羊在分娩过程中，由于胎儿、产力和产道的异常原因使胎儿不能顺利地产出的产科疾病。此时一般需要专业人员助产。

（一）病因

母羊体弱阵缩无力，子宫颈或阴道狭窄及骨盆狭窄，破水过早等都可引起难产。

胎儿过大或异常发育、双胎、畸胎、胎位置不正、胎儿姿势不正、胎儿方向不正等均可以起难产。

（二）症状

母羊已到分娩期，已出现分娩前的预兆，如乳房变大；骨盆韧带松软，子宫颈开张，子宫开始阵缩。母羊努责和阵缩超过 4h 以上，未见胎儿露出。

（三）治疗

当发现母羊难产时应尽早进行助产，助产越早，效果越好。助产时，先保定好母羊，一般使母羊取前低后高站立姿势或仰卧姿势。然后用新洁尔灭等消毒剂对母羊外阴部、术者手臂、助产用具彻底消毒。术者手臂消毒并戴手套后涂上液体石蜡，进行助产。

助产时，先对胎儿和母羊的难产情况要了解清楚，根据实际病情，采用适当的助产方法。当母羊阵缩及努责微弱，子宫颈完全开张，胎儿情况正常时可注射催产素或垂体后叶激素。胎势、胎向、胎位异常时可推回产道纠正后缓慢拉出。如果胎膜破裂时间较早，产道干燥，就需注入石蜡油或其他油类。若胎儿已死亡，无法矫正时可采用截胎术，截胎时用手保护好钩、刀等尖锐器械，以免损伤产道。如果胎儿正常，子宫颈闭锁或扩张不全，骨盆腔狭窄，胎儿过大等原因引起的难产，可进行剖宫产手术。

十二、子宫脱出

子宫角全部或一部分翻出阴门之外称子宫脱出。子宫角前端翻入子宫腔内称子宫内翻，向外翻出称外翻。

（一）病因

① 母羊运动不足、体质虚弱、胎儿过大或胎水多等原因造成子宫脱出。

② 产道损伤、胎衣不下等容易使母羊强烈努责，导致子宫内翻及脱出。母羊产道干燥，助产时猛拉胎儿，胎衣不下时强拉胎衣均可引起子宫脱出。

③ 腹泻、便秘、腹痛时努责频繁，腹内压升高诱发本病。

（二）症状与诊断

子宫内翻：症状较轻时在子宫复旧过程中自行复原；子宫角尖进入阴道时，病羊表现努责，举尾。手伸入产道发现翻入子宫或阴道内的子宫角。

子宫脱出：在阴门外看到一长圆形囊状物，表面有鲜红或紫色母羊胎盘，胎盘圆形且中央有一凹陷。子宫脱出时间久则黏膜充血、水肿呈冻肉状，且常被粪土污染和摩擦而出血。病初一般无全身症状，脱出的子宫发生糜烂、坏死，甚至感染化脓时引起败血症而出现全身症状。

（三）治疗

1. 保定

病羊尽可能以前低后高的姿势站立保定。保定后排空直肠粪便，防止整复时排便污染子宫。

2. 清洗消毒

将子宫放在消毒塑料布上（卧下时），用温消毒液将子宫、外阴等充分洗净，除去污物及坏死组织，胎衣尚未脱落可剥离，缝合黏膜上大的创口，涂抹油剂青霉素。

3. 整复

两助手用消毒布将子宫托起与阴门等高，并摆正子宫，趁病羊不努责时整复。大部分子宫进入阴门后，术者拳头伸入子宫角尖端凹陷中，并顶住，慢慢推回阴道之内子宫角整复后，术者手伸入其中停留 15min 左右，待预热后取出，防止再次脱出。

整复后为防止复发，皮下或肌内注射催产素 2～3 单位，缝合阴门。防止感染向子宫放入抗生素。

拓展阅读

羊剖宫产手术

一、羊剖宫产手术的适应证

胎儿过大、双胎难产、胎儿各种畸形情况；子宫捻转无法矫正、子宫破裂、子宫阵缩微弱、子宫颈狭窄；母羊骨盆发育不全、骨盆过小。

二、羊剖宫产的术前准备

(1) 常用手术器械和灭菌纱布的准备。

(2) 术部准备：在右肷部手术区域剪毛剃毛，然后用肥皂水洗干净。

(3) 保定：使羊左侧卧保定。

(4) 消毒：用碘酒消毒手术区域，然后用酒精脱碘。

(5) 麻醉：全身麻醉或腰旁神经传导麻醉结合刀口直线浸润麻醉。

(6) 盖上手术巾，准备实施手术。

三、手术方法及步骤

(1) 切开皮肤和腹壁

在右腹壁上作切口并分离皮下组织。钝性分离或锐性分离腹壁各层肌肉和腹膜，切口约15cm。

(2) 拉出子宫和切开子宫

术者将手伸入腹腔，小心地将子宫大弯拉出腹壁切口。拉出部分子宫后，切口和子宫之间塞消毒大纱布。沿着子宫角大弯避开子宫阜切开子宫壁，切口与皮肤切口等长。在手术过程中，出血很多的大血管，用缝合线结扎止血。

(3) 取出胎儿

先剥离子宫切口附近的胎膜，拉出切口之外，再进行切开，然后慢慢拉出胎儿。除去胎儿口、鼻内黏液，用卫生纸擦干羔羊身上的黏液，看到羔羊呼吸之后，才能结扎和剪掉脐带。

(4) 剥离胎衣

在取出胎儿以后，剥离胎衣。剥离完胎衣后，用生理盐水冲洗子宫。

(5) 子宫缝合

第一层连续缝合，第二层内翻缝合。在缝合完时，可通过刀口的未缝合部分注入青霉素160万单位，防止感染。

(6) 缝合腹膜及腹肌

用丝线连续缝合。在缝合之前给腹腔注入青霉素一支，防止感染。

(7) 缝合皮肤

用丝线进行结节缝合。

四、术后护理

① 术后每日对病羊进行全身检查。

② 病羊放在干净、温暖、宽敞的圈舍内，定期更换垫料。

③ 给富于营养且易消化的饲料，也可以静脉注射营养药。

④ 可使用子宫收缩剂，促进子宫内残留物排出，以利子宫恢复。

⑤ 术后 3～5d 肌内注射青霉素等抗生素。

⑥ 术后 10～14d 拆皮肤缝线。

? 复习思考

一、单项选择题

1. 羊佝偻病发生的最主要原因是缺乏（   ）。

A. 钾   B. 钠   C. 钙   D. 铁

2. 以下不属于食道阻塞的临床特征的是（   ）。

A. 瘤胃膨胀   B. 吞咽障碍   C. 流涎   D. 腹泻

3. 在治疗羊的瘤胃积食时，可用（   ）的浓盐水静脉注射，以恢复瘤胃蠕动。

A. 1%   B. 3%   C. 5%   D. 10%

4. 可用于羊支气管炎祛痰的药物有（   ）。

A. 氯化铵   B. 安乃近   C. 磺胺   D. 青霉素

5. 对感冒的病羊，解热可用的药物有（   ）。

A. 阿司匹林   B. 安乃近   C. 氨基比林   D. 都可以

6. 羊剖宫产手术中子宫的第一层缝合法为（   ）。

A. 结节缝合   B. 连续缝合   C. 内翻缝合   D. 袋口缝合法

7. 下列药物中能够治疗羔羊白肌病的是（   ）。

A. 维生素 D   B. 维生素 C

C. 0.2% 的亚硒酸钠溶液   D. 都可以

8. 用敌百虫给羊驱虫后出现中毒，下列哪个药能解救？（   ）

A. 硫酸阿托品   B. 维生素 C

C. 10% 葡萄糖注射液   D. 地塞米松磷酸钠

二、判断题

1. 长期饲喂粗硬饲料或缺乏刺激性的饲料均可使羊发生瓣胃阻塞。   （   ）

2. 食道阻塞的临床特征是瘤胃膨胀、吞咽障碍、流涎。   （   ）

3. 治疗羊食道阻塞时，对瘤胃臌气严重的羊可以先穿刺放气。   （   ）

4. 前胃弛缓在冬末春初饲料缺乏时最为常见。   （   ）

5. 瘤胃臌气按病因可分为原发性瘤胃臌气和继发性瘤胃臌气。   （   ）

6. 子宫脱出的病羊进行整复后为防止复发，皮下或肌内注射催产素 2～3 单位。（   ）

三、简答题

1. 羊瘤胃臌气的治疗方法有哪些？

2. 羊肺炎治疗原则及常用的药物有哪些？

▲
参考答案

项目九 羊场经营管理

学习目标

知识目标： 1. 了解羊场组织结构设置、管理制度细则和羊场生产计划。
2. 熟悉羊场工作内容和疫病防治措施，能够进行羊场制度化管理。
3. 掌握羊场成本核算和效益分析方法。
4. 掌握羊场提高经济效益的主要措施。

技能目标： 1. 能够根据羊场规模，合理设置组织结构。
2. 能够根据羊场实际生产情况，制定羊场的各项规章制度。
3. 能够制定羊场相关生产计划。
4. 能够准确核算成本和效益。

素质目标： 1. 具备羊场运营管理素养，推动羊场的规范化、高效化运作。
2. 能够遵守并执行羊场的各项管理制度，促进羊场的健康稳定发展。
3. 具备成本意识和效益观念，为羊场的可持续发展贡献力量。
4. 具备运用所学知识和技能优化羊场生产经营活动的能力，不断探索和创新，为羊场创造更多的经济价值。

项目说明

羊场的经营管理对于确保羊场的稳定运营、显著提升生产效率、全面保障羊只健康及有效提高经济效益具有至关重要的意义。良好的经营管理能够确保羊场各项工作的有序进行，避免不必要的混乱和损失；同时，通过优化生产流程和管理措施，可以大幅提高生产效率，降低生产成本；此外，科学的饲养管理和疾病防控措施能够全面保障羊只健康，减少疾病发生，提高羊只的存活率和品质；最终，这些努力都将转化为经济效益的提升，为羊场的持续发展奠定坚实基础。

单元一 羊场组织管理

一、经营羊场需要合法的手续

随着国家对养殖企业规范化的管理，在新建羊场时，应该办理和申领相关手续，符合国家产业政策，保护环境，合理利用资源，合法经营。

① 向农业部门申报该项目，提供项目可行性论证报告，由主管部门审核决定是否立项。
② 办理土地流转手续，划定用地面积，确定租用年限，签订租用协议。

③ 提供建筑平面图、建筑设计图，到国土管理部门备案。

④ 申领经营许可证、税务登记证，领取营业执照。

⑤ 到环保局申请环境评估认证，合格后依法申领排污许可证。

养殖场正常生产经营后，根据发展需要，可以申报相关的体系认证，申报相应级别的优质农产品，提高羊场的规范化管理和知名度，为羊场产品拓展市场，提高养殖效益。

二、羊场的组织结构设置

当前，国内羊场的运营多采用合作社、公司化模式，也不乏个体养殖和股份制运营模式的公司化经营羊场。依据公司法规定，这类羊场应设立相应的组织结构，明确各部门及人员构成，并清晰界定其职责与分工。主要职能部门设置如下。

（一）管理部门

包括总经理室、党团工作室、工会以及人力资源部门，负责羊场的整体管理与协调。

（二）技术部门

由场长领导，下设繁殖、兽医、营养、统计、化验等岗位，负责羊场的技术指导与管理工作。

（三）后勤服务部门

涵盖财务、采购、运输、保全、安保等职能部门，为羊场的日常运营提供全面支持。

各职能部门设立后，应在各司其职的基础上，相互协调、相互配合、相互沟通，共同维护羊场的利益，为羊场的经营发展尽心尽职。

单元二　生产制度管理

一、羊场生产制度

（一）入场与防疫制度

1. 人员入场管理

（1）**员工入场管理**　所有员工在进入生产区前，必须在消毒室进行全身消毒，包括更换工作服、鞋、帽，并经过消毒池或消毒通道。员工不得随意将与生产无关的物品带入生产区，特别是可能携带病原体的物品。

（2）**外来人员入场管理**　羊场应严格限制外来人员的进入，特别是非生产人员及游客。确需进入生产区的人员，如领导视察、技术指导等，需提前向场方申请，并经过严格的消毒程序后方可进入。

（3）**车辆入场管理**　进入羊场的车辆，特别是送料车、送煤车等，必须在场外进行严格消毒，并按照指定的路线进出，避免与生产区直接接触。外来车辆原则上不得在生产区内停留，确需停留的，应在指定区域，并做好相应的防护措施。

2. 动物入场管理

所有新引进的羊只，必须来自非疫区，并经过严格的检疫程序，包括血清学检测、临床检查等，确认无病后方可进入羊场。对新引进的羊只，应在隔离舍内进行为期至少30天的隔离观察，期间进行再次检疫，确认健康后方可混群饲养。对引进羊只的来源、检疫情况、隔离观察情况等，应详细记录，并建立档案，以便追溯。

3. 防疫制度

（1）做好消毒工作 羊舍应定期进行全面消毒，包括地面、墙壁、饲槽、水槽等，消毒频率应根据季节、疫情等因素灵活调整，如每周至少消毒一次。饲养用具，如料桶、粪车、铁锹等，应定期清洗并消毒，防止交叉感染。员工应保持个人卫生，勤洗手、勤洗澡，避免将病原体带入生产区，工作服应定期更换并消毒，保持清洁。

（2）做好饲料储存工作 饲料应储存在干燥、通风、防鼠、防虫的仓库中，防止霉变和污染，确保饲料新鲜、无污染，符合羊只的营养需求。

（3）做好疫苗接种工作 羊场应根据当地疫病流行情况，制定合理的免疫计划，并按计划进行疫苗接种。疫苗接种由专业的兽医人员操作，确保接种剂量准确、部位正确。

（4）做好疾病防治工作 饲养人员应每天观察羊只的精神状态、采食情况、排泄物等，及时发现异常情况。定期对羊群进行血清学检测、临床检查等，监测疫病发生情况。一旦发现疑似或确诊疫病病例，应立即将病羊隔离，防止疫情扩散，对病羊所在的羊舍、用具等进行严格消毒，防止交叉感染。对病死羊应进行无害化处理，如深埋、焚烧等，防止病原体传播。

（二）羊场生产记录

羊场生产记录是制定工作日程和生产计划的依据，是提升羊场生产管理水平、确保羊场高效发展的基石，应具有完善、详尽且准确的记录。若缺乏准确完善的配种和预产记录，将无法采取有效的繁殖措施；若无每只母羊的生产性能记录，则无法进行合理的淘汰处理；而若没有每只引种公、母羊的系谱记录，遗传选择更将无从谈起。

1. 系谱记录

羊只一出生，即开始记录其系谱信息，这如同它的身份识别名片，需终生保存。系谱内容包括编号、初生重、性别、出生日期、父母及祖父母（外祖父母）信息等。此外，系谱上还需清晰标注毛色，并记录简单的体尺测量数据，如体高、体重、胸围，以及各年龄段的体重和父本的综合评定等级。卡片背面则记录产羔和产毛的总结性信息。

2. 生产记录

育肥羊的增重记录尤为重要。这通常包括按月称重和测量体尺的增重记录，以及育肥开始和结束时的体重、体尺测量，进而计算出日增重。通过综合分析生产记录，不仅可以了解当日育肥羊的增重情况，还能够算出每月、每年的总产量、饲料转化率、总盈利等。同时，还可以根据羊群生产水平进行分等排列，为选种过程中选择优秀个体、淘汰劣质个体提供依据。对于产毛绵羊，生产记录则主要关注产毛量和羊毛品质。

3. 繁殖记录

坚持记录每只母羊的繁殖项目，通过记录追踪母羊的繁殖周期及变化情况，及时安排配种。母羊的繁殖记录内容包括产羔日期、预计发情日期、配种30天以上准备检查妊娠的日期以及妊娠检查结果等。为了提高繁殖率，需逐日进行记录，保持记录的连续性。

4. 饲料与兽药记录

做好饲料、饲料添加剂、兽药、疫苗的使用记录，及时观察羊群的采食情况和疫病预防动态，为管理提供准确资料。各种记录必须经常、准确地记载，并妥善保存。定期整理分析这些记录，以充分发挥其作用。

二、劳动管理制度

建立严格的管理制度能够提高养殖场的管理水平、提高效率，实施科学、规范、制度化管理，明确员工权利与职责，保证羊场合理、有序运行。

（一）建立健全严格的岗位责任制

在羊场的生产管理中，要使每一项生产工作都有人去做，并按期做好，每位职工各尽其能够充分发挥主观能动性和聪明才智，需要建立联产计酬的岗位责任制。技术人员、饲养管理人员应签订和执行责任承包合同，实行定额管理，责任到人，赏罚分明；同时，技术人员、技术工人要相对稳定，一般中途不要调整和更换人员。联产计酬岗位责任制的制订要领是责、权、利分明。内容包括：应承担的工作责任、生产任务或饲养定额；必须完成的工作项目或生产量（包括质量指标）；授予的权力及权限，明确规定超产奖励、欠产受罚的数量。建立岗位责任制，还要通过各项记录资料的统计分析，不断进行检查，用计分方法科学计算出每位职工、每个部门、每个生产环节的工作成绩和完成任务的情况，并以此作为考核成绩及计算奖罚的依据，从而充分调动每个人的积极性。推行岗位责任制，有利于纠正管理过分集中、经营方式过于单一和分配上存在的平均主义。

（二）主要岗位职责

1. 场长职责

（1）认真贯彻执行国家有关发展养羊业的法规和政策。

（2）规划全年的生产经营计划和投资方案。

（3）确定羊场年度预算方案、决算方案、利润分配方案及工资制度。

（4）确定羊场的基本管理制度。如制定羊场的消毒、防疫、检疫制度，并设计免疫程序，负责全面监督执行。

（5）负责编制和实施羊场的各项计划指标，并监督相关技术人员及其他员工的职业行为，确保其合规操作。

（6）明确各岗位的工作职责，制定各职能部门和个人的工作要求及目标，严格执行考核制度，根据考核结果兑现指标，同时提出下一年度的运营数据及运营计划。

2. 监督员职责

（1）遵守检验检疫有关法律和规定，诚实守信，忠实履行职责。

（2）负责羊场生产、卫生防疫、药物、饲料等管理制度的建立和实施。

（3）负责对药品、饲料采购的审核以及对技术员开具的处方单进行审核，符合要求方可签字发药。

（4）监管羊场药物的使用，确保不使用禁用药，并严格遵守停药期。

（5）应积极配合检验检疫人员对羊场实施日常监管和抽样。

（6）如实填写各项记录，保证各项记录符合羊场和其他管理及检验检疫机构的要求。

（7）监督员必须持证上岗。

（8）发现重要疫病和事项及时上报。

3. 繁殖员职责

（1）参与制订选种选配计划，每年年底制订来年的逐月配种繁殖计划，完成场部下达的指标任务。

（2）负责发情鉴定、人工授精、妊娠诊断、不孕症的防治以及进出产房的管理等工作。

（3）及时填写发情、配种、妊娠检查、流产、产后治疗等记录及繁殖卡片。

（4）按时整理、分析各种繁殖技术资料，并及时如实上报繁殖报表等。

（5）普及繁殖知识，掌握科技信息，推广先进技术和经验。

4. 兽医职责

（1）负责全场羊的卫生保健、疾病监控和治疗，贯彻防疫制度，制订药械购置计划。

（2）坚持防重于治原则，坚持每次上舍巡视羊群，发现问题及时处理。

（3）认真细致地进行疾病诊治；从兽医角度做出负责的鉴定。

（4）及时如实填写病历和有关报表。

5. 饲养员职责

（1）对新生羊羔，要及时喂给其初乳，要随挤随喂，耐心开乳。清洁喂乳器具卫生，喂乳要做到定时、定温、定量。细心观察羊羔的精神、食欲、粪便等情况，发现异常，及时报告兽医技术员诊治。及时清扫圈内粪便，更换或晾晒垫料，保证圈舍内清洁、干燥、饮水池（器）内保持有效水位，并定期清洗。

（2）对成年羊，熟悉所在羊舍羊群的基本情况，根据不同季节和本场饲料的供应情况以及技术人员的配方，按照饲喂顺序要求，按计划定额饲喂；要细心观察羊的食欲，发现病羊及时报告兽医。及时检查饲料是否霉变、腐烂，是否混入铁器、铅丝等异物。保持食槽前和食槽内的清洁卫生，对料车和料箱以及发料工具进行养护，出现故障或损坏时及时修理。

单元三　生产计划管理

一、羊场生产计划

为确保羊场生产活动有序开展，必须制定科学且切实可行的生产计划。这一计划将作为羊场组织、指挥、监督和控制等管理职能的重要依据，对羊场在一定时期内的生产经营活动进行全面统筹。

在制定羊场计划时，我们应遵循适应性、科学性和平衡性三大原则。首先，经营计划必须紧跟市场变化，满足社会对畜产品的需求。我们要以市场为导向，根据市场需求和容量来安排羊场的经营活动，充分考虑消费者需求和潜在竞争对手，避免供过于求，从而减少经济损失。其次，制定生产计划需保持科学态度，从实际出发，深入调查分析各种有利条件和不利因素，进行科学预测和决策，确保计划符合客观实际和经济规律。最后，羊场生产计划应注重统筹兼顾，实现综合平衡。各生产环节和生产要素需协调一致，充分发挥羊场优势，确保各项任务顺利完成。

（一）配种和分娩计划

羊群的配种与分娩计划是实现羊群持续再生产的关键环节，也是制定羊群周转计划的重要基础。编制配种计划时，需遵循羊的自然再生产规律，并结合生产实际需求，综合考虑分娩时间及各项条件，来确定配种的时间及数量，以确保生产计划的顺利完成。

配种与分娩可采用陆续式或季节式两种模式。陆续式配种使得分娩时间均匀分布在全年各时段，能够充分利用羊舍、设备、劳动力及种公羊资源，实现畜产品的均衡生产。而季节性配种则集中在特定季节进行，可选择最适宜的气候条件进行配种与分娩，避免极端天气对羊繁殖的不利影响，提高母羊受孕率及羔羊成活率，同时对羊舍设施的要求也相对较低。此外，季节性配种还能够充分利用天然饲料和青绿饲料，有利于羔羊的生长发育，也便于饲养管理。

配种与分娩模式的选择应根据养羊业的经营策略、生产任务、饲养方式（舍饲或放牧）、气候条件、羊舍设备状况、劳动力情况、种公羊数量以及主要饲料来源等具体条件来决定。

编制羊群配种计划时，需明确以下关键指标：各时期的分娩母羊数量、配种羊数量及预计生产的羔羊数量。具体制定方法为依据羊的自然再生产周期和生产需求，细致安排并推算每只羊的分娩及配种日期，将所有羊的分娩及配种日期汇总后，即可得出各时期的分娩数、配种数及产羔数。

产羔数一般按下式进行计算：

年产羔数＝母羊数×配种率×受胎率×产仔率×母羊年平均分娩次数×每胎平均产羔数×成活率

缺少历年统计资料时，可以按下式进行简单计算：

年产羔数＝可繁殖母羊数×分娩次数×每胎平均产羔数×每胎成活率

（二）羊群周转、分组和结构计划

1. 羊群周转计划

在计划期内，羊群会因出生、成长、出售、购入、淘汰、屠宰等因素而不断变化其结构。为了明确计划期内各组羊的增减数量及计划期末的羊群结构，我们需要根据当前羊群结构、养羊场的自然经济条件和计划任务来制定羊群周转计划。

通过编制和执行羊群周转计划，可及时掌握羊群在计划期内的变化情况，从而研究并制定有效措施以完成生产任务。同时，该计划还能够帮助我们核算饲料、饲草及其他生产资料和劳动力的需求量，合理利用羊场内部的自然经济条件，进一步扩大羊群的再生产规模，并准确计算出商品畜产品和商品育肥羊的预期收入。

羊群周转计划可根据羊的种类按年、季或月进行编制。在编制过程中，必须准确反映计划期内各组羊的增减时间和数量，以及计划期初、期末的羊群结构等主要指标。同时，要确保各组羊计划期初的数量加上计划内增加的数量，减去减少的数量后，与计划期末的数量相一致，以保持羊群周转计划的平衡性。

2. 羊群分组和结构

在羊群规模较大时，为科学组织生产管理，需将羊群按用途、年龄、性别、品种等因素分成不同组别，并分别饲养，每组由专人负责。分组的数量及每组羊的数量，应根据羊群规模、设备条件、饲养方式和管理需求等具体情况来确定。

羊群按用途通常分为三部分：作为生产基础的种公羊和基础母羊群，用于更新和扩大基础群的后备羊群，以及用于育肥的育肥羊群。合理的羊群结构是指这三部分保持合理的比例关系。一般来说，羊场会分为种公羊、成年母羊、后备羊、育肥羊、羔羊和去势羊等组别，而羊群的结构也取决于生产方向。

此外，羊群结构不仅要求各组间保持经济合理的比例，繁殖群内部在年龄上也应保持一定比例。通常，母羊在3～6岁时生殖能力较强，6岁以上生殖能力逐渐下降。因此，必须适时淘汰老龄母羊，以新的优良后备羊进行补充。成年母羊群的内部结构一般为一二胎母羊占35％，三四胎母羊占45％，五胎以上母羊占20％。

（三）产品计划

养羊业生产的产品包括毛、肉、绒、乳、皮、骨、角、蹄、内脏等。产品的总产量由羊的数量和每只羊的产量共同决定。因此，在编制产品计划时，应综合考虑羊的数量、产品率以及平均活重。

为了提高产品产量，我们必须采取有效措施来增加羊的数量并提高产品率。具体措施包括选用优良种羊、加强饲养管理、注重预防羊疫病、及时淘汰繁殖能力低的母羊，提高羔羊的成活率等。

在编制羊剪毛量计划时，我们首先要确定每只羊在整个生产期内的计划产毛量，接着确定参与剪毛的羊的数量，最后根据这两个因素来确定最终的羊毛产量。

二、羊场防疫计划

随着畜牧业的蓬勃发展，现代化养羊场如雨后春笋般涌现。防疫工作已成为养殖场管理的重中之重，一旦发生疫病，将对养羊业造成严重影响，带来巨大经济损失。因此，必须采取有效措施，制定相应准则和标准，以确保种畜的延续和质量的稳步提升。

1. 建立健全防疫制度

防疫工作是一项系统性工程，需贯穿养羊场管理的全过程。为此，必须将防疫工作纳入日常管理，形成由兽医人员监督执行、全体人员参与的全防体系。将防疫原则、制度融入每一个环节，严格按照规程操作，才能够有效避免疫病的发生，确保防疫制度得到切实落实。具体措施包括：

（1）实施科学消毒程序，切断传播途径，杀灭外界环境中的病原体。

（2）选择安全、高效、低毒且对设备无破坏性的消毒剂。

（3）对进入场区的人员和车辆进行消毒，必要时更换鞋子、衣物。

（4）安排专人负责，每周对场内进行一次全面消毒。

（5）坚持全进全出饲养制度，减少疫病传播风险。

（6）对病死羊和粪便进行无害化处理，防止疫病扩散。

（7）合理布局场区，设施符合防疫要求，生产区与生活区分开，并建有消毒室、兽医室、隔离室、病羊无害化处理间等。

（8）开展疫病监测工作，定期对小反刍兽疫、口蹄疫、布鲁氏菌病等疫病进行监测。

（9）一旦发生疫情，如小反刍兽疫、口蹄疫等，必须及时报告畜牧兽医行政管理部门，采取封锁和扑灭措施。发生病毒性腹泻时，采取清群和净化措施，并对全场进行彻底消毒。

（10）饲养员、技术员应经常深入羊舍，及时发现并治疗疾病。

2. 制定科学免疫程序

按时进行预防接种是提高羊体特异性抵抗力、降低易感性的重要措施。制定免疫程序时需注意以下几点：

（1）制定周密的免疫接种计划，根据各种传染病的发病季节，做好相应的免疫接种安排，按规定程序接种。

（2）确保免疫程序科学合理。羊在身体状况不良时不宜接种。同时，母源抗体能够影响和干扰抗体滴度，甚至完全抑制抗体的产生。因此，应对某些传染病进行母源抗体监测，在无母源抗体影响的情况下确定初次免疫时间。

根据当地传染病流行情况，有选择性地进行免疫。免疫接种应按照合理的免疫程序进行。

单元四　提高羊场经济效益的主要措施

一、成本分析

我国的养羊方式主要分为三种：北方牧区及南方草山、草坡地区以终年放牧为主，冬春季节适当补料；有一定放牧草场的农区或半农半牧区则采用半牧半舍饲的饲养方式；而以种植业为主的农区，则主要饲喂大量农副产品，以舍饲为主。

针对不同生产方向的羊，应采取相应的饲养方式以达到最佳效益。例如，奶山羊和肉用羊应以舍饲为主，而产毛绵羊和产绒山羊则更适合放牧饲养。

（一）成本构成

1. 生产成本

（1）直接材料　指用于养羊生产中实际消耗的原料及材料，如精饲料、粗饲料、矿物质饲料等饲料费用（若需外购，运杂费用也计入其中），以及粉碎和调制饲料所耗用的燃料动力费等。

（2）直接工资　包括饲养员、放牧员、挤乳员等人员的工资、奖金、津贴、补贴和福利费等。若专业户参与人员全为家庭成员，也应根据实际情况估算相应费用。

（3）其他直接支出　涵盖医药费、防疫费、羊舍折旧费、专用机器设备折旧费、修理费、租赁费、取暖费、水电费、运输费、试验检验费、劳动保护费以及种羊摊销费等。

2. 非生产成本

非生产成本是指在生产经营过程中发生的，与产品生产活动没有直接联系，属于某一时期耗用的费用。期间费用不计入产品成本，直接计入当期损益，期末从销售收入中全部扣除。期间费用包括管理费用、财务费用和销售费用。

（1）管理费用　这包括管理人员的工资、福利费、差旅费、办公费、折旧费以及物料消耗等费用，同时还包括劳动保险费、技术转让费、无形资产摊销、招待费、坏账损失以及其他相关管理费用。

（2）财务费用　这主要指的是在生产经营期间发生的利息支出、汇兑净损失、金融机构手续费以及其他与财务活动相关的费用。

（3）销售费用　这是指在销售畜产品或其他产品、自制半成品以及提供劳务等过程中所产生的各项费用，包括运输费、装卸费、包装费、保险费、代销手续费、广告费、展览费等，有时还包括专业销售人员的相关费用。

（二）成本核算

养羊专业户可以进行年度成本核算，也可以按照批次进行成本核算。在进行成本核算时，必须详细记录收入与支出情况。成本核算必须要有详细的收入与支出记录，主要内容有：

（1）支出部分　包括各项成本和期间费用。

（2）收入部分　包括羊毛、羊肉、羊乳、羊皮、羊绒等产品的销售收入，出售种羊、肉羊的收入，产品加工增值的收入，羊粪尿及加工副产品的收入等。

在做好以上记录的基础上，一般小规模养羊专业户均可按下列公式计算总成本。

养羊生产总成本＝工资（劳动力）支出＋草料消耗支出＋固定资产折旧费＋羊群防疫医

疗费＋其他杂支等

规模较大的专业户和专业联合户除计算总成本外，为了仔细分析某项产品经营成果的好坏，还可以计算单项成本。

二、效益分析

产品销售收入在扣除生产成本后得到的是毛利，再从毛利中扣除非生产成本，最终得到的就是利润。对于专业户养羊生产的经济效益，我们可以通过投入产出进行比较分析，主要指标包括总产值、净产值和盈利额。

总产值是养羊生产各项收入的总和，具体包括销售产品（如毛、肉、乳、皮、绒）的收入、自食自用产品的估算收入、出售种羊和肉用羊的收入、淘汰羊的处置收入，以及羊群存栏的折价收入等。

净产值是专业户通过养羊生产实际创造的价值，其计算方式是总产值减去养羊过程中的人工费用、草料消耗费用、医疗费用等各项支出。

盈利额则是专业户养羊生产所获得的剩余价值，即总产值扣除全部生产成本（包括直接成本和间接成本）后的剩余部分。

计算公式为：盈利额＝总产值－养羊生产总成本。

三、提高经济效益的主要措施

1. 适度规划养羊场规模

养羊场的饲养规模应综合考虑市场、资金、饲养技术、设备和管理经验等多方面因素，确保规模既不过小也不过大。规模过小难以充分利用现代设施和技术，效益有限；规模过大虽能够提高规模效益，但若超出管理能力，难以保证养羊质量。因此，应根据自身实际情况，选择适度的饲养规模，实现理想的规模效益。

2. 采用先进饲养工艺

采用先进科学的饲养工艺流程，可以充分利用羊场设施设备，提高劳动生产率，降低单位产品生产成本。同时，还能够保证羊群健康和产品质量，从而显著提高羊场的经济效益。

3. 选育优良品种

品种是影响养羊生产的关键因素。应根据羊场的饲养条件和饲料条件，因地制宜地选择适合的品种。

4. 加强科学饲养管理

拥有良种后，需采用科学的饲养管理方法，充分发挥良种羊的生产潜力。及时采用新技术，针对不同阶段的肉（种）羊进行精细化管理，紧跟数智化养羊技术，不断提高经济效益。

5. 严格防疫制度

保证羊群健康是提高产品产量和质量、降低生产成本、增加经济效益的前提。羊场应制定科学的免疫程序，严格执行防疫制度，提高羊群健康水平。

6. 控制饲料费用

饲料费用占养羊总成本的比例较大，因此要科学配方，在满足生产需求的同时尽量降低饲料成本；要合理喂养，注意给料时间、给料量和给料方式，要减少饲料浪费。

7. 实施经济责任制

应将饲养人员的经济利益与饲养数量、产量、物质消耗等具体指标挂钩，并及时兑现奖励，以调动全场生产人员的积极性。

8. 重视市场开拓

研究市场，将开拓市场作为羊场的一项重点工作常抓不懈，不断提高产品销量和市场份额。

9. 坚持可持续发展

发展养羊业要注重生态保护，与生态发展相协调，扩大再生产不能够以损害生态平衡为代价，否则将带来难以挽回的不良后果。

？ 复习思考

一、选择题

1. 下列哪项不是羊场组织结构中的主要职能部门？（　　）

A. 管理部门 　　　B. 技术部门 　　　C. 销售部门 　　　D. 后勤服务部门

2. 在羊场防疫制度中，新引进的羊只应在隔离舍内隔离观察（　　）。

A. 7 天 　　　B. 14 天 　　　C. 30 天 　　　D. 60 天

3. 羊场生产记录中，不包括以下哪项内容？（　　）

A. 系谱记录 　　　B. 生产记录 　　　C. 饲料采购记录 　　　D. 繁殖记录

4. 下列选项中，不是提高羊场经济效益的主要措施的是（　　）。

A. 适度规划养羊场规模 　　　　　　B. 采用先进饲养工艺

C. 增加羊群饲养密度 　　　　　　　D. 严格防疫制度

5. 下列羊场成本核算中，不属于非生产成本的是（　　）。

A. 管理费用 　　　B. 财务费用 　　　C. 直接工资 　　　D. 销售费用

二、判断题

1. 羊场防疫制度中，外来人员无需经过严格消毒程序即可进入生产区。（　　）

2. 羊场生产记录是制定工作日程和生产计划的依据，对羊场的高效发展至关重要。（　　）

3. 羊场劳动管理制度中，技术人员和饲养管理人员无需签订责任承包合同。（　　）

4. 羊场生产计划的制定无需考虑市场需求和容量，只需根据羊场自身条件安排即可。（　　）

5. 羊场成本核算中，非生产成本是指与产品生产活动没有直接联系的费用，不计入产品成本。（　　）

三、简答题

1. 羊场防疫制度中，如何做好消毒工作？

2. 如何制定科学的羊场防疫计划？

3. 提高羊场经济效益的主要措施有哪些？请至少列举三项。

▲
参考答案

参　考　文　献

[1]　李俊杰 . 牧羊学［M］. 北京：中国农业出版社，2016.

[2]　朱金玲，王洪涛 . 羊产业发展与现代养殖技术［M］. 北京：高等教育出版社，2019.

[3]　王波，杨晓华 . 现代养羊技术［M］. 北京：化学工业出版社，2017.

[4]　刘晓云，张彬 . 羊种资源与遗传改良［M］. 北京：科学出版社，2018.

[5]　张伟 . 羊的饲养与管理［M］. 北京：中国农业大学出版社，2020.

[6]　李明，程凌 . 牛羊生产［M］.3 版 . 北京：中国农业出版社，2018.

[7]　肖西山，乔利敏 . 养羊技术［M］.2 版 . 北京：国家开放大学出版社，2022.

[8]　闫红军 . 养羊与羊病防治［M］.3 版 . 北京：中国农业大学出版社，2023.

[9]　程凌，郭秀山 . 羊的生产与经营［M］.2 版 . 北京：中国农业出版社，2010.

[10]　陈玉林 . 羊的生产与经营［M］. 北京：高等教育出版社，2002.

[11]　郭志明，杨孝列 . 养羊生产技术［M］. 北京：中国农业大学出版社，2017.

[12]　王德亮 . 中国畜牧业发展研究［M］. 北京：中国农业出版社，2009.

[13]　岳炳辉，闫红军 . 养羊与羊病防治［M］. 北京：中国农业大学出版社，2011.

[14]　王秀清，王朝勇 . 草食畜牧业生态养殖技术［M］. 北京：中国农业出版社，2016.

[15]　张继红 . 畜牧业经济学［M］. 北京：中国人民大学出版社，2006.

[16]　李建民，李建华 . 现代养羊生产技术 . 北京：中国农业出版社，2015.

[17]　赵有璋 . 中国养羊学［M］. 北京：中国农业出版社，2004.

[18]　孟和 . 羊的生产与经营［M］. 北京：中国农业出版社，2001.

[19]　范颖，刘海霞 . 羊生产［M］. 北京：中国农业大学出版社，2015.

[20]　杨久仙，刘建胜 . 动物营养与饲料加工［M］. 北京：中国农业出版社，2021.

[21]　杨和平 . 牛羊生产［M］. 北京：中国农业出版社，2005.

[22]　杨凤 . 动物营养学［M］. 北京：中国农业出版社，2003.

[23]　胡士林，刘英龙 . 牛羊病防治［M］. 北京：中国农业出版社，2017.

[24]　孙英杰 . 牛羊病防治［M］. 北京：北京师范大学出版社，2022.

[25]　胡士林，刘英龙 . 牛羊病防治［M］. 北京：中国农业出版社，2017.

[26]　姜明明 . 牛羊生产与疾病防治［M］.2 版 . 化学工业出版社，2018.

[27]　赵有璋 . 羊生产学［M］. 北京：中国农业出版社，2002.

[28]　范颖，宋连喜 . 羊生产［M］. 北京：中国农业大学出版社，2008.

[29]　姜明明 . 牛羊生产与疾病防治［M］. 北京：化学工业出版社，2023.

新疆细毛羊

新疆细毛羊

中国美利奴羊

中国美利奴羊

东北细毛羊

东北细毛羊

澳洲美利奴羊

波尔华斯羊

苏联美利奴羊

苏联美利奴羊

高加索细毛羊

考摩羊

青海高原毛肉兼用细毛羊

青海高原毛肉兼用细毛羊

同羊

同羊

云南半细毛羊

云南半细毛羊

考力代羊

考力代羊

罗姆尼羊

罗姆尼羊

林肯羊

边区莱斯特羊

茨盖羊

茨盖羊

蒙古羊

蒙古羊

高原型藏羊

高原型藏羊

欧拉型藏羊

欧拉型藏羊

哈萨克羊

哈萨克羊

小尾寒羊

小尾寒羊

乌珠穆沁羊

夏洛莱羊

阿勒泰羊

阿勒泰羊

萨福克羊   萨福克羊

无角陶赛特羊   无角陶赛特羊

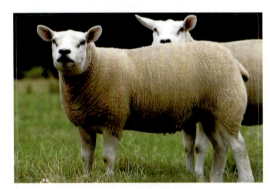

特克赛尔羊   特克赛尔羊

白头杜泊羊   黑头杜泊羊

德国肉用美利奴羊

德国肉用美利奴羊

兰德瑞斯羊

中国卡拉库尔羊

湖羊

湖羊

滩羊

滩羊

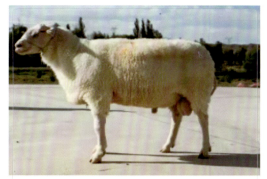

东佛里生乳用羊

东佛里生乳用羊

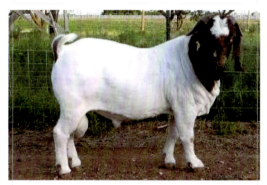

波尔山羊

波尔山羊

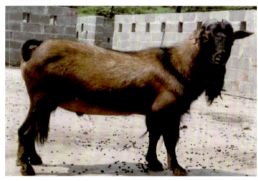

南江黄羊

南江黄羊

成都麻羊

成都麻羊

马头山羊

马头山羊

辽宁绒山羊

辽宁绒山羊

内蒙古白绒山羊

内蒙古白绒山羊

济宁青山羊

济宁青山羊

中卫山羊　　　　　　　　　　　中卫山羊

关中奶山羊　　　　　　　　　　关中奶山羊

崂山奶山羊　　　　　　　　　　崂山奶山羊

萨能奶山羊　　　　　　　　　　安哥拉山羊

ISBN 978-7-122-48025-5

定价: 49.00元
(附羊品种识别贴纸)